普通高等教育"十三五"规划教材

ST首批认证"STM32精品课程"教材

"蓝桥杯"嵌入式设计与开发竞赛培训教材

ARM Cortex–M3

系统设计与实现

——STM32基础篇

（第2版）

郭书军　编著

电子工业出版社

Publishing House of Electronics Industry

北京·BEIJING

内 容 简 介

本书以 STM32 系列 32 位 Flash MCU 为例，以"蓝桥杯"嵌入式设计与开发竞赛训练板为硬件平台，以"一切从简单开始"为宗旨，介绍 ARM Cortex-M3 系统的设计与实现。

全书分为 10 章，第 1 章简单介绍 STM32 MCU 和 SysTick 的结构；第 2、3 章以一个简单的嵌入式系统设计为例，详细介绍 SysTick、GPIO 和 USART 的应用设计；第 4、5 章分别介绍 SPI 和 I²C 的结构和设计实例；第 6、7 章分别介绍 TIM 和 ADC 的结构和设计实例；第 8、9 章分别介绍 NVIC 和 DMA 的结构和设计实例；第 10 章介绍竞赛扩展板的使用。书后附有实验指导，以方便实验教学。

本书所有设计程序均为原创，并经过两轮学生实验的改进，内容简单易懂，特别适合初学者学习参考，也可以作为嵌入式系统设计教材供电子、通信和自动化等相关专业人员使用。

图书在版编目（CIP）数据

ARM Cortex-M3 系统设计与实现. STM32 基础篇 / 郭书军编著. —2 版. —北京：电子工业出版社，2018.10
普通高等教育"十三五"规划教材
ISBN 978-7-121-35198-3

Ⅰ. ①A… Ⅱ. ①郭… Ⅲ. ①微处理器－系统设计 Ⅳ. ①TP332

中国版本图书馆 CIP 数据核字（2018）第 234009 号

策划编辑：赵玉山
责任编辑：刘真平
印　　刷：三河市鑫金马印装有限公司
装　　订：三河市鑫金马印装有限公司
出版发行：电子工业出版社
　　　　　北京市海淀区万寿路 173 信箱　邮编　100036
开　　本：787×1 092　1/16　印张：15.75　字数：403.2 千字
版　　次：2014 年 1 月第 1 版
　　　　　2018 年 10 月第 2 版
印　　次：2021 年 11 月第 9 次印刷
定　　价：48.00 元

凡所购买电子工业出版社图书有缺损问题，请向购买书店调换。若书店售缺，请与本社发行部联系，联系及邮购电话：(010) 88254888，88258888。

质量投诉请发邮件至 zlts@phei.com.cn，盗版侵权举报请发邮件至 dbqq@phei.com.cn。

本书咨询联系方式：(010) 88254556，zhaoys@phei.com.cn。

序　言

世界万物，智能互联，这是当下产业界正在推动的新一代技术发展和服务的方向，万物互联后产生的大数据可以进一步提升社会效率和推动产业升级，将产生巨大的社会价值。

产业升级，技术创新，离不开与时俱进的人才。

人才的培养，高等学校是最大的培养基地。

作为致力于长期服务中国市场、为中国的产业发展提供最新技术产品的公司，意法半导体一直为中国的用户提供最前沿的技术，推动生态系统的建设，为用户提供从芯片到方案的支持。

为了向产业界提供有技术的人才，我们从数年前就开始系统性地和高校开展人才培养计划，这个计划包含下列 3 个方面：

（1）推动精品课程建设：协助高校课程改革，将最前沿的技术和产品带入教学和实验中，让学生接触体验到最新技术，为以后就业打好基础。

（2）实施 TTT（老师培训老师）项目：邀请有开课经验的老师开展培训，帮助打算开课的老师提升信心，分享教育经验和体会。

（3）开展大学生智能互联校园创新大赛：让学生通过大赛进一步夯实所学的知识，在一个公平的环境中模拟企业项目，提升自身能力和信心。

在过去数年的探索中，我们惊喜地发现已经有众多的老师在人才培养方面取得了优异的成果，并且积极分享和持续优化、全方位推动高校课程改革和人才培养。

北方工业大学电子信息工程学院的郭书军老师就是其中一位，他在本科生和研究生教育方面，一直倡导课程和时代技术发展紧密结合，把市场主流的技术带进课堂，从 2010 年开始把 STM32 作为嵌入式系统设计课程的主要教学载体，升级课程体系，同时鼓励学生积极参加各项竞赛，以赛代练，提高技术能力。同时，郭书军老师也为工信部人才交流中心举办的"蓝桥杯"嵌入式设计与开发竞赛做出了巨大的贡献。

喜闻郭书军老师对《ARM Cortex-M3 系统设计与实现——STM32 基础篇》进行改版优化，将硬件平台更新为竞赛训练板，并在原有寄存器编程的基础上添加了库函数介绍和库函数编程。后来又增加了实验的视频演示，更方便大家学习和实验。新一版教材凝聚了郭书军老师的辛勤付出，希望为广大学生带来一本优质的教材，也为其他院校老师提供很好的借鉴模板。

曹锦东

意法半导体（中国）投资有限公司

中国区微控制器市场及应用总监

2018 年 8 月

前　言

《ARM Cortex-M3 系统设计与实现——STM32 基础篇》出版发行后，由于其简单实用的特点，受到读者的欢迎。虽然寄存器编程更有利于理解硬件原理，但有一定难度，限制了它的使用范围。为了惠及更多读者，更为了作为"蓝桥杯"嵌入式设计与开发竞赛的培训教材，本书将硬件平台更新为竞赛训练板，并在原有寄存器编程的基础上添加了库函数介绍和库函数编程。竞赛扩展板推出后，又增加了竞赛扩展板各功能模块的使用介绍。后来又增加了实验的视频演示，可通过扫描二维码打开观看（目录中标压缩二维码图标的章节含二维码），更方便大家学习和实验。

全书分为 10 章，以竞赛试题为主线，依次介绍 GPIO、USART、SPI、I²C、TIM、ADC、NVIC、DMA 的结构和程序设计与实现，最后介绍竞赛扩展板各功能模块的使用。

第 1 章介绍 STM32 MCU 和 SysTick 的结构，重点介绍复位和时钟控制（RCC）库函数和 SysTick 库函数，方便后续章节的使用。

第 2 章和第 3 章分别在介绍 GPIO、USART 结构和库函数的基础上，以嵌入式竞赛训练板为硬件平台，使用库函数和寄存器两种软件设计方法，介绍 GPIO 和 USART 的软件设计与实现方法，包括新建工程、新建并添加 C 语言源文件、添加库文件、生成目标程序文件、调试和运行目标程序等，重点介绍使用仿真器和调试器调试及运行目标程序的步骤和方法。

第 4 章和第 5 章分别介绍 SPI、I²C 的结构和库函数及程序设计与实现。SPI 的编程操作和 USART 相似，软件设计实例主要实现了 SPI 的环回。I²C 的编程操作相对复杂一些，设计实例用两种方法实现了通过 I²C 读/写 2 线串行 EEPROM。

第 6 章和第 7 章分别介绍 TIM、ADC 的结构和库函数及程序设计。TIM 设计实例实现了 1s 定时、矩形波输出和矩形波测量程序设计等，ADC 设计实例用 ADC 规则通道实现外部输入模拟信号的模数转换和用 ADC 注入通道实现内部温度传感器的温度测量等。

第 8 章和第 9 章分别介绍 NVIC、DMA 的结构和库函数及设计实例。中断和 DMA 是高效的数据传送控制方式，对前面介绍的接口和设备数据传送查询方式稍做修改即可实现中断功能，再结合 DMA 可以实现数据的批量传送。

第 10 章介绍竞赛扩展板各功能模块的使用，包括数码管、ADC 按键、湿度传感器、温度传感器和加速度传感器的使用。

书末附有 STM32 库函数、引脚功能、训练板和扩展板介绍等实用资料供读者参考，还包含 8 个实验指导以方便实验教学。

本书所有设计程序均为原创，并在竞赛训练板和 Keil 4.12 环境下测试通过。

参与本书编写和程序调试的还有王玉花、刘哲、王硕、孟群升和田香。在本书的编写过程中，得到意法半导体（中国）投资有限公司中国区微控制器市场及应用总监曹锦东先生的大力支持，他在百忙中为本书撰写了序言；在本书的出版过程中，得到北方工业大学的资助及电子工业出版社赵玉山先生和刘真平女士的支持，在此一并表示衷心的感谢。

由于编著者水平所限，书中难免会有不妥之处，敬请广大读者批评指正。

E-mail：cortex_m3@126.com，QQ 群：STM32 学习（489189201）。

编著者

2018 年 2 月

目　录

第1章 STM32 MCU 简介

STM32 系列 32 位 Flash 微控制器基于 ARM Cortex-M 系列处理器，旨在为 MCU 用户提供新的开发自由度。它包括一系列 32 位产品，具有高性能、实时功能、数字信号处理、低功耗与低电压操作特性，同时还保持了集成度高和易于开发的特点。无可比拟且品种齐全的 STM32 产品基于行业标准内核，提供了大量工具和软件选项，使该系列产品成为小型项目和完整平台的理想选择。

作为一个主流的微控制器系列，STM32 满足工业、医疗和消费电子市场的各种应用需求。凭借这个产品系列，ST 在全球的 ARM Cortex-M 微控制器中处于领先地位，同时树立了嵌入式应用的里程碑。该系列最大化地集成了高性能与一流外设和低功耗、低电压工作特性，在可以接受的价格范围内提供简单的架构和易用的工具。

该系列包含 5 个产品线，它们之间引脚、外设和软件相互兼容：

- 基本型系列 STM32F101：36MHz 最高主频，具有高达 1MB 的片上闪存
- USB 基本型系列 STM32F102：48MHz 最高主频，具有全速 USB 模块
- 增强型系列 STM32F103：72MHz 最高主频，具有高达 1MB 的片上闪存，集成电机控制、USB 和 CAN 模块
- 互联型系列 STM32F105/107：72MHz 最高主频，具有以太网 MAC、CAN 及 USB 2.0 OTG 功能

本书以增强型系列 STM32F103 为核心，介绍 STM32 MCU 的设计应用。

1.1 STM32 MCU 结构

STM32 MCU 由控制单元、从属单元和总线矩阵三大部分组成，控制单元和从属单元通过总线矩阵相连接，如图 1.1 所示。

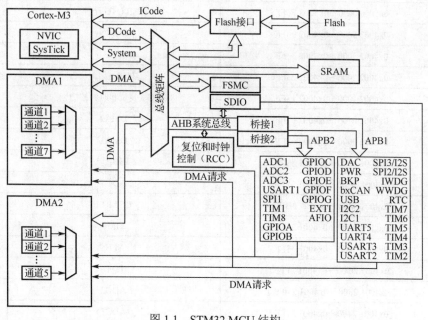

图 1.1 STM32 MCU 结构

控制单元包括 Cortex-M3 内核和两个 DMA 控制器（DMA1 和 DMA2）。其中 Cortex-M3 内核通过指令总线 ICode 从 Flash 中读指令，通过数据总线 DCode 与存储器交换数据，通过系统总线 System（设备总线）、高性能系统总线 AHB 和高级设备总线 APB 与设备交换数据。

从属单元包括存储器（Flash 和 SRAM 等）和设备（连接片外设备的接口和片内设备）。其中设备通过 AHB-APB 桥接器和总线矩阵与控制单元相连接，与 APB1 相连的是低速设备（最高频率 36MHz），与 APB2 相连的是高速设备（最高频率 72MHz）。

连接片外设备的接口有并行接口和串行接口两种，并行接口即通用 I/O 接口 GPIO，串行接口有通用同步/异步收发器接口 USART、串行设备接口 SPI、内部集成电路总线接口 I^2C、通用串行总线接口 USB 和控制器局域网络接口 CAN 等。

片内设备有定时器 TIM、模数转换器 ADC 和数模转换器 DAC 等，其中定时器包括高级控制定时器 TIM1/8、通用定时器 TIM2-5、基本定时器 TIM6/7、实时钟 RTC、独立看门狗 IWDG 和窗口看门狗 WWDG 等。

系统复位后，除 Flash 接口和 SRAM 时钟开启外，所有设备都被关闭，使用前必须设置时钟使能寄存器（RCC_APBENR）开启设备时钟。

1.2 STM32 MCU 存储器映像

STM32 MCU 的程序存储器、数据存储器和输入/输出端口寄存器被组织在同一个 4GB 的线性地址空间内，存储器映像如表 1.1 所示。

表 1.1 STM32 MCU 存储器映像表

地址范围		设备名称	备注
0xE000 0000～0xE00FFFFF（1MB）		内核设备	
内核设备	0xE000E100～0xE000E4EF	NVIC（嵌套矢量中断控制）	详见表 8.2
	0xE000E010～0xE000E01F	SysTick（系统滴答定时器）	详见表 1.9
0x4000 0000～0x5FFFFFFF（512MB）		片上设备	
AHB	0x5000 0000～0x5003 FFFF	USB OTG 全速	
	0x4002 8000～0x4002 9FFF	以太网	
	0x4002 3000～0x4002 33FF	CRC	
	0x4002 2000～0x4002 23FF	Flash 接口	
	0x4002 1000～0x4002 13FF	RCC（复位和时钟控制）	详见表 1.2
	0x4002 0400～0x4002 07FF	DMA2	
	0x4002 0000～0x4002 03FF	DMA1	详见表 9.2
	0x4001 8000～0x4001 83FF	SDIO	
APB2	0x4001 3C00～0x4001 3FFF	ADC3	
	0x4001 3800～0x4001 3BFF	USART1	详见表 3.3
	0x4001 3400～0x4001 37FF	TIM8	
	0x4001 3000～0x4001 33FF	SPI1	详见表 4.2
	0x4001 2C00～0x4001 2FFF	TIM1	详见表 6.2
	0x4001 2800～0x4001 2BFF	ADC2	详见表 7.2
	0x4001 2400～0x4001 27FF	ADC1	详见表 7.2

	地 址 范 围	设 备 名 称	备 注
APB2	0x4001 2000～0x4001 23FF	GPIOG	
	0x4001 1C00～0x4001 1FFF	GPIOF	
	0x4001 1800～0x4001 1BFF	GPIOE	
	0x4001 1400～0x4001 17FF	GPIOD	
	0x4001 1000～0x4001 13FF	GPIOC	详见表 2.1
	0x4001 0C00～0x4001 0FFF	GPIOB	详见表 2.1
	0x4001 0800～0x4001 0BFF	GPIOA	详见表 2.1
	0x4001 0400～0x4001 07FF	EXTI	详见表 8.6
	0x4001 0000～0x4001 03FF	AFIO	
APB1	0x4000 7400～0x4000 77FF	DAC	
	0x4000 7000～0x4000 73FF	PWR（电源控制）	
	0x4000 6C00～0x4000 6FFF	BKP （后备寄存器）	
	0x4000 6800～0x4000 6BFF	bxCAN2	
	0x4000 6400～0x4000 67FF	bxCAN1	
	0x4000 6000～0x4000 63FF	USB/CAN 共享的 512B SRAM	
	0x4000 5C00～0x4000 5FFF	USB 全速设备寄存器	
	0x4000 5800～0x4000 5BFF	I2C2	详见表 5.2
	0x4000 5400～0x4000 57FF	I2C1	详见表 5.2
	0x4000 5000～0x4000 53FF	UART5	
	0x4000 4C00～0x4000 4FFF	UART4	
	0x4000 4800～0x4000 4BFF	USART3	
	0x4000 4400～0x4000 47FF	USART2	
	0x4000 4000～0x4000 43FF	保留	
	0x4000 3C00～0x4000 3FFF	SPI3/I2S3	
	0x4000 3800～0x4000 3BFF	SPI2/I2S2	
	0x4000 3400～0x4000 37FF	保留	
	0x4000 3000～0x4000 33FF	IWDG （独立看门狗）	
	0x4000 2C00～0x4000 2FFF	WWDG （窗口看门狗）	
	0x4000 2800～0x4000 2BFF	RTC	详见表 6.20
	0x4000 1400～0x4000 17FF	TIM7	
	0x4000 1000～0x4000 13FF	TIM6	
	0x4000 0C00～0x4000 0FFF	TIM5	
	0x4000 0800～0x4000 0BFF	TIM4	
	0x4000 0400～0x4000 07FF	TIM3	
	0x4000 0000～0x4000 03FF	TIM2	
	0x2000 0000～0x3FFF FFFF (512MB)	SRAM	
	0x00000000～0x1FFF FFFF (512MB)	FLASH	
FLASH	0x1FFF F800～0x1FFF F80F	选择字节	
	0x1FFF F000～0x1FFF F7FF	系统存储器	
	0x0800 0000～0x0801 FFFF	主存储器	

存储器映像在 stm32f10x_map.h（V2.0.1）或 stm32f10x.h（V3.5.0）中定义。两者的主要区别

是数据类型定义不同，如寄存器类型定义前者使用 VU32，后者使用_IO uint32_t。

1.3 STM32 MCU 系统时钟树

STM32 MCU 系统时钟树由系统时钟源、系统时钟 SYSCLK 和设备时钟等部分组成，如图 1.2 所示。

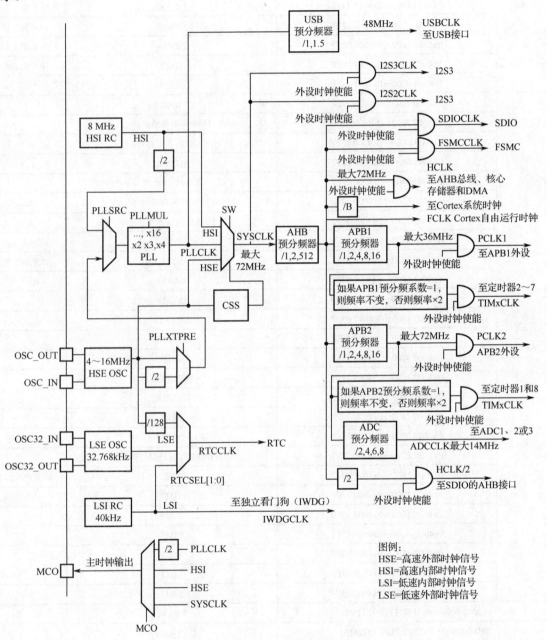

图 1.2　STM32 MCU 系统时钟树

系统时钟源有 4 个：高速外部时钟 HSE（4～16MHz）、低速外部时钟 LSE（32.768kHz）、高速内部时钟 HSI（8MHz）和低速内部时钟 LSI（40kHz），其中外部时钟用晶体振荡器 OSC 实现，内部时钟用 RC 振荡器实现。

系统时钟 SYSCLK（最大 72MHz）可以是 HSE 或 HSI，也可以是 HSE 或 HSI 通过锁相环 2～16 倍频后的锁相环时钟 PLLCLK。系统复位后的系统时钟为 HSI，这就意味着即使没有 HSE 系统也能正常工作，只是 HSI 的精度没有 HSE 高。

SYSCLK 经 AHB 预分频器分频后得到 AHB 总线时钟 HCLK（最大 72MHz），HCLK 经 APB1/APB2 预分频器分频后得到 APB1/APB2 总线时钟 PCLK1（最大 36MHz）和 PCLK2（最大 72MHz），PCLK1 和 PCLK2 分别为相连的设备提供设备时钟。

系统时钟树中的时钟选择、预分频值和外设时钟使能等都可以通过对复位和时钟控制（RCC）寄存器编程实现，复位和时钟控制（RCC）寄存器如表 1.2 所示（RCC 的基地址是 0x4002 1000）。

表 1.2　复位和时钟控制（RCC）寄存器

偏移地址	名　　称	类　型	复位值	说　　明
0x00	CR	读/写	0x0000 XX83	时钟控制寄存器（HSIRDY=1，HSION=1，详见表 1.3）
0x04	CFGR	读/写	0x0000 0000	时钟配置寄存器（SYSCLK=HSI，AHB、APB1 和 APB2 均不分频，即频率均为 8MHz，定时器时钟频率也为 8MHz，ADC 时钟为 APB2/2，即频率为 4MHz，详见表 1.4）
0x08	CIR	读/写	0x0000 0000	时钟中断寄存器（禁止所有中断）
0x0C	APB2RSTR	读/写	0x0000 0000	APB2 设备复位寄存器
0x10	APB1RSTR	读/写	0x0000 0000	APB1 设备复位寄存器
0x14	AHBENR	读/写	0x0000 0014	AHB 设备时钟使能寄存器（开启 Flash 接口和 SRAM 时钟）
0x18	APB2ENR	读/写	0x0000 0000	APB2 设备时钟使能寄存器（关闭所有 APB2 设备时钟，详见表 1.5）
0x1C	APB1ENR	读/写	0x0000 0000	APB1 设备时钟使能寄存器（关闭所有 APB1 设备时钟，详见表 1.6）
0x20	BDCR	读/写	0x0000 0000	备份域控制寄存器（详见表 1.7）
0x24	CSR	读/写	0x0C00 0000	控制状态寄存器（上电复位，NRST 引脚复位，详见表 1.8）

复位和时钟控制（RCC）寄存器结构体在 stm32f10x_map.h（V2.0.1）中定义如下：

```
typedef struct
{
  vu32 CR;                    // 时钟控制寄存器
  vu32 CFGR;                  // 时钟配置寄存器
  vu32 CIR;                   // 时钟中断寄存器
  vu32 APB2RSTR;              // APB2 设备复位寄存器
  vu32 APB1RSTR;              // APB1 设备复位寄存器
  vu32 AHBENR;                // AHB 设备时钟使能寄存器
  vu32 APB2ENR;               // APB2 设备时钟使能寄存器
  vu32 APB1ENR;               // APB1 设备时钟使能寄存器
  vu32 BDCR;                  // 备份域控制寄存器
  vu32 CSR;                   // 控制状态寄存器
} RCC_TypeDef;
```

1.3.1　时钟控制

时钟控制主要包括 HSI 使能、HSE 使能和 PLL 使能等，时钟控制寄存器（CR）如表 1.3 所示（保留位未列出）。

表 1.3　时钟控制寄存器（CR）

位	名　称	类　型	复　位　值	说　　明
0	HSION	读/写	1	高速内部时钟使能：0—关闭时钟，1—开启时钟
1	HSIRDY	读	1	高速内部时钟就绪：0—时钟未就绪，1—时钟就绪
7:3	HSITRIM[4:0]	读/写	10000	高速内部时钟调整
15:8	HSICAL[7:0]	读	XXXXXXXX	高速内部时钟校准
16	HSEON	读/写	0	高速外部时钟使能：0—关闭时钟，1—开启时钟
17	HSERDY	读	0	高速外部时钟就绪：0—时钟未就绪，1—时钟就绪
18	HSEBYP	读/写	0	高速外部时钟旁路：0—时钟未旁路，1—时钟旁路
19	CSSON	读/写	0	时钟安全系统使能：0—关闭检测，1—开启检测
24	PLLON	读/写	0	PLL 使能：0—关闭 PLL，1—开启 PLL
25	PLLRDY	读	0	PLL 就绪：0—PLL 未就绪，1—PLL 就绪

常用与时钟控制有关的 RCC 库函数在 stm32f10x_rcc.h（V2.0.1）中声明如下：

```
void RCC_HSEConfig(u32 RCC_HSE);
ErrorStatus RCC_WaitForHSEStartUp(void);
void RCC_HSICmd(FunctionalState NewState);
void RCC_PLLCmd(FunctionalState NewState);
```

1）配置 HSE

```
void RCC_HSEConfig(u32 RCC_HSE);
```

参数说明：

★ RCC_HSE：HSE 配置，在 stm32f10x_rcc.h 中定义如下：

```
#define RCC_HSE_ON                    ((u32)0x00010000)    // 开启 HSE
#define RCC_HSE_Bypass                ((u32)0x00040000)    // 旁路 HSE
```

RCC_HSEConfig()函数的核心语句是：

```
RCC->CR &= CR_HSEON_Reset;
RCC->CR &= CR_HSEBYP_Reset;
RCC->CR |= CR_HSEON_Set;
RCC->CR |= CR_HSEBYP_Set | CR_HSEON_Set;
```

CR_HSEON_Reset、CR_HSEBYP_Reset、CR_HSEON_Set 和 CR_HSEBYP_Set 在 stm32f10x_rcc.c 中定义如下：

```
#define CR_HSEBYP_Reset               ((u32)0xFFFBFFFF)    // 旁路 HSE 复位
#define CR_HSEBYP_Set                 ((u32)0x00040000)    // 旁路 HSE 置位
#define CR_HSEON_Reset                ((u32)0xFFFEFFFF)    // 开启 HSE 复位
#define CR_HSEON_Set                  ((u32)0x00010000)    // 开启 HSE 置位
```

2）等待 HSE 启动

```
ErrorStatus RCC_WaitForHSEStartUp(void);
```

返回值：SUCCESS—HSE 就绪，ERROR—HSE 未就绪

RCC_WaitForHSEStartUp()函数的核心语句是：

```
HSEStatus = RCC_GetFlagStatus(RCC_FLAG_HSERDY);
```

RCC_GetFlagStatus()函数的说明参加 1.3.6（2）。

3）使能 HSI

```
void RCC_HSICmd(FunctionalState NewState);
```

参数说明：

★ NewState：HSI 新状态，ENABLE（1）—允许，DISABLE（0）—禁止

4）使能 PLL

```
void RCC_PLLCmd(FunctionalState NewState);
```

参数说明：

★ NewState：HSI 新状态，ENABLE（1）—允许，DISABLE（0）—禁止

1.3.2 时钟配置

时钟配置主要包括系统时钟切换、AHB 预分频、APB1 预分频、APB2 预分频、ADC 预分频、PLL 倍频和时钟输出选择等，时钟配置寄存器（CFGR）如表 1.4 所示。

表 1.4　时钟配置寄存器（CFGR）

位	名　称	类　型	复 位 值	说　明
1:0	SW[1:0]	读/写	00	系统时钟切换：00—HSI，01—HSE，10—PLLCLK，11—不可用
3:2	SWS[1:0]	读	00	系统时钟切换状态：00—HSI，01—HSE，10—PLLCLK，11—不可用
7:4	HPRE[3:0]	读/写	0000	AHB 预分频：0XXX—SYSCLK，1000—SYSCLK/2，1001—SYSCLK/4，1010—SYSCLK/8，1011—SYSCLK/16，1100—SYSCLK/64，1101—SYSCLK/128，1110—SYSCLK/256，1111—SYSCLK/512
10:8	PPRE1[2:0]	读/写	000	APB1 预分频：0XX—HCLK，100—HCLK/2，101—HCLK/4，110—HCLK/8，111—HCLK/16
13:11	PPRE2[2:0]	读/写	000	APB2 预分频：0XX—HCLK，100—HCLK/2，101—HCLK/4，110—HCLK/8，111—HCLK/16
15:14	ADCPRE[1:0]	读/写	00	ADC 预分频：00—PCLK2/2，01—PCLK2/4，10—PCLK2/6，11—PCLK2/8
16	PLLSRC	读/写	0	PLL 输入时钟源：0—HSI/2，1—HSE 或 HSE/2
17	PLLXTPRE	读/写	0	PLL 外部输入分频：0—HSE，1—HSE/2
21:18	PLLMUL[3:0]	读/写	0000	PLL 倍频：0000~1110—2~16 倍频，1111—16 倍频
22	USBPRE	读/写	0	USB 预分频：0—PLLCLK/1.5，1—PLLCLK
26:24	MCO[2:0]	读/写	000	时钟输出选择：0XX—不输出，100—SYSCLK，101—HSI，110—HSE，111—PLLCLK/2

常用与时钟配置有关的 RCC 库函数在 stm32f10x_rcc.h（V2.0.1）中声明如下：

```
void RCC_PLLConfig(u32 RCC_PLLSource, u32 RCC_PLLMul);
void RCC_SYSCLKConfig(u32 RCC_SYSCLKSource);
u8 RCC_GetSYSCLKSource(void);
void RCC_HCLKConfig(u32 RCC_SYSCLK);
```

```
void RCC_PCLK1Config(u32 RCC_HCLK);
void RCC_PCLK2Config(u32 RCC_HCLK);
void RCC_ADCCLKConfig(u32 RCC_PCLK2);
void RCC_GetClocksFreq(RCC_ClocksTypeDef* RCC_Clocks);
void RCC_MCOConfig(u8 RCC_MCO);
```

1）配置 PLL

```
void RCC_PLLConfig(u32 RCC_PLLSource, u32 RCC_PLLMul);
```

参数说明：

★ RCC_PLLSource：PLL 时钟源，在 stm32f10x_rcc.h 中定义如下：

```
#define RCC_PLLSource_HSI_Div2        ((u32)0x00000000)    // HSI 分频 2
#define RCC_PLLSource_HSE_Div1        ((u32)0x00010000)    // HSE 分频 1
#define RCC_PLLSource_HSE_Div2        ((u32)0x00030000)    // HSE 分频 2
```

★ RCC_PLLMul：PLL 倍频，在 stm32f10x_rcc.h 中定义如下：

```
#define RCC_PLLMul_2          ((u32)0x00000000)    // PLL 倍频 2
#define RCC_PLLMul_3          ((u32)0x00040000)    // PLL 倍频 3
#define RCC_PLLMul_4          ((u32)0x00080000)    // PLL 倍频 4
#define RCC_PLLMul_5          ((u32)0x000C0000)    // PLL 倍频 5
#define RCC_PLLMul_6          ((u32)0x00100000)    // PLL 倍频 6
#define RCC_PLLMul_7          ((u32)0x00140000)    // PLL 倍频 7
#define RCC_PLLMul_8          ((u32)0x00180000)    // PLL 倍频 8
#define RCC_PLLMul_9          ((u32)0x001C0000)    // PLL 倍频 9
#define RCC_PLLMul_10         ((u32)0x00200000)    // PLL 倍频 10
#define RCC_PLLMul_11         ((u32)0x00240000)    // PLL 倍频 11
#define RCC_PLLMul_12         ((u32)0x00280000)    // PLL 倍频 12
#define RCC_PLLMul_13         ((u32)0x002C0000)    // PLL 倍频 13
#define RCC_PLLMul_14         ((u32)0x00300000)    // PLL 倍频 14
#define RCC_PLLMul_15         ((u32)0x00340000)    // PLL 倍频 15
#define RCC_PLLMul_16         ((u32)0x00380000)    // PLL 倍频 16
```

RCC_PLLConfig()函数的核心语句是：

```
tmpreg |= RCC_PLLSource | RCC_PLLMul;
RCC->CFGR = tmpreg;
```

2）配置 SYSCLK

```
void RCC_SYSCLKConfig(u32 RCC_SYSCLKSource);
```

参数说明：

★ RCC_SYSCLKSource：SYSCLK 时钟源，在 stm32f10x_rcc.h 中定义如下：

```
#define RCC_SYSCLKSource_HSI      ((u32)0x00000000)        // SYSCLK=HSI
#define RCC_SYSCLKSource_HSE      ((u32)0x00000001)        // SYSCLK=HSE
#define RCC_SYSCLKSource_PLLCLK   ((u32)0x00000002)        // SYSCLK=PLLCLK
```

RCC_SYSCLKConfig()函数的核心语句是：

```
tmpreg |= RCC_SYSCLKSource;
RCC->CFGR = tmpreg;
```

3）获取 SYSCLK 时钟源

```
u8 RCC_GetSYSCLKSource(void);
```

返回值：SYSCLK 时钟源，0—HSI，4—HSE，8—PLLCLK

RCC_GetSYSCLKSource()函数的核心语句是：

```
return ((u8)(RCC->CFGR & CFGR_SWS_Mask));
```

CFGR_SWS_Mask 在 stm32f10x_rcc.c 中定义如下：

```
#define CFGR_SWS_Mask          ((u32)0x0000000C)    // SYSCLK 屏蔽
```

4）配置 HCLK

```
void RCC_HCLKConfig(u32 RCC_SYSCLK);
```

参数说明：

★ RCC_SYSCLK：SYSCLK 分频，在 stm32f10x_rcc.h 中定义如下：

```
#define RCC_SYSCLK_Div1         ((u32)0x00000000)    // SYSCLK 分频 1
#define RCC_SYSCLK_Div2         ((u32)0x00000080)    // SYSCLK 分频 2
#define RCC_SYSCLK_Div4         ((u32)0x00000090)    // SYSCLK 分频 4
#define RCC_SYSCLK_Div8         ((u32)0x000000A0)    // SYSCLK 分频 8
#define RCC_SYSCLK_Div16        ((u32)0x000000B0)    // SYSCLK 分频 16
#define RCC_SYSCLK_Div64        ((u32)0x000000C0)    // SYSCLK 分频 64
#define RCC_SYSCLK_Div128       ((u32)0x000000D0)    // SYSCLK 分频 128
#define RCC_SYSCLK_Div256       ((u32)0x000000E0)    // SYSCLK 分频 256
#define RCC_SYSCLK_Div512       ((u32)0x000000F0)    // SYSCLK 分频 512
```

RCC_HCLKConfig()函数的核心语句是：

```
tmpreg |= RCC_SYSCLK;
RCC->CFGR = tmpreg;
```

5）配置 PCLK1

```
void RCC_PCLK1Config(u32 RCC_HCLK);
```

参数说明：

★ RCC_HCLK：HCLK 分频，在 stm32f10x_rcc.h 中定义如下：

```
#define RCC_HCLK_Div1           ((u32)0x00000000)    // HCLK 分频 1
#define RCC_HCLK_Div2           ((u32)0x00000400)    // HCLK 分频 2
#define RCC_HCLK_Div4           ((u32)0x00000500)    // HCLK 分频 4
#define RCC_HCLK_Div8           ((u32)0x00000600)    // HCLK 分频 8
#define RCC_HCLK_Div16          ((u32)0x00000700)    // HCLK 分频 16
```

RCC_PCLK1Config()函数的核心语句是：

```
tmpreg |= RCC_HCLK;
RCC->CFGR = tmpreg;
```

6）配置 PCLK2

```
void RCC_PCLK2Config(u32 RCC_HCLK);
```

参数说明：

★ RCC_HCLK：HCLK 分频，在 stm32f10x_rcc.h 中定义如下：

```
#define RCC_HCLK_Div1              ((u32)0x00000000)    // HCLK 分频 1
#define RCC_HCLK_Div2              ((u32)0x00000400)    // HCLK 分频 2
#define RCC_HCLK_Div4              ((u32)0x00000500)    // HCLK 分频 4
#define RCC_HCLK_Div8              ((u32)0x00000600)    // HCLK 分频 8
#define RCC_HCLK_Div16             ((u32)0x00000700)    // HCLK 分频 16
```

RCC_PCLK2Config()函数的核心语句是：

```
tmpreg |= RCC_HCLK<< 3;
RCC->CFGR = tmpreg;
```

7）配置 ADCCLK

```
void RCC_ADCCLKConfig(u32 RCC_PCLK2);
```

参数说明：

★ RCC_PCLK2：PCLK2 分频，在 stm32f10x_rcc.h 中定义如下：

```
#define RCC_PCLK2_Div2             ((u32)0x00000000)    // PCLK2 分频 2
#define RCC_PCLK2_Div4             ((u32)0x00004000)    // PCLK2 分频 4
#define RCC_PCLK2_Div6             ((u32)0x00008000)    // PCLK2 分频 6
#define RCC_PCLK2_Div8             ((u32)0x0000C000)    // PCLK2 分频 8
```

RCC_ADCCLKConfig()函数的核心语句是：

```
tmpreg |= RCC_PCLK2;
RCC->CFGR = tmpreg;
```

8）获取时钟频率

```
void RCC_GetClocksFreq(RCC_ClocksTypeDef* RCC_Clocks);
```

参数说明：

★ RCC_Clocks：时钟结构体指针，时钟结构体在 stm32f10x_rcc.h 中定义如下：

```
typedef struct
{
  u32 SYSCLK_Frequency;              // SYSCLK 频率
  u32 HCLK_Frequency;                // HCLK 频率
  u32 PCLK1_Frequency;               // PCLK1 频率
  u32 PCLK2_Frequency;               // PCLK2 频率
  u32 ADCCLK_Frequency;              // ADCCLK 频率
} RCC_ClocksTypeDef;
```

9）配置时钟输出

```
void RCC_MCOConfig(u8 RCC_MCO);
```

参数说明：

★ RCC_MCO：时钟输出选择，在 stm32f10x_rcc.h 中定义如下：

```
#define RCC_MCO_NoClock              ((u8)0x00)      // 无输出
#define RCC_MCO_SYSCLK               ((u8)0x04)      // 输出 SYSCLK
#define RCC_MCO_HSI                  ((u8)0x05)      // 输出 HSI
#define RCC_MCO_HSE                  ((u8)0x06)      // 输出 HSE
#define RCC_MCO_PLLCLK_Div2          ((u8)0x07)      // 输出 PLLCLK/2
```

1.3.3　APB2 设备时钟使能

APB2 设备时钟使能主要包括 GPIO 时钟使能、USART 时钟使能、SPI 时钟使能、TIM 时钟使能和 ADC 时钟使能等，APB2 设备时钟使能寄存器（APB2ENR）如表 1.5 所示（保留位未列出）。

表 1.5　APB2 设备时钟使能寄存器（APB2ENR）

位	名　称	类　型	复位值	说　明
0	AFIOEN	读/写	0	AFIO 时钟使能：0—关闭时钟，1—开启时钟
2	GPIOAEN	读/写	0	GPIOA 时钟使能：0—关闭时钟，1—开启时钟
3	GPIOBEN	读/写	0	GPIOB 时钟使能：0—关闭时钟，1—开启时钟
4	GPIOCEN	读/写	0	GPIOC 时钟使能：0—关闭时钟，1—开启时钟
5	GPIODEN	读/写	0	GPIOD 时钟使能：0—关闭时钟，1—开启时钟
6	GPIOEEN	读/写	0	GPIOE 时钟使能：0—关闭时钟，1—开启时钟
7	GPIOFEN	读/写	0	GPIOF 时钟使能：0—关闭时钟，1—开启时钟
8	GPIOGEN	读/写	0	GPIOG 时钟使能：0—关闭时钟，1—开启时钟
9	ADC1EN	读/写	0	ADC1 时钟使能：0—关闭时钟，1—开启时钟
10	ADC2EN	读/写	0	ADC2 时钟使能：0—关闭时钟，1—开启时钟
11	TIM1EN	读/写	0	TIM1 定时器时钟使能：0—关闭时钟，1—开启时钟
12	SPI1EN	读/写	0	SPI1 时钟使能：0—关闭时钟，1—开启时钟
13	TIM8EN	读/写	0	TIM8 定时器时钟使能：0—关闭时钟，1—开启时钟
14	USART1EN	读/写	0	USART1 时钟使能：0—关闭时钟，1—开启时钟
15	ADC3EN	读/写	0	ADC3 时钟使能：0—关闭时钟，1—开启时钟

使能 APB2 设备时钟的库函数在 stm32f10x_rcc.h 中声明如下：

```
void RCC_APB2PeriphClockCmd(u32 RCC_APB2Periph, FunctionalStateNewState)
```

功能：使能 APB2 设备时钟

参数说明：

★ RCC_APB2Periph：APB2 设备，在 stm32f10x_rcc.h 中定义如下：

```
#define RCC_APB2Periph_AFIO          ((u32)0x00000001)      // AFIO 设备
#define RCC_APB2Periph_GPIOA         ((u32)0x00000004)      // GPIOA 设备
#define RCC_APB2Periph_GPIOB         ((u32)0x00000008)      // GPIOB 设备
#define RCC_APB2Periph_GPIOC         ((u32)0x00000010)      // GPIOC 设备
#define RCC_APB2Periph_GPIOD         ((u32)0x00000020)      // GPIOD 设备
#define RCC_APB2Periph_GPIOE         ((u32)0x00000040)      // GPIOE 设备
```

```
#define RCC_APB2Periph_GPIOF      ((u32)0x00000080)    // GPIOF 设备
#define RCC_APB2Periph_GPIOG      ((u32)0x00000100)    // GPIOG 设备
#define RCC_APB2Periph_ADC1       ((u32)0x00000200)    // ADC1 设备
#define RCC_APB2Periph_ADC2       ((u32)0x00000400)    // ADC2 设备
#define RCC_APB2Periph_TIM1       ((u32)0x00000800)    // TIM1 设备
#define RCC_APB2Periph_SPI1       ((u32)0x00001000)    // SPI1 设备
#define RCC_APB2Periph_TIM8       ((u32)0x00002000)    // TIM8 设备
#define RCC_APB2Periph_USART1     ((u32)0x00004000)    // USART1 设备
#define RCC_APB2Periph_ADC3       ((u32)0x00008000)    // ADC3 设备
#define RCC_APB2Periph_ALL        ((u32)0x0000FFFD)    // 所有设备
```

★ NewState：时钟新状态，ENABLE（1）—允许，DISABLE（0）—禁止

RCC_APB2PeriphClockCmd()函数的核心语句是：

```
RCC->APB2ENR |= RCC_APB2Periph;
RCC->APB2ENR &= ~RCC_APB2Periph;
```

1.3.4　APB1 设备时钟使能

APB1 设备时钟使能主要包括 USART 时钟使能、SPI 时钟使能、I^2C 时钟使能和 TIM 时钟使能等，APB1 设备时钟使能寄存器（APB1ENR）如表 1.6 所示（保留位未列出）。

表 1.6　APB1 设备时钟使能寄存器（APB1ENR）

位	名　　称	类　型	复 位 值	说　　明
0	TIM2EN	读/写	0	TIM2 时钟使能：0—关闭时钟，1—开启时钟
1	TIM3EN	读/写	0	TIM3 时钟使能：0—关闭时钟，1—开启时钟
2	TIM4EN	读/写	0	TIM4 时钟使能：0—关闭时钟，1—开启时钟
3	TIM5EN	读/写	0	TIM5 时钟使能：0—关闭时钟，1—开启时钟
4	TIM6EN	读/写	0	TIM6 时钟使能：0—关闭时钟，1—开启时钟
5	TIM7EN	读/写	0	TIM7 时钟使能：0—关闭时钟，1—开启时钟
11	WWDGEN	读/写	0	WWDG 时钟使能：0—关闭时钟，1—开启时钟
14	SPI2EN	读/写	0	SPI2 时钟使能：0—关闭时钟，1—开启时钟
15	SPI3EN	读/写	0	SPI3 时钟使能：0—关闭时钟，1—开启时钟
17	USART2EN	读/写	0	USART2 时钟使能：0—关闭时钟，1—开启时钟
18	USART3EN	读/写	0	USART3 时钟使能：0—关闭时钟，1—开启时钟
19	UART4EN	读/写	0	UART4 时钟使能：0—关闭时钟，1—开启时钟
20	UART5EN	读/写	0	UART5 钟时使能：0—关闭时钟，1—开启时钟
21	I2C1EN	读/写	0	I2C1 时钟使能：0—关闭时钟，1—开启时钟
22	I2C2EN	读/写	0	I2C2 时钟使能：0—关闭时钟，1—开启时钟
23	USBEN	读/写	0	USB 时钟使能：0—关闭时钟，1—开启时钟
25	CANEN	读/写	0	CAN 时钟使能：0—关闭时钟，1—开启时钟
27	BKPEN	读/写	0	BKP 时钟使能：0—关闭时钟，1—开启时钟
28	PWREN	读/写	0	PWR 时钟使能：0—关闭时钟，1—开启时钟
29	DACEN	读/写	0	DAC 时钟使能：0—关闭时钟，1—开启时钟

使能 APB1 设备时钟的库函数在 stm32f10x_rcc.h 中声明如下：

```
void RCC_APB1PeriphClockCmd(u32 RCC_APB1Periph, FunctionalStateNewState)
```

功能：使能 APB1 设备时钟

参数说明：

★ RCC_APB1Periph：APB1 设备，在 stm32f10x_rcc.h 中定义如下：

```
#define RCC_APB1Periph_TIM2        ((u32)0x00000001)    // TIM2 设备
#define RCC_APB1Periph_TIM3        ((u32)0x00000002)    // TIM3 设备
#define RCC_APB1Periph_TIM4        ((u32)0x00000004)    // TIM4 设备
#define RCC_APB1Periph_TIM5        ((u32)0x00000008)    // TIM5 设备
#define RCC_APB1Periph_TIM6        ((u32)0x00000010)    // TIM6 设备
#define RCC_APB1Periph_TIM7        ((u32)0x00000020)    // TIM7 设备
#define RCC_APB1Periph_WWDG        ((u32)0x00000800)    // WWDG 设备
#define RCC_APB1Periph_SPI2        ((u32)0x00004000)    // SPI2 设备
#define RCC_APB1Periph_SPI3        ((u32)0x00008000)    // SPI3 设备
#define RCC_APB1Periph_USART2      ((u32)0x00020000)    // USART2 设备
#define RCC_APB1Periph_USART3      ((u32)0x00040000)    // USART3 设备
#define RCC_APB1Periph_UART4       ((u32)0x00080000)    // UART4 设备
#define RCC_APB1Periph_UART5       ((u32)0x00100000)    // UART5 设备
#define RCC_APB1Periph_I2C1        ((u32)0x00200000)    // I2C1 设备
#define RCC_APB1Periph_I2C2        ((u32)0x00400000)    // I2C2 设备
#define RCC_APB1Periph_USB         ((u32)0x00800000)    // USB 设备
#define RCC_APB1Periph_CAN         ((u32)0x02000000)    // CAN 设备
#define RCC_APB1Periph_BKP         ((u32)0x08000000)    // BKP 设备
#define RCC_APB1Periph_PWR         ((u32)0x10000000)    // PWR 设备
#define RCC_APB1Periph_DAC         ((u32)0x20000000)    // DAC 设备
#define RCC_APB1Periph_ALL         ((u32)0x3AFEC83F)    // 所有设备
```

★ NewState：时钟新状态，ENABLE（1）—允许，DISABLE（0）—禁止

RCC_APB1PeriphClockCmd()函数的核心语句是：

```
RCC->APB1ENR |= RCC_APB1Periph;
RCC->APB1ENR &= ~RCC_APB1Periph;
```

1.3.5　备份域控制

备份域控制主要包括 LSE 使能、RTC 使能和备份域软复位等，备份域控制寄存器（BDCR）如表 1.7 所示（保留位未列出）。

表 1.7　备份域控制寄存器（BDCR）

位	名　称	类　型	复位值	说　明
0	LSEON	读/写	0	低速外部时钟使能：0—关闭时钟，1—开启时钟
1	LSERDY	读	0	低速外部时钟就绪：0—时钟未就绪，1—时钟就绪
2	LSEBYP	读/写	0	低速外部时钟旁路：0—时钟未旁路，1—时钟旁路
9:8	RTCSEL[1:0]	读/写	00	RTC 时钟源选择：00—无时钟，01—LSE，10—LSI，11—HSE/128
15	RTCEN	读/写	0	RTC 时钟使能：0—关闭时钟，1—开启时钟
16	BDRST	读/写	0	备份域软复位：0—不复位备份域，1—复位备份域

与备份域控制有关的 RCC 库函数在 stm32f10x_rcc.h 中声明如下：

```
void RCC_LSEConfig(u8 RCC_LSE);
void RCC_RTCCLKConfig(u32 RCC_RTCCLKSource);
void RCC_RTCCLKCmd(FunctionalState NewState);
void RCC_BackupResetCmd(FunctionalState NewState);
```

1）配置 LSE

```
void RCC_LSEConfig(u8 RCC_LSE);
```

参数说明：

★ RCC_LSE：LSE 配置，在 stm32f10x_rcc.h 中定义如下：

```
#define RCC_LSE_OFF                    ((u8)0x00)        // 关闭 LSE
#define RCC_LSE_ON                     ((u8)0x01)        // 开启 LSE
#define RCC_LSE_Bypass                 ((u8)0x04)        // 旁路 LSE
```

2）配置 RTCCLK

```
void RCC_RTCCLKConfig(u32 RCC_RTCCLKSource);
```

参数说明：

★ RCC_RTCCLKSource：RTC 时钟源，在 stm32f10x_rcc.h 中定义如下：

```
#define RCC_RTCCLKSource_LSE       ((u32)0x00000100)
#define RCC_RTCCLKSource_LSI       ((u32)0x00000200)
#define RCC_RTCCLKSource_HSE_Div128 ((u32)0x00000300)
```

3）使能 RTCCLK

```
void RCC_RTCCLKCmd(FunctionalState NewState);
```

参数说明：

★ NewState：RTCCLK 新状态，ENABLE（1）—允许，DISABLE（0）—禁止

4）使能备份域软复位

```
void RCC_BackupResetCmd(FunctionalState NewState);
```

参数说明：

★ NewState：备份域软复位新状态，ENABLE（1）—允许，DISABLE（0）—禁止

注意：备份域控制寄存器中的 LSEON、LSEBYP、RTCSEL 和 RTCEN 位处于备份域，因此这些位在复位后处于写保护状态，只有在电源控制寄存器（PWR_CR）中的 DBP（取消备份域写保护）位置位后才能对这些位进行操作，这些位只能由备份域软复位清除，任何内部或外部复位都不会影响这些位。

5）使能备份域访问

```
void PWR_BackupAccessCmd(FunctionalState NewState);
```

参数说明：

★ NewState：备份域访问新状态，ENABLE（1）—允许，DISABLE（0）—禁止

注意：使能备份域访问时必须开启 PWR 和 BKP 时钟。

1.3.6 控制状态

控制状态主要包括 LSI 使能和复位标志等，控制状态寄存器（CSR）如表 1.8 所示（保留位未列出）。

表 1.8 控制状态寄存器（CSR）

位	名 称	类 型	复 位 值	说 明
0	LSION	读/写	0	低速内部时钟使能：0—关闭时钟，1—开启时钟
1	LSIRDY	读	0	低速内部时钟就绪：0—时钟未就绪，1—时钟就绪
24	RMVF	读/写	0	清除复位标志
26	PINPSTF	读/写	1	NRST 引脚复位标志
27	PORRSTF	读/写	1	上电/掉电复位标志
28	SFTRSTF	读/写	0	软件复位标志
29	IWDGRSTF	读/写	0	独立看门狗复位标志
30	WWDGRSTF	读/写	0	窗口看门狗复位标志
31	LPWRRSTF	读/写	0	低功耗复位标志

与控制状态有关的 RCC 库函数在 stm32f10x_rcc.h 中声明如下：

```
void RCC_LSICmd(FunctionalState NewState);
FlagStatus RCC_GetFlagStatus(u8 RCC_FLAG);
void RCC_ClearFlag(void);
```

1）使能 LSI

```
void RCC_LSICmd(FunctionalState NewState);
```

参数说明：

★ NewState：LSI 新状态，ENABLE（1）—允许，DISABLE（0）—禁止

2）获取 RCC 标志状态

```
FlagStatus RCC_GetFlagStatus(u8 RCC_FLAG);
```

参数说明：

★ RCC_FLAG：RCC 标志，在 stm32f10x_rcc.h 中定义如下：

```
#define RCC_FLAG_HSIRDY            ((u8)0x20)           // HSI 就绪
#define RCC_FLAG_HSERDY            ((u8)0x31)           // HSE 就绪
#define RCC_FLAG_PLLRDY            ((u8)0x39)           // PLL 就绪
#define RCC_FLAG_LSERDY            ((u8)0x41)           // LSE 就绪
#define RCC_FLAG_LSIRDY            ((u8)0x61)           // LSI 就绪
#define RCC_FLAG_PINRST            ((u8)0x7A)           // 引脚复位
#define RCC_FLAG_PORRST            ((u8)0x7B)           // 上电复位
#define RCC_FLAG_SFTRST            ((u8)0x7C)           // 软件复位
#define RCC_FLAG_IWDGRST           ((u8)0x7D)           // 独立看门狗复位
#define RCC_FLAG_WWDGRST           ((u8)0x7E)           // 窗口看门狗复位
```

```
#define RCC_FLAG_LPWRRST            ((u8)0x7F)              // 低功耗复位
```

返回值：RCC 标志状态，SET（1）—置位，RESET（0）—复位

3）清除 RCC 标志

```
void RCC_ClearFlag(void);
```

RCC_ClearFlag()的核心语句是：

```
RCC->CSR |= CSR_RMVF_Set;
```

CSR_RMVF_Set 在 stm32f10x_rcc.c 中定义如下：

```
#defineCSR_RMVF_Set            ((u32)0x01000000)
```

在 Keil 的调试界面选择"Peripherals"（设备）菜单下的"Power, Reset and Clock Control"（电源、复位和时钟控制）子菜单可以打开如图 1.3 所示对话框，其中包含复位和时钟控制寄存器的复位值。

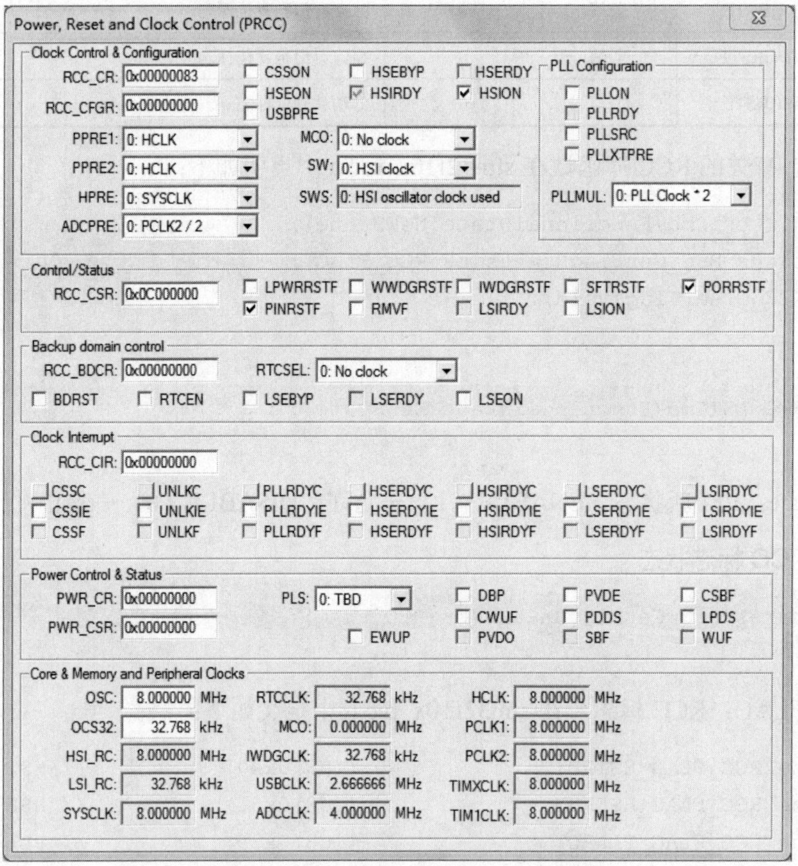

图 1.3　电源、复位和时钟控制对话框

选择"Peripherals"（设备）菜单下的"APB Bridge"（APB 桥）子菜单可以打开"APB Bridge 1"（APB 桥 1）和"APB Bridge 2"（APB 桥 2）对话框，如图 1.4 所示，其中分别包含 APB1 和 APB2 设备时钟使能寄存器的复位值。

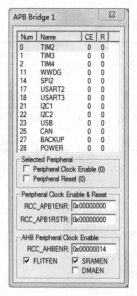 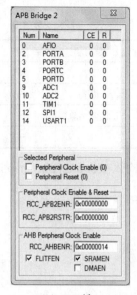

（a）APB 桥 1   （b）APB 桥 2

图 1.4   APB 桥对话框

1.4   Cortex-M3 简介

Cortex-M3 采用哈佛结构的 32 位处理器内核，拥有独立的指令总线和数据总线，两者共享同一个 4GB 存储器空间。

Cortex-M3 内建一个嵌套向量中断控制器（NVIC，Nested Vectored Interrupt Controller），支持可嵌套中断、向量中断和动态优先级等，详见第 8 章。

Cortex-M3 内部还包含一个系统滴答定时器 SysTick，结构如图 1.5 所示。

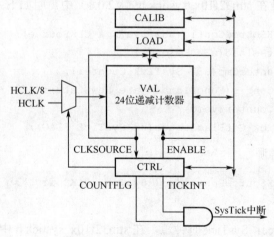

图 1.5   SysTick 结构图

SysTick 的核心是 1 个 24 位递减计数器，使用时根据需要设置初值（LOAD），启动（ENABLE=1）后在系统时钟（HCLK 或 HCLK/8）的作用下递减，减到 0 时置计数标志位（COUNTFLAG）并重装初值。系统可以查询计数标志位，也可以在中断允许（TICKINT=1）时产生 SysTick 中断。

SysTick 通过 4 个 32 位寄存器进行操作，如表 1.9 所示。

表 1.9 SysTick 寄存器

表 1.9 SysTick 寄存器

地　　址	名　　称	类　　型	复 位 值	说　　明
0xE000 E010	CTRL	读/写	0	控制状态寄存器（详见表 1.10）
0xE000 E014	LOAD	读/写	—	重装值寄存器（24 位），计数到 0 时重装到 VAL
0xE000 E018	VAL	读/写清除	—	当前值寄存器（24 位），写清除，同时清除计数标志
0xE000 E01C	CALIB	读	—	校准寄存器

SysTick 寄存器结构体在 stm32f10x_map.h（V2.0.1）中定义如下：

```
typedef struct
{
    vu32 CTRL;                      // 控制状态寄存器
    vu32 LOAD;                      // 重装值寄存器
    vu32 VAL;                       // 当前值寄存器
    vuc32 CALIB;                    // 校准寄存器
} SysTick_TypeDef;
```

控制状态寄存器（CTRL）有 3 个控制位和 1 个状态位，如表 1.10 所示。

表 1.10 SysTick 控制状态寄存器（CTRL）

位	名　　称	类　　型	复 位 值	说　　明
0	ENABLE	读/写	0	定时器允许：0—停止定时器，1—启动定时器
1	TICKINT	读/写	0	中断允许：0—计数到 0 时不中断，1—计数到 0 时中断
2	CLKSOURCE	读/写	0	时钟源选择：0—时钟源为 HCLK/8，1—时钟源为 HCLK
16	COUNTFLAG	读	0	计数标志：SysTick 计数到 0 时置 1，读取后自动清零

SysTick 相关的库函数在 stm32f10x_systick.h（V2.0.1）中声明如下：

```
void SysTick_CLKSourceConfig(u32 SysTick_CLKSource);
void SysTick_SetReload(u32 Reload);
void SysTick_CounterCmd(u32 SysTick_Counter);
void SysTick_ITConfig(FunctionalState NewState);
u32 SysTick_GetCounter(void);
FlagStatus SysTick_GetFlagStatus(u8 SysTick_FLAG);
```

1）配置 SysTick 时钟源

```
void SysTick_CLKSourceConfig(u32 SysTick_CLKSource);
```

参数说明：

★ SysTick_CLKSource：SysTick 时钟源，在 stm32f10x_systick.h 中定义如下：

```
#define SysTick_CLKSource_HCLK_Div8  ((u32)0xFFFFFFFB)   // HCLK/8
#define SysTick_CLKSource_HCLK        ((u32)0x00000004)   // HCLK
```

SysTick_CLKSourceConfig()函数的代码在 stm32f10x_systick.c 中，核心语句如下：

```
SysTick->CTRL |= SysTick_CLKSource_HCLK;
SysTick->CTRL &= SysTick_CLKSource_HCLK_Div8;
```

2）设置 SysTick 重装值

```
void SysTick_SetReload(u32 Reload);
```

参数说明：

★ Reload：SysTick 重装值，取值范围是 1~0xFFFFFF（24 位），重装值=定时值*时钟频率，例如，时钟频率为 8MHz，定时值为 1s，重装值为 8000000

SysTick_SetReload()函数的代码在 stm32f10x_systick.c 中，核心语句如下：

```
SysTick->LOAD = Reload;
```

3）使能 SysTick

```
void SysTick_CounterCmd(u32 SysTick_Counter);
```

参数说明：

★ SysTick_Counter：SysTick 新状态，在 stm32f10x_systick.h 中定义如下：

```
#define SysTick_Counter_Disable     ((u32)0xFFFFFFFE)   // 禁止计数
#define SysTick_Counter_Enable      ((u32)0x00000001)   // 允许计数
#define SysTick_Counter_Clear       ((u32)0x00000000)   // 清除计数
```

SysTick_CounterCmd()函数的代码在 stm32f10x_systick.c 中，核心语句如下：

```
SysTick->CTRL |= SysTick_Counter_Enable;
SysTick->CTRL &= SysTick_Counter_Disable;
SysTick->VAL = SysTick_Counter_Clear;
```

4）使能 SysTick 中断

```
void SysTick_ITConfig(FunctionalState NewState);
```

参数说明：

★ NewState：中断新状态，ENABLE（1）—允许，DISABLE（0）—禁止

SysTick_ITConfig()函数的代码在 stm32f10x_systick.c 中，核心语句如下：

```
SysTick->CTRL |= CTRL_TICKINT_Set;
SysTick->CTRL &= CTRL_TICKINT_Reset;
```

CTRL_TICKINT_Set 和 CTRL_TICKINT_Reset 在 stm32f10x_systick.c 中定义如下：

```
#define CTRL_TICKINT_Set            ((u32)0x00000002)
#define CTRL_TICKINT_Reset          ((u32)0xFFFFFFFD)
```

5）获取 SysTick 计数值

```
u32 SysTick_GetCounter(void);
```

返回值：SysTick 计数值

SysTick_GetCounter()函数的代码在 stm32f10x_systick.c 中，核心语句如下：

```
return(SysTick->VAL);
```

6）获取 SysTick 标志状态

```
FlagStatus SysTick_GetFlagStatus(u8 SysTick_FLAG);
```

参数说明：

★ SysTick_FLAG：SysTick 标志，在 stm32f10x_systick.h 中定义如下：

```
#define SysTick_FLAG_COUNT          ((u32)0x00000010)
#define SysTick_FLAG_SKEW           ((u32)0x0000001E)
#define SysTick_FLAG_NOREF          ((u32)0x0000001F)
```

返回值：SysTick 标志状态，SET（1）—置位，RESET（0）—复位

SysTick_GetFlagStatus()函数的代码在 stm32f10x_systick.c 中，核心语句如下：

```
statusreg = SysTick->CTRL;
statusreg = SysTick->CALIB;
```

在 Keil 的调试界面选择"Peripherals"（设备）菜单下"CorePeripherals"（内核设备）子菜单中的"System Tick Timer"（系统滴答定时器），可以打开如图 1.6 所示对话框。

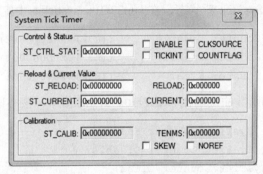

图 1.6　系统滴答定时器对话框

第 2 章　通用并行接口 GPIO

通用并行接口 GPIO 包括多个 16 位 I/O 端口（PA0～PA15、PB0～PB15 和 PC0～PC15 等），每个端口可以独立设置 3 种输入方式和 4 种输出方式，并可以独立地置位或复位。

2.1　GPIO 结构及寄存器说明

GPIO 的基本结构如图 2.1 所示。

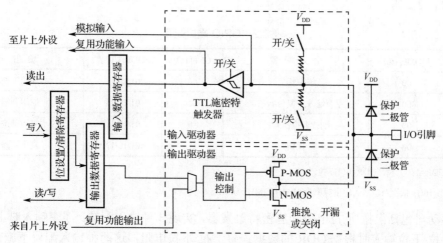

图 2.1　GPIO 的基本结构

GPIO 由寄存器、输入驱动器和输出驱动器等部分组成。

GPIO 寄存器包括配置寄存器（CRL 和 CRH）、输入数据寄存器 IDR、输出数据寄存器 ODR 和位设置/清除寄存器（BSRR 和 BRR）等，如表 2.1 所示（GPIOA～GPIOC 的基地址依次为 0x4001 0800、0x4001 0C00 和 0x4001 1000）。

表 2.1　GPIO 寄存器

偏移地址	名　　称	类　　型	复 位 值	说　　明
0x00	CRL	读/写	0x4444 4444	配置寄存器低位（P7~P0，详见表 2.2）
0x04	CRH	读/写	0x4444 4444	配置寄存器高位（P15~P8，详见表 2.2）
0x08	IDR	读	—	输入数据寄存器（16 位）
0x0C	ODR	读/写	0x0000	输出数据寄存器（16 位）
0x10	BSRR	写	0x0000 0000	位设置/清除寄存器：低 16 位设置，高 16 位清除 0—不影响，1—ODR 对应位设置/清除
0x14	BRR	写	0x0000	位清除寄存器，与 BSRR 的高 16 位功能相同 0—不影响，1—ODR 对应位清除
0x18	LCKR	读/写	0x0000 0000	配置锁定寄存器

GPIO 寄存器结构体在 stm32f10x_map.h 中定义如下：

```
typedef struct
{
  vu32 CRL;                              // 配置寄存器低位
  vu32 CRH;                              // 配置寄存器高位
  vu32 IDR;                              // 输入数据寄存器
  vu32 ODR;                              // 输出数据寄存器
  vu32 BSRR;                             // 位设置/清除寄存器
  vu32 BRR;                              // 位清除寄存器
  vu32 LCKR;                             // 配置锁定寄存器
} GPIO_TypeDef;
```

配置寄存器（CRL 和 CRH）中每个端口对应的 4 个配置位是 CNF[1:0]和 MODE[1:0]，GPIO 端口配置如表 2.2 所示。

表 2.2　GPIO 端口配置

CNF[1:0]	MODE[1:0]	输　入　配　置	CNF[1:0]	MODE[1:0] [(2)]	输　出　配　置
00	00	模拟输入	00	01/10/11	通用推挽输出
01	00	浮空输入（复位状态）	01	01/10/11	通用开漏输出
10	00	上拉/下拉输入 [(1)]	10	01/10/11	复用推挽输出
11	00	保留	11	01/10/11	复用开漏输出

注：（1）ODR=1：上拉，ODR=0：下拉。

（2）01/10/11 依次对应最大输出频率为 10MHz/2MHz/50MHz。

输入驱动器包括上拉/下拉电阻和施密特触发器，实现 3 种输入配置：浮空输入时上拉/下拉电阻断开；上拉/下拉输入时根据 ODR 的数据连接上拉/下拉电阻，这两种输入配置下施密特触发器打开，输入数据经施密特触发器输入到输入数据寄存器或片上设备（复用输入）；模拟输入时上拉/下拉电阻断开，施密特触发器关闭，模拟输入到片上设备（如 ADC 等）。

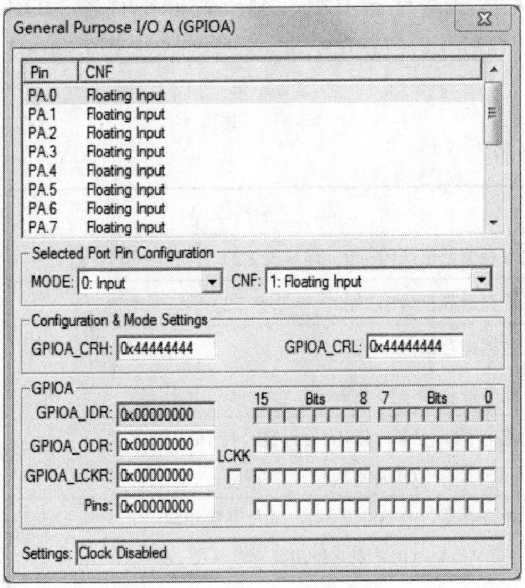

图 2.2　GPIO 对话框

输出驱动器包括输出控制和输出 MOS 管等，实现 4 种输出配置：通用输出的数据来自输出数据寄存器，复用输出的数据来自片上设备；推挽输出 0 时 N-MOS 管导通，输出 1 时 P-MOS 管导通；开漏输出时 P-MOS 管关闭，输出 0 时 N-MOS 管导通，输出 1 时 N-MOS 管也关闭，端口处于高阻状态。

输入配置时输出驱动器关闭，输出配置时输入驱动器的上拉/下拉电阻断开，施密特触发器打开，输出数据可经施密特触发器输入到输入数据寄存器。

输入数据通过 IDR 实现。输出数据可以通过 ODR 实现，也可以通过 BSRR 和 BRR 实现位操作，即只对 1 对应的位设置或清除，而不影响 0 对应的位，相当于对 ODR 进行按位"或"操作（设置）和按位"与"操作（清除）。

Keil 中 GPIO 的对话框如图 2.2 所示。

2.2 GPIO 库函数说明

基本的 GPIO 库函数在 stm32f10x_gpio.h（V2.0.1）中声明如下：

```
void GPIO_Init(GPIO_TypeDef* GPIOx, GPIO_InitTypeDef* GPIO_InitStruct);
u8 GPIO_ReadInputDataBit(GPIO_TypeDef* GPIOx, u16 GPIO_Pin);
u16 GPIO_ReadInputData(GPIO_TypeDef* GPIOx);
u8 GPIO_ReadOutputDataBit(GPIO_TypeDef* GPIOx, u16 GPIO_Pin);
u16 GPIO_ReadOutputData(GPIO_TypeDef* GPIOx);
void GPIO_SetBits(GPIO_TypeDef* GPIOx, u16 GPIO_Pin);
void GPIO_ResetBits(GPIO_TypeDef* GPIOx, u16 GPIO_Pin);
void GPIO_WriteBit(GPIO_TypeDef* GPIOx, u16 GPIO_Pin, BitAction BitVal);
void GPIO_Write(GPIO_TypeDef* GPIOx, u16 PortVal);
void GPIO_PinRemapConfig(u32 GPIO_Remap, FunctionalState NewState);
```

1）初始化 GPIO

```
void GPIO_Init(GPIO_TypeDef* GPIOx, GPIO_InitTypeDef* GPIO_InitStruct);
```

参数说明：

★ GPIOx：GPIO 名称，取值是 GPIOA、GPIOB、GPIOC 或 GPIOD 等

★ GPIO_InitStruct：GPIO 初始化参数结构体指针，初始化参数结构体定义如下：

```
typedef struct
{ u16 GPIO_Pin;                      // GPIO 引脚
  GPIOSpeed_TypeDef GPIO_Speed;      // GPIO 速度
  GPIOMode_TypeDef GPIO_Mode;        // GPIO 模式
} GPIO_InitTypeDef;
```

其中 GPIO_Pin、GPIO_Speed 和 GPIO_Mode 分别定义如下：

```
#define GPIO_Pin_0                   ((u16)0x0001)  /* Pin 0 selected */
#define GPIO_Pin_1                   ((u16)0x0002)  /* Pin 1 selected */
#define GPIO_Pin_2                   ((u16)0x0004)  /* Pin 2 selected */
#define GPIO_Pin_3                   ((u16)0x0008)  /* Pin 3 selected */
#define GPIO_Pin_4                   ((u16)0x0010)  /* Pin 4 selected */
#define GPIO_Pin_5                   ((u16)0x0020)  /* Pin 5 selected */
#define GPIO_Pin_6                   ((u16)0x0040)  /* Pin 6 selected */
#define GPIO_Pin_7                   ((u16)0x0080)  /* Pin 7 selected */
#define GPIO_Pin_8                   ((u16)0x0100)  /* Pin 8 selected */
#define GPIO_Pin_9                   ((u16)0x0200)  /* Pin 9 selected */
#define GPIO_Pin_10                  ((u16)0x0400)  /* Pin 10 selected */
#define GPIO_Pin_11                  ((u16)0x0800)  /* Pin 11 selected */
#define GPIO_Pin_12                  ((u16)0x1000)  /* Pin 12 selected */
#define GPIO_Pin_13                  ((u16)0x2000)  /* Pin 13 selected */
#define GPIO_Pin_14                  ((u16)0x4000)  /* Pin 14 selected */
#define GPIO_Pin_15                  ((u16)0x8000)  /* Pin 15 selected */
#define GPIO_Pin_All                 ((u16)0xFFFF)  /* All pins selected */
```

```
typedef enum
{   GPIO_Speed_10MHz = 1,
    GPIO_Speed_2MHz,
    GPIO_Speed_50MHz
}  GPIOSpeed_TypeDef;

typedef enum
{   GPIO_Mode_AIN = 0x0,                  // 模拟输入
    GPIO_Mode_IN_FLOATING = 0x04,         // 浮空输入
    GPIO_Mode_IPD = 0x28,                 // 下拉输入
    GPIO_Mode_IPU = 0x48,                 // 上拉输入
    GPIO_Mode_Out_PP = 0x10,              // 通用推挽输出
    GPIO_Mode_Out_OD = 0x14,              // 通用开漏输出
    GPIO_Mode_AF_PP = 0x18                // 复用推挽输出
    GPIO_Mode_AF_OD = 0x1C,               // 复用开漏输出
}  GPIOMode_TypeDef;
```

GPIO_Init()函数的核心语句是：

```
GPIOx->CRL = tmpreg;
GPIOx->CRH = tmpreg;
```

2）读输入数据位

```
u8 GPIO_ReadInputDataBit(GPIO_TypeDef* GPIOx, u16 GPIO_Pin);
```

参数说明：

★ GPIOx：GPIO 名称，取值是 GPIOA、GPIOB、GPIOC 或 GPIOD 等

★ GPIO_Pin：GPIO 引脚，取值是 GPIO_Pin_0 ~ GPIO_Pin_15

返回值：输入数据位，0 或 1

GPIO_ReadInputDataBit()函数的核心语句是：

```
if((GPIOx->IDR & GPIO_Pin) != (u32)Bit_RESET)
```

可以简化为：

```
if(GPIOx->IDR & GPIO_Pin)
```

3）读输入数据

```
u16 GPIO_ReadInputData(GPIO_TypeDef* GPIOx);
```

参数说明：

★ GPIOx：GPIO 名称，取值是 GPIOA、GPIOB、GPIOC 或 GPIOD 等

返回值：输入数据

GPIO_ReadInputData()函数的核心语句是：

```
return((u16)GPIOx->IDR);
```

4）读输出数据位

```
u8 GPIO_ReadOutputDataBit(GPIO_TypeDef* GPIOx, u16 GPIO_Pin);
```

参数说明：

★ GPIOx：GPIO 名称，取值是 GPIOA、GPIOB、GPIOC 或 GPIOD 等

★ GPIO_Pin：GPIO 引脚，取值是 GPIO_Pin_0～GPIO_Pin_15

返回值：输出数据位，0 或 1

GPIO_ReadOutputDataBit()函数的核心语句是（也可以简化）：

```
if((GPIOx->ODR & GPIO_Pin) != (u32)Bit_RESET)
```

5）读输出数据

```
u16 GPIO_ReadOutputData(GPIO_TypeDef* GPIOx);
```

参数说明：

★ GPIOx：GPIO 名称，取值是 GPIOA、GPIOB、GPIOC 或 GPIOD 等

返回值：输出数据

GPIO_ReadOutputData()函数的核心语句是：

```
return((u16)GPIOx->ODR);
```

6）设置输出数据位

```
void GPIO_SetBits(GPIO_TypeDef* GPIOx, u16 GPIO_Pin);
```

参数说明：

★ GPIOx：GPIO 名称，取值是 GPIOA、GPIOB、GPIOC 或 GPIOD 等

★ GPIO_Pin：GPIO 引脚，取值是 GPIO_Pin_0～GPIO_Pin_15

GPIO_SetBits()函数的核心语句是：

```
GPIOx->BSRR = GPIO_Pin;
```

7）清除输出数据位

```
void GPIO_ResetBits(GPIO_TypeDef* GPIOx, u16 GPIO_Pin);
```

参数说明：

★ GPIOx：GPIO 名称，取值是 GPIOA、GPIOB、GPIOC 或 GPIOD 等

★ GPIO_Pin：GPIO 引脚，取值是 GPIO_Pin_0～GPIO_Pin_15

GPIO_ResetBits()函数的核心语句是：

```
GPIOx->BRR = GPIO_Pin;
```

8）写输出数据位

```
void GPIO_WriteBit(GPIO_TypeDef* GPIOx, u16 GPIO_Pin, BitAction BitVal);
```

参数说明：

★ GPIOx：GPIO 名称，取值是 GPIOA、GPIOB、GPIOC 或 GPIOD 等

★ GPIO_Pin：GPIO 引脚，取值是 GPIO_Pin_0～GPIO_Pin_15

★ BitVal：位值，取值是 0 或 1

GPIO_WriteBit()函数的核心语句是：

```
GPIOx->BSRR = GPIO_Pin;
GPIOx->BRR = GPIO_Pin;
```

9）写输出数据

```
void GPIO_Write(GPIO_TypeDef* GPIOx, u16 PortVal);
```

参数说明：

★ GPIOx：GPIO 名称，取值是 GPIOA、GPIOB、GPIOC 或 GPIOD 等

★ PortVal：输出数据值

GPIO_Write()函数的核心语句是：

```
GPIOx->ODR = PortVal;
```

10）配置引脚映射

```
void GPIO_PinRemapConfig(u32 GPIO_Remap, FunctionalState NewState);
```

参数说明：

★ GPIO_Remap：映射引脚，主要定义如下：

```
#define GPIO_Remap_SWJ_NoJTRST        ((u32)0x00300100)   /* Full SWJ Enabled
(JTAG-DP + SW-DP) but without JTRST */
#define GPIO_Remap_SWJ_JTAGDisable    ((u32)0x00300200)   /* JTAG-DP Disabled
and SW-DP Enabled */
#define GPIO_Remap_SWJ_Disable        ((u32)0x00300400)   /* Full SWJ Disabled
(JTAG-DP + SW-DP) */
```

★ NewState：映射新状态，ENABLE（1）—允许，DISABLE（0）—禁止

GPIO_PinRemapConfig ()函数的核心语句是：

```
AFIO->MAPR = tmpreg;
```

2.3 GPIO 设计实例

下面以嵌入式竞赛训练板为例，介绍 SysTick 和 GPIO 的应用设计。系统硬件方框图和电路图如图 2.3 所示。

系统包括 Cortex-M3 CPU（内嵌 SysTick 定时器）、存储器、1 个按键接口（PA0）、1 个蜂鸣器接口（PB4）和 1 个 LED 接口（PC8～PC15 和 PD2），实现用按键控制蜂鸣器的通断和 8 个 LED 的流水显示方向，8 个 LED 流水显示，每秒移位 1 次。

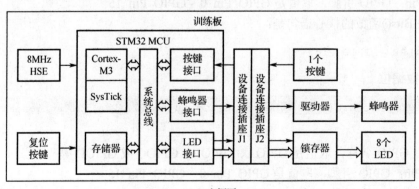

（a）方框图

图 2.3 系统硬件方框图和电路图

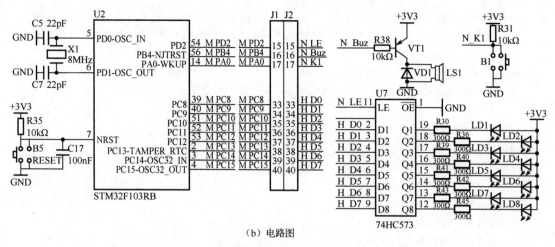

（b）电路图

图 2.3 系统硬件方框图和电路图（续）

系统软件流程图如图 2.4 所示。系统的软件设计可以采用两种方法：使用库函数和使用寄存器。

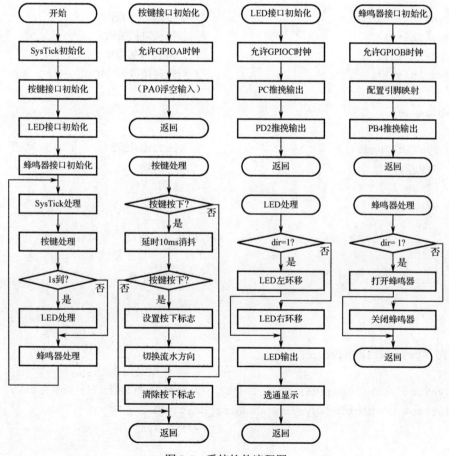

图 2.4 系统软件流程图

2.3.1 使用库函数软件设计

使用库函数软件设计 main.c 的内容如下：

```c
#include "stm32f10x_lib.h"
// 注意: stm32f10x_lib.h 中包含 stm32f10x_map.h 和 stm32f10x_rcc.h 等

u32 sec = 0, sec1 = 0, key = 0, dir = 0, led = 0x0100;
GPIO_InitTypeDef GPIO_InitStruct;

void SysTick_Init(void);
void SysTick_Proc(void);
void Key_Init(void);
void Key_Proc(void);
void Led_Init(void);
void Led_Proc(void);
void Buz_Init(void);
void Buz_Proc(void);
void Delay_ms(u32 delay);
int main(void)
{
  SysTick_Init();                       // SysTick 初始化
  Key_Init();                           // 按键接口初始化
  Led_Init();                           // LED 接口初始化
  Buz_Init();                           // 蜂鸣器接口初始化

  while(1)
  {
    SysTick_Proc();                     // SysTick 处理
    Key_Proc();                         // 按键处理
    if(sec1 != sec)                     // 1s 到
    {
      sec1 = sec;
      Led_Proc();                       // LED 处理
    }
    Buz_Proc();                         // 蜂鸣器处理
  }
}

void SysTick_Init(void)
{
  SysTick_SetReload(1e6);               // 设置 1s 重装值（时钟频率为 8MHz/8）
  SysTick_CounterCmd(SysTick_Counter_Enable);
}                                       // 允许 SysTick

void SysTick_Proc(void)
{ // 1s 到
  if(SysTick_GetFlagStatus(SysTick_FLAG_COUNT))
    ++sec;
}
```

```c
void Key_Init(void)
{ // 允许 GPIOA 时钟
  RCC_APB2PeriphClockCmd(RCC_APB2Periph_GPIOA, ENABLE);
  /* PA0（K1）浮空输入（复位状态，可以省略）
  GPIO_InitStruct.GPIO_Pin = GPIO_Pin_0;
  GPIO_InitStruct.GPIO_Mode = GPIO_Mode_IN_FLOATING;
  GPIO_Init(GPIOA, &GPIO_InitStruct); */
}


void Key_Proc(void)
{
  if(!GPIO_ReadInputDataBit(GPIOA, GPIO_Pin_0))
  {                                          // 按键按下
    Delay_ms(10);                            // 延时 10ms 消抖
    if((!GPIO_ReadInputDataBit(GPIOA, GPIO_Pin_0)) && (key == 0))
    {
      key = 1;                               // 设置按下标志
      dir = ~dir;                            // 切换流水方向
    }
  }
  else                                       // 按键松开
    key = 0;                                 // 清除按下标志
}


void Led_Init(void)
{ // 允许 GPIOC 和 GPIOD 时钟
  RCC_APB2PeriphClockCmd(RCC_APB2Periph_GPIOC, ENABLE);
  RCC_APB2PeriphClockCmd(RCC_APB2Periph_GPIOD, ENABLE);
  // PC8~PC15（LD1~LD8）推挽输出（将 PC0～PC7 一起设置为推挽输出）
  GPIO_InitStruct.GPIO_Pin = GPIO_Pin_All;
  GPIO_InitStruct.GPIO_Speed = GPIO_Speed_50MHz;
  GPIO_InitStruct.GPIO_Mode = GPIO_Mode_Out_PP;
  GPIO_Init(GPIOC, &GPIO_InitStruct);
  // PD2（LE）推挽输出
  GPIO_InitStruct.GPIO_Pin = GPIO_Pin_2;
  GPIO_Init(GPIOD, &GPIO_InitStruct);
}


void Led_Proc(void)
{
  if(dir)
  {
    led <<= 1;                               // LED 左环移
    if(led == 0x10000) led = 0x100;
  }
```

```
    else
    {
      led >>= 1;                                    // LED 右环移
      if(led == 0x80) led = 0x8000;
    }
    GPIO_Write(GPIOC, ~led);                        // LED 输出
    GPIO_SetBits(GPIOD, GPIO_Pin_2);                // 选通显示
    GPIO_ResetBits(GPIOD, GPIO_Pin_2);
}


void Buz_Init(void)
{ // 允许 AFIO 和 GPIOB 时钟
    RCC_APB2PeriphClockCmd(RCC_APB2Periph_AFIO, ENABLE);
    RCC_APB2PeriphClockCmd(RCC_APB2Periph_GPIOB, ENABLE);
    // 配置引脚映射（禁止 JTRST 功能）
    GPIO_PinRemapConfig(GPIO_Remap_SWJ_NoJTRST, ENABLE);
    // PB4 推挽输出
    GPIO_InitStruct.GPIO_Pin = GPIO_Pin_4;
    GPIO_InitStruct.GPIO_Speed = GPIO_Speed_50MHz;
    GPIO_InitStruct.GPIO_Mode = GPIO_Mode_Out_PP;
    GPIO_Init(GPIOB, &GPIO_InitStruct);
}


void Buz_Proc(void)
{
    if(dir)
      GPIO_ResetBits(GPIOB, GPIO_Pin_4);            // 打开蜂鸣器
    else
      GPIO_SetBits(GPIOB, GPIO_Pin_4);              // 关闭蜂鸣器
}


void Delay_ms(u32 delay)
{
    u32 start;
    s32 differ;
    delay *= 1000;
    start = SysTick_GetCounter();
    do
    {
      differ = start - SysTick_GetCounter();
      if(differ < 0) differ += 1e6;
    }
    while(differ < delay);
}
```

2.3.2　使用寄存器软件设计

使用寄存器软件设计和使用库函数软件设计相比，main.c 的内容只有子程序不同：

```c
void SysTick_Init(void)
{
  SysTick->LOAD = 1e6;               // 设置 1s 重装值（时钟频率为 8MHz/8）
  SysTick->CTRL = 1;                 // 允许 SysTick
}


void SysTick_Proc(void)
{
  if(SysTick->CTRL & 0x10000)        // 1s 到
    ++sec;
}
void Key_Init(void)
{
  RCC->APB2ENR |= 4;                 // 允许 GPIOA 时钟
}


void Key_Proc(void)
{
  if(~GPIOA->IDR & 1)                // 按键按下
  {
    Delay_ms(10);                    // 延时 10ms 消抖
    if((~GPIOA->IDR & 1) && (key == 0))
    {
      key = 1;                       // 设置按下标志
      dir = ~dir;                    // 切换流水方向
    }
  }
  else                               // 按键松开
    key = 0;                         // 清除按下标志
}

void Led_Init(void)
{
  RCC->APB2ENR |= 0x30;              // 允许 GPIOC 和 GPIOD 时钟
  GPIOC->CRH &= 0x00000000;
  GPIOC->CRH |= 0x33333333;          // PC15～PC8 通用推挽输出
  GPIOD->CRL &= 0xfffff0ff;
  GPIOD->CRL |= 0x00000300;          // PD2 通用推挽输出
}


void Led_Proc(void)
{
```

```
    if(dir)
    {
      led <<= 1;                            // LED 左环移
      if(led == 0x10000) led = 0x100;
    }
    else
    {
      led >>= 1;                            // LED 右环移
      if(led == 0x80) led = 0x8000;
    }
    GPIOC->ODR = ~led;                      // LED 输出
    GPIOD->BSRR = 4;                        // 选通显示
    GPIOD->BRR = 4;
}

void Buz_Init(void)
{
    RCC->APB2ENR |= 9;                      // 允许 AFIO 和 GPIOB 时钟
    AFIO->MAPR |= 0x01000000;               // 配置引脚映射（禁止 JTRST 功能）
    GPIOB->CRL &= 0xfff0ffff;
    GPIOB->CRL |= 0x00030000;               // PB4 通用推挽输出
}

void Buz_Proc(void)
{
    if(dir)
      GPIOB->BRR = 0x10;                    // 打开蜂鸣器
    else
      GPIOB->BSRR = 0x10;                   // 关闭蜂鸣器
}

void Delay_ms(u32 delay)
{
    u32 start;
    s32 differ;
    delay *= 1000;
    start = SysTick->VAL;
    do
    {
      differ = start - SysTick->VAL;
      if(differ < 0) differ += 1e6;
    }
    while(differ < delay);
}
```

2.4　GPIO 设计实现

GPIO 设计的实现需要硬件开发环境和软件开发环境的支持。

硬件开发环境可以用软件开发环境仿真实现，也有大量的开发板可以选择，本书以嵌入式竞赛训练板为例，介绍系统的设计与实现，CT117E 嵌入式竞赛训练板简介参见附录 C。

软件开发环境包括 Keil MDK-ARM、IAR EWARM、HiTOP、RIDE 和 TrueSTUDIO 等，本书以 Keil MDK-ARM 4.12 为例介绍软件开发环境的安装和使用，重点介绍程序的调试。

2.4.1　Keil 的安装和使用

运行 Keil 安装程序 MDK412.exe，将 Keil 安装到默认文件夹 C:\Keil。安装完成后，下列文件夹包含与 STM32F10x 系列 MCU 相关的范例程序、头文件和库文件（V2.0.1）：

- C:\Keil\ARM\INC\ST\STM32F10x：头文件（stm32f10x_*.h）
- C:\Keil\ARM\RV31\LIB\ST\STM32F10x：库文件（stm32f10x_*.c）
- C:\Keil\ARM\Examples\ST\STM32F10xFWLib\Examples：范例程序

Keil 的使用包括新建工程、新建添加 C 语言源文件、添加库文件、生成目标程序文件、调试和运行目标程序等，调试和运行目标程序有使用仿真器和使用调试器两种方法。

1）新建工程

新建工程的具体步骤是：

（1）双击桌面的 Keil 图标运行 Keil 程序，选择"Project"（工程）→"New μVision Project"（新建工程）菜单项打开新建工程对话框。选择 D 盘，在 D 盘新建文件夹"STM32"，双击 STM32 文件夹，再新建文件夹"GPIO"，双击 GPIO 文件夹，在"文件名"文本框中输入工程文件名"stm32"，单击"保存"按钮关闭新建工程对话框，如图 2.5 所示。

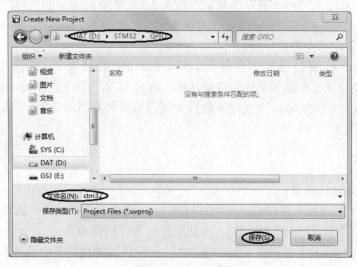

图 2.5　新建工程

注意：读者可以根据需要自行确定新建工程文件夹的位置。

（2）在"Select Device for Target 'Target 1'"（选择器件）对话框 CPU 选项卡的"Data base"（数据库）栏选择 STMicroelectronics 公司的 STM32F103RB 器件，右边"Description"（描述）栏显示对应的器件功能描述，如图 2.6 所示。

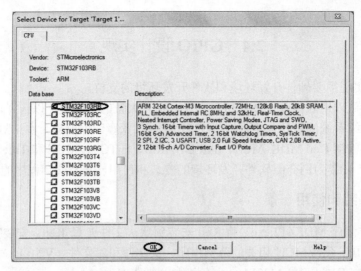

图 2.6　选择器件

单击"OK"（确定）按钮关闭选择器件对话框，单击"是"按钮复制 STM32 启动代码到工程文件夹并添加文件到工程（Copy STM32 Startup Code to Project Folder and Add File to Project）。

（3）在"Project"（工程）窗口中将"Target 1"（目标 1）修改为"CT117E"，单击"CT117E"前的加号打开目标，将"Source Group 1"（源文件组 1）修改为"User"，单击"User"前的加号打开源文件组，其中包含汇编语言启动代码源文件 STM32F10x.s。

注意： STM32F10x.s 中包含汇编语言启动代码和中断矢量表。

2）新建并添加 C 语言源文件

新建并添加 C 语言源文件的具体步骤是：

（1）选择"File"（文件）→"New"（新建）菜单项或单击文件工具栏中的"New"（新建）按钮▢新建文件 Text1。在 Text1 窗口中复制或输入 2.3.1 节中 main.c 的内容，单击文件工具栏中的"Save"（保存）按钮▣，在"Save As"（另存为）对话框的"文件名"中输入文件名"main.c"，单击"保存"按钮关闭另存为对话框。

（2）在"Project"（工程）窗口中右击"User"，在弹出的快捷菜单中选择"Add File to Group"（添加文件到组）菜单项打开添加文件到组对话框，选择 C 语言源文件 main.c，单击"Add"（添加）按钮添加文件，单击"Close"（关闭）按钮关闭添加文件到组对话框，"User"中出现 C 语言源文件 main.c，如图 2.7（a）所示。

3）添加库文件

添加库文件的具体步骤是：

（1）在"Project"（工程）窗口中右击"CT117E"，在弹出的快捷菜单中选择"Add Group"（添加组）菜单项添加"New Group"（新组），将新组更名为"FWLib"。

（2）在"Project"（工程）窗口中右击"FWLib"，在弹出的快捷菜单中选择"Add File to Group"（添加文件到组）菜单项打开添加文件到组对话框，选择 C:\Keil\ARM\RV31\LIB\ST\ STM32F10x 文件夹，在 STM32F10x 文件夹中依次双击 stm32f10x_gpio.c、stm32f10x_rcc.c 和 stm32f10x_systick.c 将 GPIO、RCC 和 SysTick 库文件添加到 FWLib，如图 2.7（b）所示。

注意： 如果不关心库函数的具体实现内容，可以只添加 C:\Keil\ARM\RV31\LIB\ST 中的 STM32F10xR.LIB 编译库文件。使用寄存器软件设计时，因为没有使用库函数，所以此步可以省略。

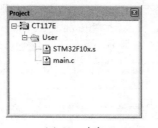

（a）User 内容　　　　　　　（b）FWLib 内容

图 2.7　工程窗口

4）生成目标程序文件

生成目标程序文件的方法是：单击生成工具栏中的"Build"（生成）按钮，汇编（assembing）STM32F10x.s，编译（compiling）main.c 和库文件，连接（linking）生成目标程序文件 stm32.axf。

生成输出（Build Output）窗口中显示生成的过程、目标程序的大小：包括代码（Code）、只读数据（RO-data：程序定义的常量）、读写数据（RW-data：已初始化的全局变量）和零数据（ZI-data：未初始化的全局变量），以及生成过程中出现的错误（Error）和警告（Warning）数量，如图 2.8（a）所示。作为对比，图 2.8（b）为使用寄存器软件设计生成输出。

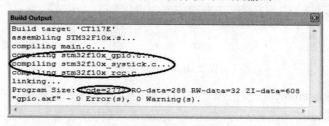

（a）使用库函数软件设计生成输出

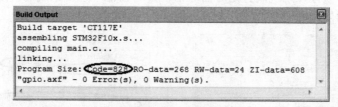

（b）使用寄存器软件设计生成输出

图 2.8　生成输出

注意：如果生成过程中有错误则不能生成目标程序文件。

程序中的语法错误生成时可以发现，但功能错误只能通过调试发现。通过调试不仅可以发现功能错误，还可以验证程序中语句和函数的功能。调试和运行目标程序有两种方法：使用仿真器（Use Simulator）和使用调试器（Use Debugger）。

2.4.2　使用仿真器调试和运行目标程序

使用仿真器调试和运行目标程序通过仿真硬件实现，不需要目标硬件，具体步骤是：

（1）单击生成工具栏中的"Target Option"（目标选项）按钮打开目标选项对话框，选择"Debug"（调试）选项卡，确认选择"Use Simulator"（使用仿真器），如图 2.9 所示。

单击"OK"按钮关闭目标选项对话框。

（2）单击文件工具栏中的"Start/Stop Debug Session"（开始/停止调试会话）按钮进入调试界面，出现调试工具栏，如图 2.10 所示。

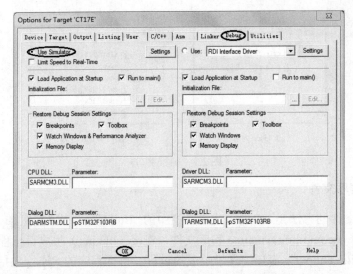

图 2.9 使用仿真器调试和运行目标程序

图 2.10 调试工具栏

注意： 如果 "Disassembly"（反汇编）窗口打开的话，则关闭反汇编窗口。

（3）选择 "Peripherals"（设备）→ "Core Peripherals"（内核设备）→ "System Tick Timer"（系统滴答定时器）菜单项打开系统滴答定时器对话框，对话框中包含系统滴答定时器 4 个寄存器的值和其中所有位段的值，如图 2.11（a）所示。

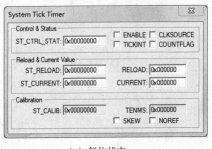

（a）复位状态

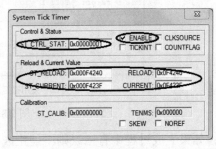

（b）初始化后状态

图 2.11 系统滴答定时器对话框

① 单击调试工具栏中的 "Step"（单步）按钮 单步进入系统滴答定时器初始化子程序 SysTick_Init()，单击 "Step Over"（单步跨越）按钮 执行语句

```
SysTick_SetReload(1e6);
```

系统滴答定时器对话框中的内容发生下列变化：

- 重装值寄存器（ST_RELOAD）的值和重装值（RELOAD）变为 0x0F4240（1e6 的十六进制表示）

② 单击 "Step Out"（单步退出）按钮 执行语句

```
SysTick_CounterCmd(SysTick_Counter_Enable);
```

并退出系统滴答定时器初始化子程序，系统滴答定时器对话框中的内容发生下列变化：

- 控制状态寄存器（ST_CTRL_STAT）的值变为 1，表示 ENABLE 的值变为 1，启动定时器，当前值寄存器（ST_CURRENT）的值和当前值（CURRENT）变为 0x0F423F，如图 2.11（b）所示

（4）选择 "Peripherals"（设备）→ "APB Bridge"（APB 桥）→ "APB Bridge 2"（APB 桥 2）菜单项打开 APB 桥 2 对话框，如图 2.12（a）所示。

单击 "Step Over"（单步跨越）按钮 执行语句 Key_Init()，实际执行其中的语句

```
RCC_APB2PeriphClockCmd(RCC_APB2Periph_GPIOA, ENABLE);
```

APB 桥 2 对话框中的内容发生下列变化：

- RCC_APB2ENR 的值变为 0x04，允许 PORTA 时钟（CE = 1），如图 2.12（b）所示

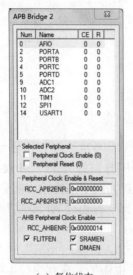
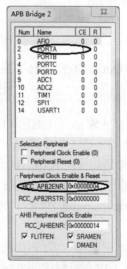

（a）复位状态　　　　　　　　　　　　（b）初始化后状态

图 2.12　APB 桥 2 对话框

注意： 按键接口 PA0 默认为浮空输入，因此不需要对 PA0 进行初始化。

（5）选择 "Peripherals"（设备）→ "General Purpose I/O"（通用 I/O）→ "GPIOC" 菜单项打开 GPIOC 对话框，如图 2.13（a）所示。

① 单击 "Step"（单步）按钮 单步进入 LED 接口初始化子程序 Led_Init()，单击 "Step Over"（单步跨越）按钮 执行语句

```
RCC_APB2PeriphClockCmd(RCC_APB2Periph_GPIOC, ENABLE);
RCC_APB2PeriphClockCmd(RCC_APB2Periph_GPIOD, ENABLE);
```

APB 桥 2 对话框中的内容发生下列变化：

- RCC_APB2ENR 寄存器的值变为 0x34，3 表示允许 PORTC 和 PORTD 时钟

② 单击 "Step Over"（单步跨越）按钮 跨越执行语句

```
GPIO_Init(GPIOC, &GPIO_InitStruct);
```

GPIOC 对话框中的内容发生下列变化：

- GPIOC_CRH 和 GPIOC_CRL 寄存器的值都变为 0x33333333，表示 PB15～PB0 设置为通用推挽输出，GPIOC_ODR 的默认值为 0，如图 2.13（b）所示

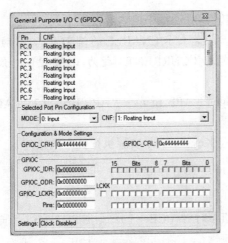 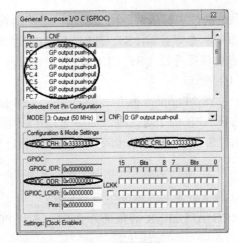

（a）复位状态　　　　　　　　　　　　　（b）初始化后状态

图 2.13　GPIOC 对话框

③ 单击"Step Out"（单步退出）按钮 执行语句

```
GPIO_Init(GPIOD, &GPIO_InitStruct);
```

将 PD2 设置为通用推挽输出，并退出 LED 初始化子程序。

④ 单击"Step Over"（单步跨越）按钮 跨越执行蜂鸣器接口初始化子程序 Buz_Init()，RCC_APB2ENR 寄存器的值变为 0x3D（允许 AFIO 和 PORTB 时钟），将 PB4 设置为通用推挽输出。

注意：PB4 的复位功能是 JTRST（JTAG 复位），设置为通用推挽输出前必须调用配置引脚映射函数 GPIO_PinRemapConfig() 禁止 JTRST 功能，而引脚映射通过 AFIO 实现，因此还必须允许 AFIO 时钟。

（6）右击 main.c 中的 sec，在弹出的快捷菜单中选择"Add 'sec' to…"→"Watch 1"，将变量 sec 添加到观察窗口 1 中。用同样的方法将其他全局变量也添加到观察窗口 1 中，如图 2.14（a）所示。

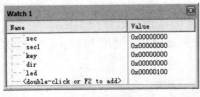 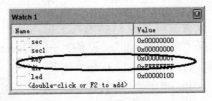

（a）全局变量初始值　　　　　　　　　　（b）按键处理结果

图 2.14　观察窗口 1

（7）单击"Step"（单步）按钮 单步进入 SysTick 处理子程序 SysTick_Proc()，单击"Step Over"（单步跨越）按钮 执行语句

```
if(SysTick_GetFlagStatus(SysTick_FLAG_COUNT))
```

由于 1s 时间未到，不执行 ++sec 语句。

单击"Step Out"（单步退出）按钮 退出 SysTick 处理子程序。

（8）单击"Step"（单步）按钮 单步进入按键处理子程序 Key_Proc()，单击"Step Over"（单步跨越）按钮 执行语句

```
if(!GPIO_ReadInputDataBit(GPIOA, GPIO_Pin_0))
```

由于 PA0 的默认值为 0（相当于按键按下），因此执行 Delay_ms(10)语句延时 10ms 消抖，然后执行语句

```
if((!GPIO_ReadInputDataBit(GPIOA, GPIO_Pin_0)) && (key == 0))
```

重新检测按键，由于 PA0 的值仍为 0，并且按键的初始状态为未按下（key == 0），因此按键按下有效，置按键状态为 1，同时将 LED 流水方向反向，如图 2.14（b）所示。

注意：语句 dir = ~dir 是按键处理的核心语句，可以用其他处理语句替代。

由于按键状态已设为 1，因此在按键未松开前 key == 0 为假，语句 dir = ~dir 将不会重复执行。按键松开后，按键状态复位（key = 0），恢复初始状态。

注意：双击观察窗口 1 中变量 dir 右边的 Value（数值）域，可以将 dir 的值改为 0。

单击"Step Out"（单步退出）按钮 退出按键处理子程序。

（9）单击"Step Over"（单步跨越）按钮 执行语句

```
if(sec1 != sec)
```

由于 sec1 和 sec 的初始值都为 0，sec1 != sec 为假，不执行 Led_Proc()。

（10）单击"Step"（单步）按钮 单步进入蜂鸣器处理子程序 Buz_Proc()，单击"Step Over"（单步跨越）按钮 执行语句

```
if(dir)
```

由于 dir 的值为假（已改为 0），因此执行语句

```
GPIO_SetBits(GPIOB, GPIO_Pin_4);
```

关闭蜂鸣器。单击"Step Out"（单步退出）按钮 退出蜂鸣器处理子程序。

（11）单击 SysTick_Proc()中的语句++sec，单击调试工具栏中的"Run to Cursor Line"（运行到光标行）按钮 运行到当前光标行，1s 时间到后程序停在语句++sec 处。

单击"Step Over"（单步跨越）按钮 执行语句++sec，sec 的值变为 1。

（12）双击 while(1)中语句 sec1 = sec 行号的左侧，在语句 sec1 = sec 处插入断点 ，单击调试工具栏中的"Run"（运行）按钮 运行程序，程序停在断点处。

双击 Led_Proc()中语句 sec1 = sec 行号的左侧，取消语句 sec1 = sec 处的断点 。

① 单击"Step"（单步）按钮 单步进入 LED 处理子程序 Led_Proc()。

② 单击"Step Over"（单步跨越）按钮 单步执行程序，led 右环移后值变为 0x8000。

③ 单击"Step Out"（单步退出）按钮 执行语句

```
GPIO_Write(GPIOC, ~led);
GPIO_SetBits(GPIOD, GPIO_Pin_2);
GPIO_ResetBits(GPIOD, GPIO_Pin_2);
```

输出~led 并选通锁存器（点亮 LD8），如图 2.15（a）所示。

（13）单击调试工具栏中的"Run"（运行）按钮 运行程序。

● 系统滴答定时器对话框中当前值寄存器（ST_CURRENT）的值和当前值（CURRENT）连续变化

● 观察窗口 1 中变量 sec 和 sec1 的值每秒加 1，led 值的 D15～D8 循环右移

● GPIOC 对话框中 GPIOC_ODR 值的 D15～D8 循环右移

（14）选择"Peripherals"（设备）→"General Purpose I/O"（通用 I/O）→"GPIOA"菜单项

打开 GPIOA 对话框。

① 设置 Pins（引脚）的 D0 位（相当于按键松开）。

● Pins 和 GPIOA_IDR 的值变为 1，如图 2.15（b）所示

● 观察窗口 1 中变量 key 的值变为 0

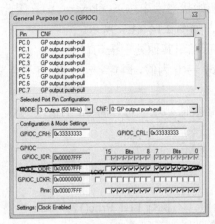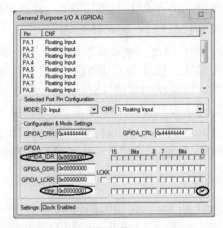

（a）GPIOC   （b）GPIOA

图 2.15　GPIO 对话框

② 复位 Pins（引脚）的 D0 位（相当于按键按下）。

● Pins 和 GPIOA_IDR 的值变为 0

● 观察窗口 1 中变量 key 的值变为 1，dir 的值变为 0xFFFFFFFF，led 值的 D15～D8 循环左移

● GPIOC 对话框中 GPIOC_ODR 值的 D15～D8 循环左移

（15）单击调试工具栏中的"Stop"（停止）按钮 停止程序的运行。

使用仿真器调试和运行目标程序还具有 Analysis（分析）功能，包括 Logic Analyzer（逻辑分析仪）■■、Performance Analyzer（性能分析仪）≣ 和 Code Coverage（代码覆盖率）✓，性能分析仪和代码覆盖率的使用比较简单，逻辑分析仪的使用如下。

（16）在调试界面单击"Analysis Windows"（分析窗口）按钮 ■ · 显示 Logic Analyzer（逻辑分析仪）窗口，如图 2.16 所示。

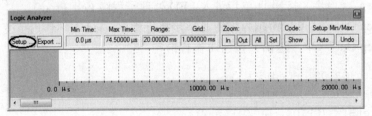

图 2.16　逻辑分析仪窗口

① 在逻辑分析仪窗口中单击"Setup"（设置）按钮打开设置逻辑分析仪对话框，如图 2.17（a）所示。

单击"New"（新建）按钮 可以新建 Signal（信号），单击"Delete"（删除）按钮 可以删除信号。逻辑分析仪支持下列 3 种信号：

● 全局程序变量（包括结构成员）

● VTREG（虚拟仿真寄存器，代表 I/O 引脚）

● 外设寄存器

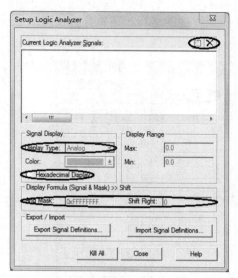
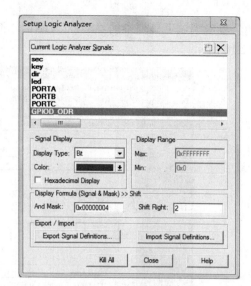

|（a）初始状态|（b）设置结果|

图 2.17　设置逻辑分析仪对话框

详细内容参见 Symbol（符号）窗口，符号窗口通过选择"View"（查看）→ "Symbol Window"（符号窗口）菜单项打开。

信号显示类型（Display Type）包括模拟（Analog）、位（Bit）和状态（State）3 种，还可以选择十六进制显示（Hexadecimal Display）。

信号的显示公式（Display Formula）是：(Signal & Mask) >> Shift，其中 Mask 是屏蔽，Shift 是移位，例如，PORTB.4 = (PORTB & 0x0010) >> 4。

"Export Signal Definitions"（导出信号定义）按钮用于将当前逻辑分析仪信号导出到信号文件（扩展名为 UVL），"Import Signal Definitions"（导入信号定义）按钮用于将信号文件中的信号导入到当前逻辑分析仪。

② 在设置逻辑分析仪对话框中按表 2.3 所示内容新建信号，结果如图 2.17（b）所示。

表 2.3　GPIO 逻辑分析仪信号

新建信号	显示结果	显示类型	十六进制显示	屏　蔽	移　位
sec	sec	State	是	0xFFFFFFFF	0
key	key	Bit	否	0xFFFFFFFF	0
dir	dir	Bit	否	0xFFFFFFFF	0
led	led	State	是	0xFFFFFFFF	0
PORTA.0	PORTA	Bit	否	0x00000001	0
PORTB.4	PORTB	Bit	否	0x00000010	4
PORTC	PORTC	State	是	0xFFFFFFFF	0
GPIOD_ODR.2	GPIOD_ODR	Bit	否	0x00000004	2

③ 单击"Close"（关闭）按钮关闭设置逻辑分析仪对话框，逻辑分析仪窗口中出现新建的 8 个信号。

④ 单击调试工具栏中的"Run"（运行）按钮 运行程序，逻辑分析仪窗口中的 8 个信号发生变化。

⑤ 在 GPIOA 对话框中设置和复位 Pins（引脚）的 D0 位两次（相当于松开和按下按键两次）。

⑥ 单击调试工具栏中的"Stop"（停止）按钮 ⊗ 停止程序的运行，逻辑分析仪窗口显示结果如图 2.18 所示。

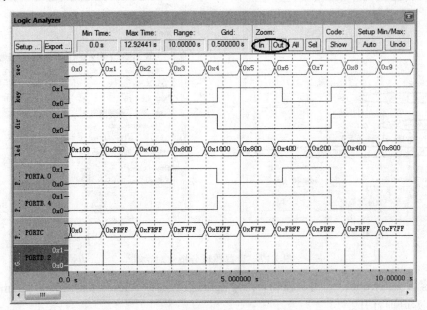

图 2.18　GPIO 逻辑分析仪显示结果

注意：为了看清信号的变化规律，可以单击逻辑分析仪窗口中的"Zoom In"（放大）按钮 In 放大波形，单击"Zoom Out"（缩小）按钮 Out 缩小波形。

（17）单击"Analysis Windows"（分析窗口）按钮 ▦▾ 隐藏逻辑分析仪窗口。

（18）单击文件工具栏中的"Start/Stop Debug Session"（开始/停止调试会话）按钮 ◉ 退出调试界面。

2.4.3　使用调试器调试和运行目标程序

使用调试器调试和运行目标程序需要调试器和目标硬件，并且需要安装调试器驱动程序和调试器插件程序，还要对调试器进行设置，具体步骤是：

（1）安装调试器驱动程序。竞赛训练板使用双 USB UART 转换芯片 FT2232D 作为板载调试器，将训练板（目标硬件）通过调试器 USB 插座 CN2 与 PC 相连，PC 提示安装 FT2232 驱动程序，安装完成后显示驱动程序软件安装对话框，如图 2.19 所示。

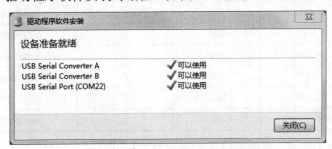

图 2.19　驱动程序软件安装对话框

设备管理器中出现 USB 设备 USB Serial Converter A/B 和 COM 端口 USB Serial Port（COM22）（不同的 PC 设备号 COM22 可能不同），如图 2.20 所示。

| (a) USB 设备 | (b) COM 端口 |

图 2.20　调试器 USB 设备和 COM 端口

注意：记住 COM 端口号（COM22），后面的串行通信要用到。

（2）安装调试器插件程序。运行调试器 Keil 插件安装程序 CoMDKPlugin-1.3.1.exe，将插件程序安装到默认文件夹 C:\Keil。

（3）在 Keil 中单击生成工具栏中的"Target Option"（目标选项）按钮 打开目标选项对话框，选择"Debug"（调试）选项卡，选择"Use"（使用）调试器并从下拉列表中选择"CooCox Debugger"（CooCox 调试器）（如果没有 CooCox Debugger，需重新安装调试器插件程序），选中"Run to main()"（运行到 main()）选项，如图 2.21 所示。

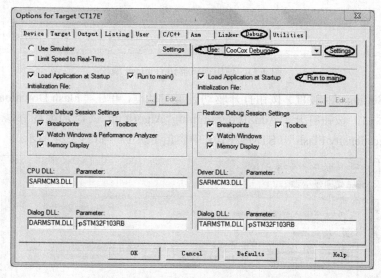

图 2.21　使用调试器调试和运行目标程序

（4）单击"Settings"（设置）按钮打开驱动设置对话框，确认"Debug"（调试）选项卡中"Adapter"（适配器）为 Colink，"Port"（端口）为 JTAG，"IDCODE"（识别码）为 0x3BA00477，"Device Name"（器件名称）为 ARM CoreSight JTAG-DP，如图 2.22 所示。

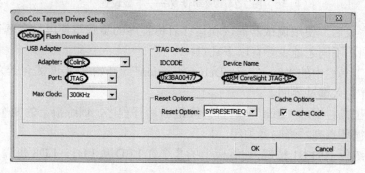

图 2.22　驱动设置——调试设置

（5）在目标选项对话框中选择"Utilities"（应用）选项卡，确认选择"Use Target Driver for Flash Programming"（使用目标驱动进行 Flash 编程）并从下拉列表中选择"CooCox Debugger"（CooCox 调试器），如图 2.23 所示。

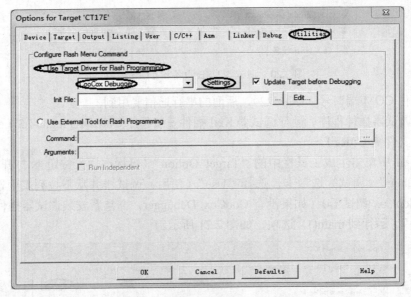

图 2.23　使用调试器进行 Flash 编程

（6）单击"Settings"（设置）按钮打开驱动设置对话框，单击"Flash Download"（Flash 下载）中的"Add"（添加）按钮打开"Add Programming Algorithm"（添加编程算法）对话框，选择"STM32F10x Med-density Flash"（STM32F10x 中容量 Flash），如图 2.24 所示。

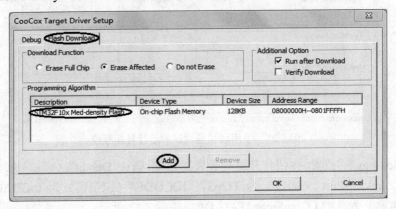

图 2.24　驱动设置——下载设置

调试器设置完成后，使用调试器调试和运行目标程序的步骤与使用仿真器调试与运行目标程序的步骤基本相同，不同之处主要有以下几点：

① 单击文件工具栏中的"Start/Stop Debug Session"（开始/停止调试会话）按钮 将目标程序下载到开发板并进入调试界面。

② 单击调试工具栏中的"Run"（运行）按钮 运行程序，训练板上的 8 个红 LED 从 LD8～LD1 每隔 1s 依次循环点亮，蜂鸣器关闭。

③ 按一下训练板上的 B1 按键，训练板上的 8 个红 LED 从 LD1～LD8 每隔 1s 依次循环点亮，同时蜂鸣器发声。

④ 再按一下训练板上的 B1 按键，训练板上的 8 个红 LED 又从 LD8～LD1 每隔 1s 依次循环点亮，同时蜂鸣器关闭。

2.5 LCD 使用

LCD 是低功耗显示器件，可以通过并口控制，也可以通过串口控制。下面以嵌入式竞赛训练板使用的 LCD 为例介绍 LCD 的使用。

嵌入式竞赛训练板使用的是 240*320 TFT LCD，通过并行接口与 STM32 相连，连接关系如表 2.4 所示。

表 2.4　LCD 与 STM32 的连接关系

LCD 引脚	STM32 引脚	STM32 方向	说　　明
CS#	PB9	输出	片选（低电平有效）
RS	PB8	输出	寄存器选择：0—索引或状态寄存器，1—控制寄存器
WR#	PB5	输出	写选通（低电平有效）
RD#	PB10	输出	读选通（低电平有效，与 SD 卡的 SD1 公用）
PD1~PD8	PC0~PC7	双向	数据低 8 位
PD10~PD17	PC8~PC15	双向	数据高 8 位

LCD 库函数在 lcd.h 中声明，分为低层库函数、中层库函数和高层库函数。

低层库函数用于配置连接 LCD 的 GPIO 引脚，在 lcd.h 中声明如下：

```
void LCD_CtrlLinesConfig(void);
void LCD_BusIn(void);
void LCD_BusOut(void);
```

LCD_CtrlLinesConfig()首先将 PB5（LCD_WR#）、PB8（LCD_RS）、PB9（LCD_CS#）和 PB10（LCD_RD#）配置为通用推挽输出（GPIO_Mode_Out_PP），然后调用 LCD_BusOut()将 PC0～PC15（LCD_PD）配置为通用推挽输出，最后将 PB5（LCD_WR#）、PB9（LCD_CS#）和 PB10（LCD_RD#）设置为高电平。

LCD_BusIn()和 LCD_BusOut()分别将 PC0～PC15（LCD_PD）配置为上拉输入（GPIO_Mode_IPU）和通用推挽输出（GPIO_Mode_Out_PP）。

中层库函数主要用于 LCD 控制器中寄存器和显示缓存的读/写，在 lcd.h 中声明如下：

```
void LCD_WriteReg(u8 LCD_Reg, u16 LCD_RegValue);
u16 LCD_ReadReg(u8 LCD_Reg);
void LCD_WriteRAM_Prepare(void);
void LCD_WriteRAM(u16 RGB_Code);
u16 LCD_ReadRAM(void);
void LCD_PowerOn(void);
void LCD_DisplayOn(void);
void LCD_DisplayOff(void);
```

高层库函数供用户调用，常用高层库函数在 lcd.h 中声明如下：

```
void STM3210B_LCD_Init(void);
void LCD_SetTextColor(vu16 Color);
void LCD_SetBackColor(vu16 Color);
```

```
void LCD_ClearLine(u8 Line);
void LCD_Clear(u16 Color);
void LCD_SetCursor(u8 Xpos, u16 Ypos);
void LCD_DrawChar(u8 Xpos, u16 Ypos, uc16 *c);
void LCD_DisplayChar(u8 Line, u16 Column, u8 Ascii);
void LCD_DisplayStringLine(u8 Line, u8 *ptr);
void LCD_DrawLine(u8 Xpos, u16 Ypos, u16 Length, u8 Direction);
void LCD_DrawRect(u8 Xpos, u16 Ypos, u8 Height, u16 Width);
void LCD_DrawCircle(u8 Xpos, u16 Ypos, u16 Radius);
```

1）初始化 LCD

```
void STM3210B_LCD_Init(void);
```

初始化 LCD 首先调用 LCD_CtrlLinesConfig() 配置接口, 然后根据 LCD 控制器类型初始化 LCD 控制器。LCD 控制器分为 ILI9325/ILI9328 和 UC8230 两种类型, 主要区别是初始化不同, 其他操作兼容。

2）设置文本颜色

```
void LCD_SetTextColor(vu16 Color);
```

参数说明:

★ Color: 16 位文本颜色, 其中高 5 位为红色, 中间 6 位为绿色, 后 5 位为蓝色

Color 在 lcd.h 中定义如下:

```
#define White          0xFFFF
#define Black          0x0000
#define Grey           0xF7DE
#define Blue           0x001F
#define Blue2          0x051F
#define Red            0xF800
#define Magenta        0xF81F
#define Green          0x07E0
#define Cyan           0x7FFF
#define Yellow         0xFFE0
```

LCD_SetTextColor() 将 Color 赋值给全局变量 TextColor。

3）设置背景颜色

```
void LCD_SetBackColor(vu16 Color);
```

参数说明:

★ Color: 16 位背景颜色, 其中高 5 位为红色, 中间 6 位为绿色, 后 5 位为蓝色

LCD_SetBackColor() 将 Color 赋值给全局变量 BackColor。

4）清除行

```
void LCD_ClearLine(u8 Line);
```

参数说明:

★ Line: 行位置（垂直坐标）, 取值范围是 0~239（从上到下）

Line 在 lcd.h 中定义如下：

```
#define Line0                    0
#define Line1                    24
#define Line2                    48
#define Line3                    72
#define Line4                    96
#define Line5                    120
#define Line6                    144
#define Line7                    168
#define Line8                    192
#define Line9                    216
```

LCD_ClearLine()通过调用 LCD_DisplayStringLine()显示空字符行实现行清除。

5）清除 LCD

```
void LCD_Clear(u16 Color);
```

参数说明：

★ Color：16 位背景颜色，其中高 5 位为红色，中间 6 位为绿色，后 5 位为蓝色

6）设置光标

```
void LCD_SetCursor(u8 Xpos, u16 Ypos);
```

参数说明：

★ Xpos：X 位置（垂直坐标），取值范围是 0～239（从上到下）
★ Ypos：Y 位置（水平坐标），取值范围是 0～319（从右到左）

7）画字符

```
void LCD_DrawChar(u8 Xpos, u16 Ypos, uc16 *c);
```

参数说明：

★ Xpos：X 位置（垂直坐标），取值范围是 0～239（从上到下）
★ Ypos：Y 位置（水平坐标），取值范围是 0～319（从右到左）
★ c：字符数据指针，指向字符数据（24*16 点阵，0—BackColor，1—TextColor）
注意：画字符函数既可以显示 ASCII 字符也可以显示汉字，显示 ASCII 字符时的字符点阵数据在 fonts.h 文件中定义，显示汉字时的汉字点阵数据需要用户自己定义。

8）显示字符

```
void LCD_DisplayChar(u8 Line, u16 Column, u8 Ascii);
```

参数说明：

★ Line：行位置（垂直坐标），取值范围是 0～239（从上到下）
★ Column：列位置（水平坐标），取值范围是 0～319（从右到左）
★ Ascii：字符 ASCII 码，取值范围是 0x20～0x7E

LCD_DisplayChar()通过调用 LCD_DrawChar()实现字符显示，字符点阵数据 ASCII_Table[]在 fonts.h 文件中定义。

9）显示字符串行

```
void LCD_DisplayStringLine(u8 Line, u8 *ptr);
```

参数说明：

★ Line：行位置（垂直坐标），取值范围是 0～239（从上到下）

★ ptr：字符串指针，字符串最大长度是 20 个字符（从左到右显示）

LCD_DisplayStringLine()通过调用 LCD_DisplayChar()实现字符串行的显示。

10）画直线

```
void LCD_DrawLine(u8 Xpos, u16 Ypos, u16 Length, u8 Direction);
```

参数说明：

★ Xpos：X 位置（垂直坐标），取值范围是 0～239（从上到下）

★ Ypos：Y 位置（水平坐标），取值范围是 0～319（从右到左）

★ Length：长度，最大值是 320-Ypos（水平方向）或 240-Xpos（垂直方向）

★ Direction：方向，Horizontal（0）—水平，Vertical（1）—垂直

LCD_DrawLine()以 TextColor 画直线。

11）画矩形

```
void LCD_DrawRect(u8 Xpos, u16 Ypos, u8 Height, u16 Width);
```

参数说明：

★ Xpos：X 位置（垂直坐标），取值范围是 0～239（从上到下）

★ Ypos：Y 位置（水平坐标），取值范围是 0～319（从右到左）

★ Height：高度（垂直方向），最大值是 240-Xpos

★ Width：宽度（水平方向），最大值是 320-Ypos

LCD_DrawRect()通过调用 LCD_DrawLine()以 TextColor 画矩形。

12）画圆

```
void LCD_DrawCircle(u8 Xpos, u16 Ypos, u16 Radius);
```

参数说明：

★ Xpos：X 位置（垂直坐标），取值范围是 0～239（从上到下）

★ Ypos：Y 位置（水平坐标），取值范围是 0～319（从右到左）

★ Radius：半径，最大值是 Xpos、Ypos、240-Xpos 或 320-Ypos

使用 LCD 的步骤是：

（1）将下列 3 个文件复制到当前工程文件夹：

● lcd.c：LCD 库文件

● lcd.h：LCD 头文件

● fonts.h：ASCII 字符点阵数据文件

（2）将 lcd.h 和 fonts.h 中的下列语句：

```
#include "stm32f10x.h"                    // 适用于 V3.5.0
```

修改为：

```
#include "stm32f10x_lib.h"               // 适用于 V2.0.1
```

（3）将 lcd.c 文件添加到当前工程。

（4）将 lcd.h 包含在 main.c 中。

（5）在 main()的初始化部分添加下列语句：

```
STM3210B_LCD_Init();
LCD_Clear(Blue);
LCD_SetBackColor(Blue);
LCD_SetTextColor(White);
```

（6）在 while(1)中添加下列语句：

```
LCD_DisplayChar(120, 176, sec/10+0x30);
LCD_DisplayChar(120, 160, sec%10+0x30);
/* 或
u8 lcd_str[20];
lcd_str[0] = sec/10+0x30;
lcd_str[1] = sec%10+0x30;
LCD_DisplayStringLine(120, lcd_str);
*/
/* 或
u8 lcd_str[20];
sprintf((char *)lcd_str, "%10u", sec);
LCD_DisplayStringLine(120, lcd_str);
*/
```

注意：使用 sprintf()函数时必须包含 stdio.h。

第3章 通用同步/异步收发器接口 USART

串行接口分为异步串行接口和同步串行接口两种。

异步串行接口统称为通用异步收发器接口 UART，具有同步功能的 UART（包含时钟信号 SCLK）称为通用同步/异步收发器接口 USART。

同步串行接口有 SPI 和 I^2C 等，同步串行接口除了包含数据线（SPI 有两根单向数据线 MISO 和 MOSI，I^2C 有一根双向数据线 SDA）外，还包含时钟线（SPI 和 I^2C 的时钟线分别是 SCK 和 SCL）。SPI 和 I^2C 都可以连接多个从设备，但两者选择从设备的方法不同：SPI 通过硬件（NSS 引脚）实现，而 I^2C 通过软件（地址）实现。

为了使不同电压输出的器件能够互连，I^2C 的数据线 SDA 和时钟线 SCL 开漏输出。

同步串行接口可以用专用接口电路实现，也可以用通用并行接口实现。

3.1 UART 简介

UART 的相关标准规定了接口的机械特性、电气特性和功能特性等，包括 RS-232C、RS-422、RS-423 和 RS-485 等，其中 RS-232C 是最常用的串行通信标准。

RS-232C 的全称是"数据终端设备（DTE）和数据通信设备（DCE）之间串行二进制数据交换接口技术标准"，其中 DTE 包括微机、微控制器和打印机等，DCE 包括调制解调器 MODEM、GSM 模块和 WiFi 模块等。

RS-232C 机械特性规定 RS-232C 使用 25 针 D 型连接器，后来简化为 9 针 D 型连接器。

RS-232C 电气特性采用负逻辑：逻辑"1"的电平低于-3V，逻辑"0"的电平高于+3V，这和 TTL 的正逻辑（逻辑"1"为高电平，逻辑"0"为低电平）不同，因此通过 RS-232C 和 TTL 器件通信时必须进行电平转换。

目前微控制器的 UART 接口采用的是 TTL 正逻辑，与 TTL 器件连接不需要电平转换，与采用负逻辑的计算机相连时需要进行电平转换，或使用 UART-USB 转换器连接。

RS-232C 功能特性规定各引脚的功能，9 针 D 型连接器的引脚功能如表 3.1 所示，其中最常用的引脚只有 3 个：RXD（接收数据）、TXD（发送数据）和 GND（地）。

表 3.1 RS-232C 引脚功能

引 脚	名 称	功 能	DTE 方向	DCE 方向	引 脚	名 称	功 能	DTE 方向	DCE 方向
1	DCD	载波检测	输入	输出	6	DSR	数据设备准备好	输入	输出
2	RXD	接收数据	输入	输出	7	RTS	请求发送	输出	输入
3	TXD	发送数据	输出	输入	8	CTS	清除发送	输入	输出
4	DTR	数据终端准备好	输出	输入	9	RI	振铃指示	输入	输出
5	GND	地							

从表中可以看出，用 RS-232C 连接 DTE 和 DCE 时各引脚直接连接，例如：

- DTE 的 TXD（输出）直接连接 DCE 的 TXD（输入）
- DTE 的 RXD（输入）直接连接 DCE 的 RXD（输出）

如果用 RS-232C 连接 DTE 和 DTE（如微机和微控制器），相关引脚需交叉连接，例如：

● DTE1 的 TXD（输出）连接 DTE2 的 RXD（输入）
● DTE1 的 RXD（输入）连接 DTE2 的 TXD（输出）

RS-232C 的主要指标有两个：数据速率和数据格式。数据速率用波特率表示，数据格式包括 1 个起始位、5～8 个数据位、0～1 个校验位和 1～2 个停止位，如图 3.1 所示。

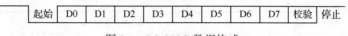

图 3.1　RS-232C 数据格式

通信双方的数据速率和数据格式必须一致，否则无法实现通信。

3.2　USART 结构及寄存器说明

USART 由收发数据和收发控制两部分组成，如图 3.2 所示。

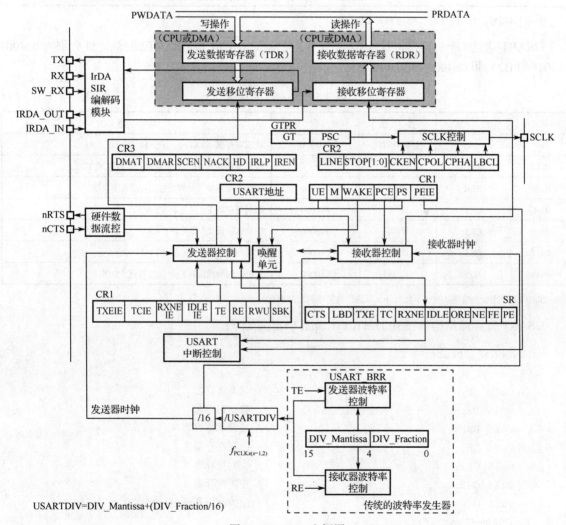

图 3.2　USART 方框图

收发数据使用双重数据缓冲：收发数据寄存器和收发移位寄存器，收发移位寄存器在收发时钟的作用下完成接收数据的串并转换和发送数据的并串转换。

收发控制包括控制状态寄存器、发送器控制、接收器控制、中断控制和波特率控制等，控制状态寄存器通过发送器控制、接收器控制和中断控制等控制数据的收发，波特率控制产生收发时钟。

USART 使用的 GPIO 引脚如表 3.2 所示（详见表 B.3）。

表 3.2　USART 使用的 GPIO 引脚

USART 引脚	GPIO 引脚			
	USART1	USART2	USART3	配　置
TX	PA9（PB6）[1]	PA2	PB10（PC10）[1]	复用推挽输出
RX	PA10（PB7）[1]	PA3	PB11（PC11）[1]	浮空输入
CTS	PA11	PA0	PB13	浮空输入
RTS	PA12	PA1	PB14	复用推挽输出
SCLK	PA8	PA4	PB12（PC12）[1]	复用推挽输出

注：（1）括号中的引脚为复用功能重映射引脚。

USART 通过 7 个寄存器进行操作，如表 3.3 所示（USART1 和 USART2 的基地址分别为 0x4001 3800（APB2）和 0x4000 4400（APB1））。

表 3.3　USART 寄存器

偏移地址	名　称	类　型	复　位　值	说　明
0x00	SR	读/写 0 清除	0x00C0	状态寄存器（TXE=1，TC=1，详见表 3.4）
0x04	DR	读/写	—	数据寄存器（读时对应 RDR，写时对应 TDR）
0x08	BRR	读/写	0x0000	波特率寄存器（分频值=f_{PCLK}/波特率[1]）
0x0C	CR1	读/写	0x0000	控制寄存器 1（详见表 3.5）
0x10	CR2	读/写	0x0000	控制寄存器 2（详见表 3.6）
0x14	CR3	读/写	0x0000	控制寄存器 3（详见表 3.7）
0x18	GTPR	读/写	0x0000	保护时间和预定标寄存器（智能卡使用）

注：（1）不用分为整数部分和小数部分（原设计将简单问题复杂化）。

USART 寄存器结构体在 stm32f10x_map.h 中定义如下：

```
typedef struct
{
  vu16 SR;                          // 状态寄存器
  vu16 DR;                          // 数据寄存器
  vu16 BRR;                         // 波特率寄存器
  vu16 CR1;                         // 控制寄存器 1
  vu16 CR2;                         // 控制寄存器 2
  vu16 CR3;                         // 控制寄存器 3
  vu16 GTPR;                        // 保护时间和预定标寄存器
} USART_TypeDef;
```

USART 状态寄存器 SR 如表 3.4 所示，控制寄存器 CR1～CR3 如表 3.5～表 3.7 所示（保留位未列出）。

表 3.4 USART 状态寄存器（SR）

位	名　称	类　型	复 位 值	说　明
9	CTS	读/写 0 清除	0	CTS 变化标志
8	LBD	读/写 0 清除	0	LIN 间断检测标志
7	TXE	读	1	发送数据寄存器空（写 DR 清除）
6	TC	读/写 0 清除	1	发送完成
5	RXNE	读/写 0 清除	0	接收数据寄存器不空（读 DR 清除）
4	IDLE	读	0	线路空闲
3	ORE	读	0	过载错误
2	NE	读	0	噪声错误
1	FE	读	0	帧错误
0	PE	读	0	校验错误

表 3.5 USART 控制寄存器 1（CR1）

位	名　称	类　型	复 位 值	说　明
13	UE	读/写	0	UART 使能
12	M	读/写	0	字长：0—8 位，1—9 位
11	WAKE	读/写	0	唤醒方法：0—线路空闲唤醒，1—地址标志唤醒
10	PCE	读/写	0	校验控制使能：0—禁止，1—允许
9	PS	读/写	0	校验选择：0—偶校验，1—奇校验
8	PEIE	读/写	0	PE 中断使能：0—禁止，1—允许
7	TXEIE	读/写	0	TXE 中断使能：0—禁止，1—允许
6	TCIE	读/写	0	TC 中断使能：0—禁止，1—允许
5	RXNEIE	读/写	0	RXNE 中断使能：0—禁止，1—允许
4	IDLEIE	读/写	0	IDLE 中断使能：0—禁止，1—允许
3	TE	读/写	0	发送使能：0—禁止，1—允许
2	RE	读/写	0	接收使能：0—禁止，1—允许
1	RWU	读/写	0	接收静默
0	SBK	读/写	0	发送间断

表 3.6 USART 控制寄存器 2（CR2）

位	名　称	类　型	复 位 值	说　明
14	LINEN	读/写	0	LIN 模式使能
13:12	STOP[1:0]	读/写	00	停止位数：00—1 位，10—2 位
11	CLKEN	读/写	0	时钟使能（同步模式使用）
10	CPOL	读/写	0	时钟极性（同步模式使用）
9	CPHA	读/写	0	时钟相位（同步模式使用）
8	LBCL	读/写	0	最后一位时钟脉冲（同步模式使用）
6	LBDIE	读/写	0	LIN 间断检测中断使能
5	LBDL	读/写	0	LIN 间断检测长度
3:0	ADD[3:0]	读/写	0000	地址（多机通信使用）

表 3.7　USART 控制寄存器 3（CR3）

位	名　称	类　型	复 位 值	说　　明
10	CTSIE	读/写	0	CTS 中断使能
9	CTSE	读/写	0	CTS 使能
8	RTSE	读/写	0	RTS 使能
7	DMAT	读/写	0	DMA 发送请求使能
6	DMAR	读/写	0	DMA 接收请求使能
5	SCEN	读/写	0	智能卡模式使能
4	NACK	读/写	0	智能卡 NACK 使能
3	HDSEL	读/写	0	半双工选择
2	IRLP	读/写	0	红外低功耗
1	IREN	读/写	0	红外模式使能
0	EIE	读/写	0	错误中断使能

Keil 中 USART 对话框如图 3.3 所示。

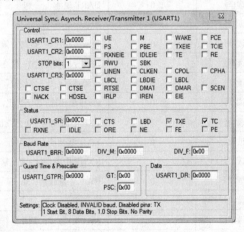

图 3.3　USART 对话框

3.3　USART 库函数说明

基本的 USART 库函数在 stm32f10x_usart.h 中声明如下：

```
void USART_Init(USART_TypeDef* USARTx, USART_InitTypeDef* USART_InitStruct);
void USART_Cmd(USART_TypeDef* USARTx, FunctionalState NewState);
void USART_SendData(USART_TypeDef* USARTx, u16 Data);
u16 USART_ReceiveData(USART_TypeDef* USARTx);
FlagStatus USART_GetFlagStatus(USART_TypeDef* USARTx, u16 USART_FLAG);
```

1）初始化 USART

```
void USART_Init(USART_TypeDef* USARTx, USART_InitTypeDef* USART_InitStruct);
```

参数说明：

★ USARTx：USART 名称，取值是 USART1 或 USART2 等

★ USART_InitStruct：USART 初始化参数结构体指针，初始化参数结构体定义如下：

```
typedefstruct
{u32 USART_BaudRate;              // USART 波特率
u16 USART_WordLength;             // USART 字长
u16 USART_StopBits;              // USART 停止位数
u16 USART_Parity;               // USART 校验位
u16 USART_Mode;                 // USART 方式
u16 USART_HardwareFlowControl;        // USART 硬件流控
} USART_InitTypeDef;
```

其中各参数分别定义如下：

```
#define USART_WordLength_8b      ((u16)0x0000)     // 8 位字长
#define USART_WordLength_9b      ((u16)0x1000)     // 9 位字长

#define USART_StopBits_1       ((u16)0x0000)     // 1 位停止
#define USART_StopBits_0_5      ((u16)0x1000)     // 0.5 位停止
#define USART_StopBits_2       ((u16)0x2000)     // 2 位停止
#define USART_StopBits_1_5      ((u16)0x3000)     // 1.5 位停止

#define USART_Parity_No        ((u16)0x0000)     // 无校验
#define USART_Parity_Even       ((u16)0x0400)     // 偶校验
#define USART_Parity_Odd       ((u16)0x0600)     // 奇校验

#define USART_Mode_Rx         ((u16)0x0004)     // 允许接收
#define USART_Mode_Tx         ((u16)0x0008)     // 允许发送

#define USART_HardwareFlowControl_None    ((u16)0x0000)
#define USART_HardwareFlowControl_RTS     ((u16)0x0100)
#define USART_HardwareFlowControl_CTS     ((u16)0x0200)
#define USART_HardwareFlowControl_RTS_CTS   ((u16)0x0300)
```

USART_Init()函数的核心语句是：

```
USARTx->CR1 = (u16)tmpreg;
USARTx->CR2 = (u16)tmpreg;
USARTx->CR3 = (u16)tmpreg;
USARTx->BRR = (u16)tmpreg;
```

2）使能 USART

```
void USART_Cmd(USART_TypeDef* USARTx, FunctionalState NewState);
```

参数说明：

★ USARTx：USART 名称，取值是 USART1 或 USART2 等

★ NewState：USART 新状态，ENABLE（1）—允许，DISABLE（0）—禁止

USART_Cmd()函数的核心语句是：

```
USARTx->CR1 |= CR1_UE_Set;
USARTx->CR1 &= CR1_UE_Reset;
```

CR1_UE_Set 和 CR1_UE_Reset 在 stm32f10x_usart.c 中定义如下：

```
#define CR1_UE_Set                        ((u32)0x2000)
#define CR1_UE_Reset                      ((u32)0xDFFF)
```

3）USART 发送数据

```
void USART_SendData(USART_TypeDef* USARTx, u16 Data)
```

参数说明：

★ USARTx：USART 名称，取值是 USART1 或 USART2 等

★ Data：发送数据

USART_SendData()函数的核心语句是：

```
USARTx->DR = (Data & (u16)0x01FF);
```

4）USART 接收数据

```
u16 USART_ReceiveData(USART_TypeDef* USARTx)
```

参数说明：

★ USARTx：USART 名称，取值是 USART1 或 USART2 等

返回值：接收数据

USART_ReceiveData()函数的核心语句是：

```
return (u16)(USARTx->DR & (u16)0x01FF);
```

5）获取 USART 标志状态

```
FlagStatus USART_GetFlagStatus(USART_TypeDef* USARTx, u16 USART_FLAG)
```

参数说明：

★ USARTx：USART 名称，取值是 USART1 或 USART2 等

★ USART_FLAG：USART 标志，包括下列值：

```
#define USART_FLAG_CTS          ((u16)0x0200)          // 清除发送
#define USART_FLAG_LBD          ((u16)0x0100)          // 线路间断检测
#define USART_FLAG_TXE          ((u16)0x0080)          // 发送数据寄存器空
#define USART_FLAG_TC           ((u16)0x0040)          // 发送完成
#define USART_FLAG_RXNE         ((u16)0x0020)          // 接收数据寄存器不空
#define USART_FLAG_IDLE         ((u16)0x0010)          // 线路空闲
#define USART_FLAG_ORE          ((u16)0x0008)          // 过载错误
#define USART_FLAG_NE           ((u16)0x0004)          // 噪声错误
#define USART_FLAG_FE           ((u16)0x0002)          // 帧错误
#define USART_FLAG_PE           ((u16)0x0001)          // 校验错误
```

返回值：USART 标志状态，SET（1）—置位，RESET（0）—复位

USART_GetFlagStatus()函数的核心语句是：

```
if((USARTx->SR & USART_FLAG) != (u16)RESET)
```

3.4　USART 设计实例

USART 设计实例包括基本功能程序设计、与 PC 通信程序设计和用 printf()实现通信程序设计等。

3.4.1　USART 基本功能程序设计

USART 基本功能程序包括 USART 初始化程序、USART 发送数据程序和 USART 接收数据程序等。

1) USART1 初始化程序设计

USART1 初始化包括允许设备时钟、初始化引脚和初始化 USART 等，程序设计如下：

```
void USART1_Init(void)
{ // 允许 GPIOA 和 USART1 时钟
  RCC_APB2PeriphClockCmd(RCC_APB2Periph_GPIOA, ENABLE);
  RCC_APB2PeriphClockCmd(RCC_APB2Periph_USART1, ENABLE);
  // PA9-TX1 复用推挽输出
  GPIO_InitStruct.GPIO_Pin = GPIO_Pin_9;
  GPIO_InitStruct.GPIO_Speed = GPIO_Speed_50MHz;
  GPIO_InitStruct.GPIO_Mode = GPIO_Mode_AF_PP;
  GPIO_Init(GPIOA, &GPIO_InitStruct);
  /* PA10-RX1 浮空输入（复位状态，可以省略）
  GPIO_InitStruct.GPIO_Pin = GPIO_Pin_10;
  GPIO_InitStruct.GPIO_Mode = GPIO_Mode_IN_FLOATING;
  GPIO_Init(GPIOA, &GPIO_InitStruct); */
  // 初始化 USART1（波特率 115200，8 个数据位，1 个停止位，无校验，无硬件流控）
  USART_InitStruct.USART_BaudRate = 115200;
  USART_InitStruct.USART_WordLength = USART_WordLength_8b;
  USART_InitStruct.USART_StopBits = USART_StopBits_1;
  USART_InitStruct.USART_Parity = USART_Parity_No;
  USART_InitStruct.USART_Mode = USART_Mode_Rx | USART_Mode_Tx;
  USART_InitStruct.USART_HardwareFlowControl
    = USART_HardwareFlowControl_None;
  USART_Init(USART1, &USART_InitStruct);
  // 允许 USART1
  USART_Cmd(USART1, ENABLE);
}
```

2) USART2 初始化程序设计

USART2 初始化程序设计如下：

```
void USART2_Init(void)
{ // 允许 GPIOA 和 USART2 时钟
  RCC_APB2PeriphClockCmd(RCC_APB2Periph_GPIOA, ENABLE);
  RCC_APB1PeriphClockCmd(RCC_APB1Periph_USART2, ENABLE);
  // PA2-TX2 复用推挽输出
  GPIO_InitStruct.GPIO_Pin = GPIO_Pin_2;
  GPIO_InitStruct.GPIO_Speed = GPIO_Speed_50MHz;
  GPIO_InitStruct.GPIO_Mode = GPIO_Mode_AF_PP;
  GPIO_Init(GPIOA, &GPIO_InitStruct);
  /* PA3-TX2 浮空输入（复位状态，可以省略）
```

```
GPIO_InitStruct.GPIO_Pin = GPIO_Pin_3;
GPIO_InitStruct.GPIO_Mode = GPIO_Mode_IN_FLOATING;
GPIO_Init(GPIOA, &GPIO_InitStruct); */
// 初始化 USART2（波特率 115200，允许 Rx 和 Tx，默认 8 个数据位，1 个停止位，无校验）
USART_InitStruct.USART_BaudRate = 115200;
USART_InitStruct.USART_WordLength = USART_WordLength_8b;
USART_InitStruct.USART_StopBits = USART_StopBits_1;
USART_InitStruct.USART_Parity = USART_Parity_No;
USART_InitStruct.USART_Mode = USART_Mode_Rx | USART_Mode_Tx;
USART_InitStruct.USART_HardwareFlowControl
  = USART_HardwareFlowControl_None;
USART_Init(USART2, &USART_InitStruct);
// 允许 USART2
USART_Cmd(USART2, ENABLE);
}
```

3）USART 发送数据程序设计

USART 发送数据库函数过于简单，为了方便使用，可以修改如下：

```
u16 USART_SendData_New(USART_TypeDef* USARTx, u16 Data)
{
  /* Wait until transmit data register empty */
  while(!USART_GetFlagStatus(USARTx, USART_FLAG_TXE));
  //while(!(USARTx->SR & USART_FLAG_TXE));

  /* Transmit Data */
  USART_SendData(USARTx, Data);
  //USARTx->DR = (Data & (u16)0x01FF);
  return Data;
}
// 增加发送字符串程序如下：
void USART_SendString(USART_TypeDef* USARTx, u8* str)
{
  while(*str!='\0')
  {
    USART_SendData_New(USARTx, *str++);
  }
}
```

4）USART 接收数据程序设计

USART 的接收数据库函数也过于简单，为了方便使用，可以修改如下：

```
u16 USART_ReceiveData_New(USART_TypeDef* USARTx)
{
  /* Wait until receive data register not empty */
  while(!USART_GetFlagStatus(USARTx, USART_FLAG_RXNE));
  //while(!(USARTx->SR & USART_FLAG_RXNE));
```

```
/* Receive Data */
return USART_ReceiveData(USARTx);
//return (u16)(USARTx->DR & (u16)0x01FF);
}
// 增加非阻塞接收数据程序如下：
u16 USART_ReceiveData_NonBlocking(USART_TypeDef* USARTx)
{
    if(USART_GetFlagStatus(USARTx, USART_FLAG_RXNE))
    {
        return USART_ReceiveData(USARTx);
    }
    else
    {
        return 0;
    }
}
```

3.4.2　与 PC 通信程序设计

下面以嵌入式竞赛训练板为例，介绍 UART 的应用设计。系统硬件方框图和电路图如图 3.4 所示。

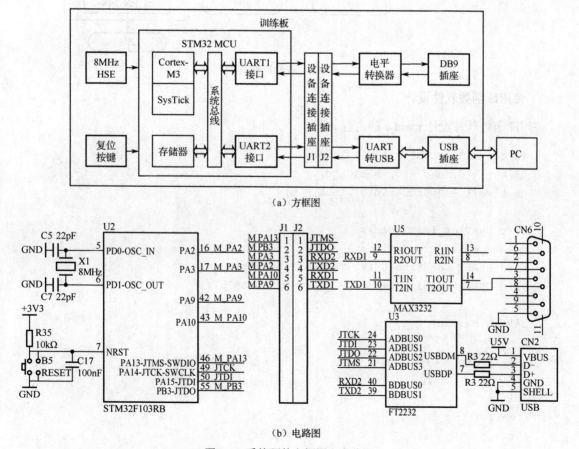

（a）方框图

（b）电路图

图 3.4　系统硬件方框图和电路图

系统包括 Cortex-M3 CPU（内嵌 SysTick 定时器）、UART1 接口（PA9-TX1、PA10-RX1）和 UART2 接口（PA2-TX2、PA3-RX2），UART1 接口经电平转换后可以通过串口线与 PC 或另一块训练板连接，UART2 接口经 UART-USB 转换后可以通过 USB 线与 PC 连接。

下面编程实现 SysTick 分秒计时，UART2 发送分秒值到 PC（每秒发送 1 次），并接收 PC 发送的分秒值对分秒进行设置。软件流程图如图 3.5 所示。

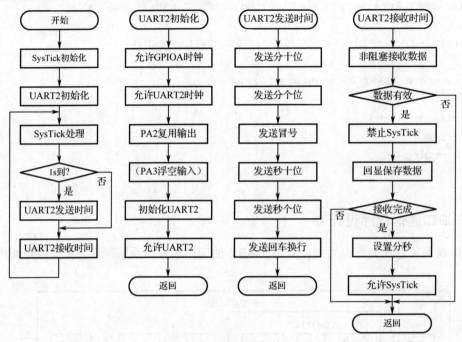

图 3.5　软件流程图

1）使用库函数软件设计

使用库函数软件设计 main.c 的内容如下：

```c
#include "uart.h"
u8 min = 0, sec = 0, sec1 = 0;
u8 time[] = "00:00\r\n\0", num = 0;

void SysTick_Init(void);
void SysTick_Proc(void);
void USART_SendTime(USART_TypeDef* USARTx);
void USART_ReceiveTime(USART_TypeDef* USARTx);

int main(void)
{
  SysTick_Init();                     // SysTick 初始化
  UART2_Init();                       // UART2 初始化

  while(1)
  {
    SysTick_Proc();                   // SysTick 处理
    if(sec1 != sec)                   // 1s 到
```

```
    {
      sec1 = sec;
      UART_SendTime(USART2);           // UART 发送时间
    }
    UART_ReceiveTime(USART2);          // UART 接收时间
  }
}


void SysTick_Init(void)
{
  SysTick_SetReload(1e6);              // 设置 1s 重装值（时钟频率为 8MHz/8）
  SysTick_CounterCmd(SysTick_Counter_Enable);
}                                      // 允许 SysTick


void SysTick_Proc(void)
{
  if(SysTick_GetFlagStatus(SysTick_FLAG_COUNT))
  {                                    // 1s 到
    if((++sec& 0xf) > 9) sec +=6;      // sec 值 BCD 调整
    if(sec >= 0x60)
    {                                  // 1min 到
      sec = 0;
      if((++min & 0xf) > 9) min +=6;   // min 值 BCD 调整
      if(min >= 0x60) min = 0;         // 1h 到
    }
  }
}


void USART_SendTime(USART_TypeDef* USARTx)
{
  USART_SendData_New(USARTx, ((min&0xf0)>>4)+ 0x30);      // 发送分十位
  USART_SendData_New(USARTx, (min &0x0f) + 0x30);         // 发送分个位
  USART_SendData_New(USARTx, ':');                        // 发送冒号
  USART_SendData_New(USARTx, ((sec&0xf0)>>4)+ 0x30);      // 发送秒十位
  USART_SendData_New(USARTx, (sec &0x0f) + 0x30);         // 发送秒个位
  USART_SendData_New(USARTx, 0xd);                        // 发送回车
  USART_SendData_New(USARTx, 0xa);                        // 发送换行
}
/* 或
void USART_SendTime(USART_TypeDef* USARTx)
{
  time[0] = ((min&0xf0)>>4)+ 0x30;                        // 保存分十位
  time[1] = (min &0x0f) + 0x30;                           // 保存分个位
  time[2] = ':';                                          // 保存冒号
  time[3] = ((sec&0xf0)>>4)+ 0x30;                        // 保存秒十位
  time[4] = (sec &0x0f) + 0x30;                           // 保存秒个位
```

```
                    USART_SendString(USARTx, time);                         // 发送时间
                } */

void USART_ReceiveTime(USART_TypeDef* USARTx)
{
    u8 data = USART_ReceiveData_NonBlocking(USARTx);          // 非阻塞接收数据
    if(data)                                                  // 数据有效
    {
        SysTick_CounterCmd(SysTick_Counter_Disable);          // 禁止 SysTick
        USART_SendData_New(USARTx, data);                     // 回显数据
        time[num] = data - 0x30;                              // 保存数据
        if(++num == 4)                                        // 接收完成
        {
            num = 0;
            USART_SendData_New(USARTx, 0xd);                  // 发送回车
            USART_SendData_New(USARTx, 0xa);                  // 发送换行
            min = (time[0]<<4)+time[1];                       // 设置分值
            sec = (time[2]<<4)+time[3];                       // 设置秒值
            SysTick_CounterCmd(SysTick_Counter_Enable);       // 允许 SysTick
        }
    }
}
```

2）使用寄存器软件设计

下面主要给出使用寄存器实现的 UART 初始化程序：

```
void UART1_Init(void)
{
    RCC->APB2ENR |= 1<<2;              // 允许 GPIOA 时钟
    RCC->APB2ENR |= 1<<14;             // 允许 UART1 时钟
    GPIOA->CRH&= 0xfffff00f;
    GPIOA->CRH|= 0x000004b0;           // PA9-TX1 复用推挽输出，PA10-RX1 浮空输入
    UART1->BRR = 0x0045;               // 波特率 8000000/115200=69(0x45)
    UART1->CR1 |= 1<<2;                // 允许 UART1 接收
    UART1->CR1 |= 1<<3;                // 允许 UART1 发送
    UART1->CR1 |= 1<<13;               // 允许 UART1
}
void USART2_Init(void)
{
    RCC->APB2ENR |= 1<<2;              // 允许 GPIOA 时钟
    RCC->APB1ENR |= 1<<17;             // 允许 UART2 时钟
    GPIOA->CRL&= 0xffff00ff;
    GPIOA->CRL|= 0x00004b00;           // PA2-TX2 复用推挽输出，PA3-RX2 浮空输入
    UART2->BRR = 0x0045;               // 波特率 8000000/115200=69(0x45)
    UART2->CR1 |= 1<<2;                // 允许 UART2 接收
    UART2->CR1 |= 1<<3;                // 允许 UART2 发送
    UART2->CR1 |= 1<<13;               // 允许 UART2
}
```

3.4.3 用 printf()实现通信程序设计

用 printf()通过 USART 输出数据除了需要按要求对 USART 进行初始化操作外，还需要包含 stdio.h 文件和 fputc()函数，fputc()函数的内容如下：

```
// printf 调用函数
int fputc(int ch, FILE *f)
{
//return(USART_SendData_New(USART1, ch));        // USART1 发送并返回数据
  return(USART_SendData_New(USART2, ch));        // USART2 发送并返回数据
}
```

编译时需要使用 MicroLIB（在"目标选项"对话框"Target"（目标）选项卡的"Code Generation"（代码生成）下选择 Use MicroLIB），否则程序不能正常工作。

Printf()支持的格式字符如表 3.8 所示。

表 3.8　printf()支持的格式字符

格 式 字 符	说　　　明	格 式 字 符	说　　　明
%c	输出单个字符	%s	输出字符串
%d	输出带符号十进制整数	%u	输出无符号十进制整数
%e	输出指数形式实数	%f	输出小数形式实数
%x	输出无符号十六进制整数（字母小写）	%X	输出无符号十六进制整数（字母大写）
%p	输出十六进制指针值	%%	输出百分号

使用 printf()输出分秒值的语句如下：

```
printf("%02x:%02x\r\n", min, sec);
```

3.5　USART 设计实现

USART 设计的实现与 GPIO 设计的实现类似，包括新建工程、新建并添加 C 语言源文件、添加库文件、生成目标程序文件、调试和运行目标程序等。

1）新建工程

新建工程的具体步骤是：

（1）双击桌面的 Keil 图标运行 Keil 程序，选择"Project"（工程）→ "New µVision Project"（新建工程）菜单项打开新建工程对话框，选择 D:\STM32 文件夹，在 D:\STM32 文件夹中新建文件夹 "UART"，双击 UART 文件夹，在 "文件名" 中输入工程文件名 "stm32"，单击 "保存" 按钮关闭新建工程对话框。

（2）在 "Select Device"（选择器件）对话框 "CPU" 选项卡的 "Data base"（数据库）下选择 STMicroelectronics 公司的 STM32F103RB 器件，单击 "OK"（确定）按钮关闭选择器件对话框，单击 "是" 按钮复制 STM32 启动代码到工程文件夹并添加文件到工程（Copy STM32 Startup Code to Project Folder and Add File to Project）。

（3）在 "Project"（工程）窗口中将 "Target 1"（目标 1）修改为 "CT117E"，单击 "CT117E" 前的加号打开目标，将 "Source Group 1"（源文件组 1）修改为 "User"，单击 "User" 前的加号

打开源文件组，其中包含汇编语言启动代码源文件 STM32F10x.s。

2）新建并添加 C 语言源文件

新建并添加 C 语言源文件的具体步骤是：

（1）选择"File"（文件）→"New"（新建）菜单项或单击文件工具栏中的"New"（新建）按钮 □ 新建文件 Text1，在 Text1 窗口中复制或输入下列内容：

```
#include "stm32f10x_lib.h"

void USART1_Init(void);
void USART2_Init(void);
u16 USART_SendData_New(USART_TypeDef* USARTx, u16 Data);
void USART_SendString(USART_TypeDef* USARTx, u8*str);
u16 USART_ReceiveData_New(USART_TypeDef* USARTx);
u16 USART_ReceiveData_NonBlocking(USART_TypeDef* USARTx);
```

单击文件工具栏中的"Save"（保存）按钮 ◨ ，在"Save As"（另存为）对话框的"文件名"中输入文件名"uart.h"，单击"保存"按钮关闭另存为对话框。

（2）选择"File"（文件）→"New"（新建）菜单项或单击文件工具栏中的"New"（新建）按钮 □ 新建文件 Text2，在 Text2 窗口中复制或输入下列内容：

```
#include "uart.h"
GPIO_InitTypeDef GPIO_InitStruct;
USART_InitTypeDef USART_InitStruct;
```

并在其后复制或输入 3.4.1 节中 USART1_Init()、USART2_Init()、USART_SendData_New()、USART_SendString()、USART_ReceiveData_New()和 USART_ReceiveData_NonBlocking()函数的内容。单击文件工具栏中的"Save"（保存）按钮 ◨ ，在"Save As"（另存为）对话框的"文件名"中输入文件名"uart.c"，单击"保存"按钮关闭另存为对话框。

（3）选择"File"（文件）→"New"（新建）菜单项或单击文件工具栏中的"New"（新建）按钮 □ 新建文件 Text3，在 Text3 窗口中复制或输入 3.4.2 节（1）中的 main.c 内容，单击文件工具栏中的"Save"（保存）按钮 ◨ ，在"Save As"（另存为）对话框的"文件名"中输入文件名"main.c"，单击"保存"按钮关闭另存为对话框。

（4）在"Project"（工程）窗口中右击"User"，在弹出的快捷菜单中选择"Add File to Group"（添加文件到组）菜单项打开添加文件到组对话框，双击 C 语言源文件 main.c 和 uart.c，单击"Close"（关闭）按钮关闭添加文件到组对话框，"User"中出现 C 语言源文件 main.c 和 uart.c。

3）添加库文件

添加库文件的具体步骤是：

（1）在"Project"（工程）窗口中右击"CT117E"，在弹出的快捷菜单中选择"Add Group"（添加组）菜单项添加"New Group"（新组），将新组更名为"FWLib"。

（2）在"Project"（工程）窗口中右击"FWLib"，在弹出的快捷菜单中选择"Add File to Group"（添加文件到组）菜单项打开添加文件到组对话框，选择 C:\Keil\ARM\RV31\LIB\ST\STM32F10x 文件夹，在 STM32F10x 文件夹中依次双击 stm32f10x_gpio.c、stm32f10x_rcc.c、stm32f10x_systick.c 和 stm32f10x_usart.c 将库文件添加到 FWLib。

注意：如果不关心库函数的具体实现内容，可以只添加 C:\Keil\ARM\RV31\LIB\ST 中的 STM32F10xR.LIB 编译库文件。

4）生成目标程序文件

生成目标程序文件的方法是：单击生成工具栏中的"Build"（生成）按钮 📖，汇编（assembing）STM32F10x.s，编译（compiling）main.c 和库文件，连接（linking）生成目标程序文件 stm32.axf。生成输出（Build Output）窗口中显示生成的过程，如图 3.6（a）所示。

作为对比，图 3.6（b）为使用 printf() 软件设计生成输出。

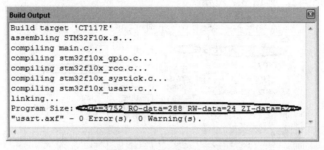

（a）使用库函数软件设计生成输出

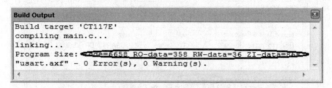

（b）使用 printf() 软件设计生成输出

图 3.6　生成输出

3.5.1　使用仿真器调试和运行目标程序

使用仿真器调试和运行 USART 目标程序的具体步骤是：

（1）单击生成工具栏中的"Target Option"（目标选项）按钮 💥 打开目标选项对话框，选择"Debug"（调试）选项卡，选择"Use Simulator"（使用仿真器），单击"OK"按钮关闭对话框。

（2）单击文件工具栏中的"Start/Stop Debug Session"（开始/停止调试会话）按钮 ❀ 进入调试界面。

注意：如果"Disassembly"（反汇编）窗口打开，则关闭反汇编窗口。

（3）单击调试工具栏中的"Step Over"（单步跨越）按钮 ⑰ 跨越执行语句 SysTick_Init() 初始化 SysTick。

（4）单击调试工具栏中的"Step"（单步）按钮 ⑰ 单步进入 USART2 初始化子程序 USART2_Init()。

① 单击调试工具栏中的"Step Over"（单步跨越）按钮 ⑰ 执行语句

```
RCC_APB2PeriphClockCmd(RCC_APB2Periph_GPIOA, ENABLE);
RCC_APB1PeriphClockCmd(RCC_APB1Periph_USART2, ENABLE);
```

允许 GPIOA 和 USART2 时钟。

② 单击调试工具栏中的"Step Over"（单步跨越）按钮 ⑰ 执行语句

```
GPIO_Init(GPIOA, &GPIO_InitStruct);
```

初始化 GPIOA，将 PA2-TX2 设置为复用推挽输出。

③ 选择"Peripherals"（设备）→"USARTs"→"USART2"打开 USART2 对话框。

④ 单击调试工具栏中的"Step Over"（单步跨越）按钮 ⑰ 执行语句

```
USART_Init(USART2, &USART_InitStruct);
```

初始化 USART2，USART2 对话框中的内容发生下列变化：

● USART2_CR1 的值变为 0x0C，允许 Tx 和 Rx（TE＝1 和 RE＝1）

● USART2_BRR 的值变为 0x45，即分频值为 8000000/115200=69(0x45)，实际波特率为 8000000/69=115942，如图 3.7 所示

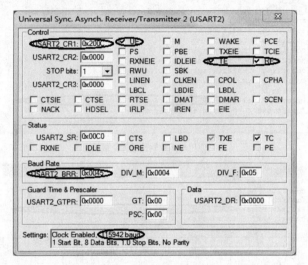

图 3.7　USART2 对话框

⑤ 单击调试工具栏中的"Step Over"（单步跨越）按钮 ⑰ 执行语句

```
USART_Cmd(USART2, ENABLE);
```

允许 USART2，USART2 对话框中的内容发生下列变化：

● USART2_CR1 的值变为 0x200C，2 表示允许 USART（UE＝1）

⑥ 单击调试工具栏中的"Step Out"（单步退出）按钮 ⑰ 退出 USART2 初始化子程序。

（5）单击 while(1)中的语句 sec1＝sec，单击调试工具栏中的"Run to Cursor Line"（运行到光标行）按钮 ⑰ 运行到当前光标行。

① 单击调试工具栏中的"Step"（单步）按钮 ⑰ 单步进入 USART2 发送时间子程序 USART_SendTime(USART2)。

② 单击调试工具栏中的"Serial Window"（串行窗口）按钮 ⑳▪右侧选择 UART #2，打开 UART #2 串行窗口。

③ 单击调试工具栏中的"Step Over"（单步跨越）按钮 ⑰ 执行语句 USART_SendData_New()，UART #2 串行窗口中依次显示"00:01"。

④ 单击调试工具栏中的"Step Out"（单步退出）按钮 ⑰ 退出 USART2 发送时间子程序。

（6）单击调试工具栏中的"Step"（单步）按钮 ⑰ 单步进入 USART2 接收时间子程序 USART_ReceiveTime(USART2)。

① 单击调试工具栏中的"Step Over"（单步跨越）按钮 ⑰ 执行语句

```
u8 data = USART_ReceiveData_NonBlocking(USART2);
```

由于没有数据接收，返回值 data 为 0。

② 在 USART2_ReceiveTime()中的下列语句处设置断点█：

```
SysTick_CounterCmd(SysTick_Counter_Disable);
```

③ 单击调试工具栏中的"Run"（运行）按钮▣运行程序，UART #2 串行窗口中连续显示变化的时间。

④ 在 UART #2 串行窗口中输入数字"1"，程序停在断点处。

⑤ 取消断点，在语句 num = 0 处重新设置断点█。

⑥ 单击"Step Over"（单步跨越）按钮⏰执行下列语句

```
SysTick_CounterCmd(SysTick_Counter_Disable);
USART_SendData_New(USARTx, data);
time[num] = data - 0x30;
```

关闭 SysTick，在 UART #2 串行窗口中回显数字"1"，将"1"的 ASCII 码值 0x31 转化为数值 1 存放在数组 time 中。

⑦ 单击调试工具栏中的"Run"（运行）按钮▣运行程序，在 UART #2 串行窗口中输入数字"234"，程序停在断点处，取消断点。

⑧ 单击调试工具栏中的"Step Over"（单步跨越）按钮⏰执行下列语句

```
min = (time[0]<<4) + time[1];
sec = (time[2]<<4) + time[3];
SysTick_CounterCmd(SysTick_Counter_Disable);
```

将 min 和 sec 的值分别设为 0x12 和 0x34，重新开启 SysTick。

⑨ 单击调试工具栏中的"Run"（运行）按钮▣运行程序，UART #2 串行窗口中从设置的时间开始连续显示。

（7）单击调试工具栏中的"Stop"（停止）按钮⊗停止程序的运行。

（8）用逻辑分析仪观察表 3.9 中的信号，显示结果如图 3.8 所示。

表 3.9　USART 逻辑分析仪信号

新 建 信 号	显 示 结 果	显 示 类 型	十六进制显示	屏 蔽	移 位
min	min	State	是	0xFFFFFFFF	0
sec	sec	State	是	0xFFFFFFFF	0
S2IN	S2IN	State	是	0xFFFFFFFF	0
S2OUT	S2OUT	State	是	0xFFFFFFFF	0
USART2_DR	USART2_DR	State	是	0xFFFFFFFF	0

从图中可以看出：时间为"12:36"，USART2_DR 和 S2OUT 输出对应的 ASCII 字符值"0x31 0x32 0x3A 0x33 0x36"。

注意：因为发送数据的时间很短，所以必须单击逻辑分析仪窗口中的"Zoom In"（放大）按钮▣放大波形（Grid = 1μs）才能看清细节。

（9）单击文件工具栏中的"Start/Stop Debug Session"（开始/停止调试会话）按钮🔍退出调试界面。

注意：用 USART1 替代 USART2 实现上述功能时，只需用 USART1_Init()替代 USART2_Init()，并用 USART1 替代下列语句中的 USART2 即可。

```
USART_SendTime(USART2);
USART_ReceiveTime(USART2);
```

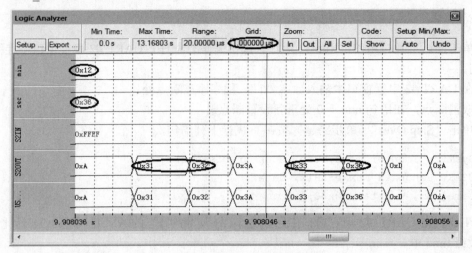

图 3.8　USART 逻辑分析仪显示结果

3.5.2　使用调试器调试和运行目标程序

使用调试器调试和运行 USART 目标程序，除了需要调试器和目标硬件外，还需要在 PC 上安装串口调试工具软件。

串口调试工具软件种类很多，主要有超级终端（hypertrm.exe）和串口助手（Com Assistant.exe）等，使用方法大同小异，主要包括选择串行端口（COM22）、波特率（115200）、数据格式（8 个数据位、1 个停止位和无校验位）和收发数据等。

使用调试器调试和运行 USART 目标程序的具体步骤是：

（1）将训练板（目标硬件）通过调试器 USB 插座 CN2 与 PC 相连。

（2）打开串口调试工具软件，选择串行端口（COM22）、波特率（115200）和数据格式（8 个数据位、1 个停止位和无校验位）。

（3）在 Keil 中单击生成工具栏中的"Target Option"（目标选项）按钮 打开目标选项对话框，选择"Debug"（调试）选项卡，选择"Use"（使用）调试器并从下拉列表中选择"CooCox Debugger"（CooCox 调试器），选中"Run to main()"（运行到 main()）选项。

（4）单击"Settings"（设置）按钮打开驱动设置对话框，确认"Debug"（调试）选项卡中"Adapter"（适配器）为 Colink，"Port"（端口）为 JTAG，"IDCODE"（识别码）为 0x3BA00477，"Device Name"（器件名称）为 ARM CoreSight JTAG-DP。

（5）在目标选项对话框中选择"Utilities"（应用）标签，确认选择"Use Target Driver for Flash Programming"（使用目标驱动进行 Flash 编程），并从下拉列表中选择"CooCox Debugger"（CooCox 调试器），单击"OK"按钮关闭目标选项对话框。

（6）单击文件工具栏中的"Start/Stop Debug Session"（开始/停止调试会话）按钮 进入调试界面，单击调试工具栏中的"Run"（运行）按钮 运行程序，串口调试工具软件中连续显示变化的时间。

（7）在串口调试工具软件中输入 1 个数字后显示停止，再输入 3 个数字后显示恢复，显示数据变为新设置的时间。

（8）单击调试工具栏中的"Stop"（停止）按钮 停止程序的运行。

（9）单击文件工具栏中的"Start/Stop Debug Session"（开始/停止调试会话）按钮 @ 退出调试界面。

用 printf() 实现分秒值显示需对程序做如下修改：

（1）在 uart.h 中包含 stdio.h。

（2）在 uart.c 中追加 3.4.3 节中的 fputc() 函数体。

（3）将 while(1) 中的语句 USART_SendTime(USART2) 替换为下列语句：

```
printf("%02x:%02x\r\n", min,sec);
```

（4）单击生成工具栏中的"Target Option"（目标选项）按钮 ❖ 打开目标选项对话框，选择"Target"（目标）选项卡，选中"Code Generation"（代码生成）下的"Use MicroLIB"（使用MicroLIB）选项。

（5）单击生成工具栏中的"Build"（生成）按钮 📖，重新生成目标程序文件 stm32.axf。

（6）单击生成工具栏中的"Download"（下载）按钮 📇，将目标程序文件 stm32.axf 下载到训练板并运行，可以得到与用 USART_SendTime() 类似的输出结果。

第4章 串行设备接口 SPI

串行设备接口 SPI 是工业标准串行协议，通常用于嵌入式系统，将微处理器连接到各种片外传感器、转换器、存储器和控制设备。

SPI 可以实现主设备或从设备协议，当配置为主设备时，SPI 可以连接多达 16 个独立的从设备，发送数据和接收数据寄存器的宽度可配置为 8 位或 16 位。

SPI 使用两根数据线、1 根时钟线和 1 根控制线实现串行通信：

- 主出从入 MOSI：主设备输出数据，从设备输入数据
- 主入从出 MISO：主设备输入数据，从设备输出数据
- 串行时钟 SCK：主设备输出，从设备输入，用于同步数据位
- 从设备选择 NSS：主设备输出，从设备输入，低电平有效

SPI 时钟极性和时钟相位所有组合的信号波形如图 4.1 所示。

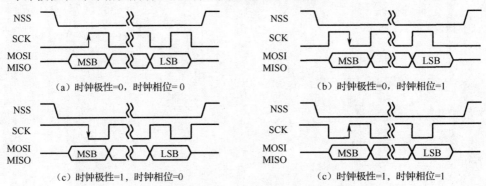

图 4.1　SPI 时钟极性和时钟相位所有组合的信号波形

SCK 时钟极性为 0 时初始电平是低电平，为 1 时初始电平是高电平。

SCK 时钟相位为 0 时第一个边沿采样数据，为 1 时第二个边沿采样数据。

4.1　SPI 结构及寄存器说明

SPI 由收发数据和收发控制两部分组成，如图 4.2 所示。

收发数据部分包括发送缓冲区、接收缓存区和移位寄存器。

配置为主设备时，发送缓冲区的数据由移位寄存器并串转换后通过 MOSI 输出，MISO 输入的数据由移位寄存器串并转换后送至接收缓存区。

配置为从设备时，发送缓冲区的数据由移位寄存器并串转换后通过 MISO 输出，MOSI 输入的数据由移位寄存器串并转换后送至接收缓存区。

主设备和从设备的移位寄存器都在主设备的 SCK 作用下移位，因此从设备不能主动发送数据，只能将数据写入发送缓冲区，等待主设备读取。

收发控制部分包括控制状态寄存器、通信电路、主控制电路和波特率发生器等，控制状态寄存器通过通信电路、主控制电路和波特率发生器等控制数据的收发。

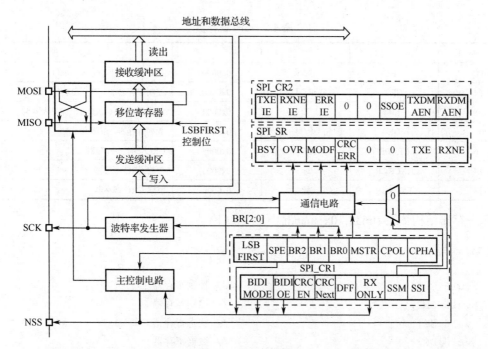

图 4.2　SPI 方框图

图中 NSS 是一个可选的引脚，用来选择从设备。NSS 的功能是用作"片选引脚"，让主设备可以单独地与特定从设备通信，避免数据线上的冲突。NSS 有硬件和软件两种模式，通过 CR1 寄存器的 SSM（软件从设备管理）位进行设置。

SSM 为 0 时进入硬件模式，此时 NSS 引脚有效，可以通过 CR2 寄存器的 SSOE（NSS 输出使能）位设置 NSS 引脚的方向（0—输入，1—输出）：主设备设置为输出（低电平），从设备设置为输入（低电平时选中从设备）。

SSM 为 1 时进入软件模式，此时 NSS 引脚无效，可以通过 CR1 寄存器的 SSI（内部从设备选择）位设置 NSS 的状态：主设备设置为 1，从设备设置为 0（选中从设备）。

主设备处于软件模式时，NSS 引脚可以用通用 I/O 引脚实现。从设备处于硬件模式时，NSS 引脚可以用通用 I/O 引脚驱动。

当 SPI 连接多个从设备时，MOSI、MISO 和 SCK 连接所有的从设备，但每个从设备（硬件模式）的 NSS 引脚必须连接到主设备（软件模式）的一个通用 I/O 引脚，主设备通过使能不同的通用 I/O 引脚实现与对应从设备的数据通信。

SPI 使用的 GPIO 引脚如表 4.1 所示（详见表 B.4）。

表 4.1　SPI 使用的 GPIO 引脚

SPI 引脚	GPIO 引脚			
	SPI1	SPI2	主模式配置	从模式配置
MOSI	PA7（PB5）[(1)]	PB15	复用推挽输出	浮空输入
MISO	PA6（PB4）[(1)]	PB14	浮空输入	复用推挽输出
SCK	PA5（PB3）[(1)]	PB13	复用推挽输出	浮空输入
NSS	PA4（PA15）[(1)]	PB12	复用推挽输出	浮空输入

注：（1）括号中的引脚为复用功能重映射引脚。

SPI 通过 7 个寄存器进行操作，如表 4.2 所示（SPI1 的基地址为 0x4001 3000）。

表 4.2　SPI 寄存器

偏 移 地 址	名　称	类　型	复 位 值	说　明
0x00	CR1	读/写	0x0000	控制寄存器 1（详见表 4.3）
0x04	CR2	读/写	0x0000	控制寄存器 2（详见表 4.4）
0x08	SR	读	0x0002	状态寄存器（TXE=1，详见表 4.5）
0x0C	DR	读/写	0x0000	数据寄存器（8/16 位）
0x10	CRCPR	读/写	0x0007	CRC 多项式寄存器
0x14	RXCRCR	读	0x0000	接收 CRC 寄存器
0x18	TXCRCR	读	0x0000	发送 CRC 寄存器

SPI 寄存器结构体在 stm32f10x_map.h 中定义如下：

```
typedef struct
{
  vu16 CR1;                              // 控制寄存器 1
  vu16 CR2;                              // 控制寄存器 2
  vu16 SR;                               // 状态寄存器
  vu16 DR;                               // 数据寄存器
  vu16 CRCPR;                            // CRC 多项式寄存器
  vu16 RXCRCR;                           // 接收 CRC 寄存器
  vu16 TXCRCR;                           // 发送 CRC 寄存器
} SPI_TypeDef;
```

SPI 控制寄存器 CR1 和 CR2 如表 4.3 和表 4.4 所示，状态寄存器 SR 如表 4.5 所示（保留位未列出）。

表 4.3　SPI 控制寄存器 1（CR1）

位	名　称	类　型	复 位 值	说　明
15	BIDIMODE	读/写	0	双向数据模式使能
14	BIDIOE	读/写	0	双向数据模式输出使能
13	CRCEN	读/写	0	硬件 CRC 校验使能
12	CRCNEXT	读/写	0	下一个发送 CRC
11	DFF	读/写	0	数据帧格式：0—8 位，1—16 位
10	RXONLY	读/写	0	只接收
9	SSM	读/写	0	软件从设备管理
8	SSI	读/写	0	内部从设备选择
7	LSBFIRST	读/写	0	帧格式：0—先发送 MSB，1—先发送 LSB
6	SPE	读/写	0	SPI 使能
5:3	BR[2:0]	读/写	000	波特率控制（主设备有效）： 000—$f_{PCLK}/2$, 001—$f_{PCLK}/4$, 010—$f_{PCLK}/8$, 011—$f_{PCLK}/16$, 100—$f_{PCLK}/32$, 101—$f_{PCLK}/64$, 110—$f_{PCLK}/128$, 111—$f_{PCLK}/256$
2	MSTR	读/写	0	主设备选择：0—从设备，1—主设备
1	CPOL	读/写	0	时钟极性：0—空闲时低电平，1—空闲时高电平
0	CPHA	读/写	0	时钟相位：0—第一个边沿采样，1—第二个边沿采样

表 4.4　SPI 控制寄存器 2（CR2）

位	名　称	类　型	复　位　值	说　明
7	TXEIE	读/写	0	TXE 中断使能
6	RXNEIE	读/写	0	RXNE 中断使能
5	ERRIE	读/写	0	出错中断使能
2	SSOE	读/写	0	NSS 输出使能
1	TXDMAEN	读/写	0	发送缓冲区 DMA 使能
0	RXDMAEN	读/写	0	接收缓冲区 DMA 使能

表 4.5　SPI 状态寄存器（SR）

位	名　称	类　型	复　位　值	说　明
7	BSY	读	0	忙标志（由硬件设置或清除）
6	OVR	读	0	溢出标志
5	MODF	读	0	模式错误
4	CRCERR	读/写 0 清除	0	CRC 错误
3	UDR	读	0	下溢出标志（I^2S 使用）
2	CHSIDE	读	0	声道（I^2S 使用）
1	TXE	读	1	发送缓冲区空（写 DR 清除）
0	RXNE	读	0	接收缓冲区不空（读 DR 清除）

Keil 中 SPI 对话框如图 4.3 所示。

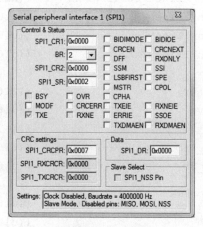

图 4.3　SPI 对话框

4.2　SPI 库函数说明

基本的 SPI 库函数在 stm32f10x_spi.h 中声明如下：

```
void SPI_Init(SPI_TypeDef* SPIx, SPI_InitTypeDef* SPI_InitStruct);
void SPI_Cmd(SPI_TypeDef* SPIx, FunctionalState NewState);
void SPI_SSOutputCmd(SPI_TypeDef* SPIx, FunctionalState NewState);
void SPI_I2S_SendData(SPI_TypeDef* SPIx, u16 Data);
```

```
u16 SPI_I2S_ReceiveData(SPI_TypeDef* SPIx);
FlagStatus SPI_I2S_GetFlagStatus(SPI_TypeDef* SPIx, u16 SPI_I2S_FLAG);
```

1）初始化 SPI

```
void SPI_Init(SPI_TypeDef* SPIx, SPI_InitTypeDef* SPI_InitStruct);
```

参数说明：

★ SPIx：SPI 名称，取值是 SPI1 或 SPI2 等

★ SPI_InitStruct：SPI 初始化参数结构体指针，初始化参数结构体定义如下：

```
typedef struct
{
  u16 SPI_Direction;              // SPI 方向
  u16 SPI_Mode;                   // SPI 模式
  u16 SPI_DataSize;               // SPI 数据大小
  u16 SPI_CPOL;                   // SPI 时钟极性
  u16 SPI_CPHA;                   // SPI 时钟相位
  u16 SPI_NSS;                    // SPI 从设备选择
  u16 SPI_BaudRatePrescaler;      // SPI 波特率预分频
  u16 SPI_FirstBit;               // SPI 首位
  u16 SPI_CRCPolynomial;          // SPI CRC 多项式
} SPI_InitTypeDef;
```

其中各参数分别定义如下：

```
#define SPI_Direction_2Lines_FullDuplex    ((u16)0x0000)
#define SPI_Direction_2Lines_RxOnly        ((u16)0x0400)
#define SPI_Direction_1Line_Rx             ((u16)0x8000)
#define SPI_Direction_1Line_Tx             ((u16)0xC000)

#define SPI_Mode_Master                    ((u16)0x0104)
#define SPI_Mode_Slave                     ((u16)0x0000)

#define SPI_DataSize_16b                   ((u16)0x0800)
#define SPI_DataSize_8b                    ((u16)0x0000)

#define SPI_CPOL_Low                       ((u16)0x0000)
#define SPI_CPOL_High                      ((u16)0x0002)

#define SPI_CPHA_1Edge                     ((u16)0x0000)
#define SPI_CPHA_2Edge                     ((u16)0x0001)

#define SPI_NSS_Soft                       ((u16)0x0200)
#define SPI_NSS_Hard                       ((u16)0x0000)

#define SPI_BaudRatePrescaler_2            ((u16)0x0000)
#define SPI_BaudRatePrescaler_4            ((u16)0x0008)
#define SPI_BaudRatePrescaler_8            ((u16)0x0010)
```

```
#define SPI_BaudRatePrescaler_16          ((u16)0x0018)
#define SPI_BaudRatePrescaler_32          ((u16)0x0020)
#define SPI_BaudRatePrescaler_64          ((u16)0x0028)
#define SPI_BaudRatePrescaler_128         ((u16)0x0030)
#define SPI_BaudRatePrescaler_256         ((u16)0x0038)

#define SPI_FirstBit_MSB                  ((u16)0x0000)
#define SPI_FirstBit_LSB                  ((u16)0x0080)
```

SPI_Init()函数的核心语句是：

```
SPIx->CR1 = tmpreg;
```

2）使能 SPI

```
void SPI_Cmd(SPI_TypeDef* SPIx, FunctionalState NewState);
```

参数说明：

★ SPIx：SPI 名称，取值是 SPI1 或 SPI2 等

★ NewState：SPI 新状态，ENABLE（1）—允许，DISABLE（0）—禁止

SPI_Cmd()函数的核心语句是：

```
SPIx->CR1 |= CR1_SPE_Set;
SPIx->CR1 &= CR1_SPE_Reset;
```

CR1_SPE_Set 和 CR1_SPE_Reset 在 stm32f10x_spi.c 中定义如下：

```
#define CR1_SPE_Set                  ((u16)0x0040)
#define CR1_SPE_Reset                ((u16)0xFFBF)
```

3）使能 NSS 输出

```
void SPI_SSOutputCmd(SPI_TypeDef* SPIx, FunctionalState NewState);
```

参数说明：

★ SPIx：SPI 名称，取值是 SPI1 或 SPI2 等

★ NewState：NSS 输出新状态，ENABLE（1）—允许，DISABLE（0）—禁止

SPI_SSOutputCmd()函数的核心语句是：

```
SPIx->CR2 |= CR2_SSOE_Set;
SPIx->CR2 &= CR2_SSOE_Reset;
```

CR2_SSOE_Set 和 CR2_SSOE_Reset 在 stm32f10x_spi.c 中定义如下：

```
#define CR2_SSOE_Set                 ((u16)0x0004)
#define CR2_SSOE_Reset               ((u16)0xFFFB)
```

4）SPI 发送数据

```
void SPI_I2S_SendData(SPI_TypeDef* SPIx, u16 Data);
```

参数说明：

★ SPIx：SPI 名称，取值是 SPI1 或 SPI2 等

★ Data：发送数据

SPI_I2S_SendData()函数的核心语句是：

```
SPIx->DR = Data;
```

5）SPI 接收数据

```
u16 SPI_I2S_ReceiveData(SPI_TypeDef* SPIx);
```

参数说明：

★ SPIx：SPI 名称，取值是 SPI1 或 SPI2 等

返回值：接收数据

SPI_I2S_ReceiveData()函数的核心语句是：

```
return SPIx->DR;
```

6）获取 SPI 标志状态

```
FlagStatus SPI_I2S_GetFlagStatus(SPI_TypeDef* SPIx, u16 SPI_I2S_FLAG);
```

参数说明：

★ SPIx：SPI 名称，取值是 SPI1 或 SPI2 等

★ SPI_I2S_FLAG：SPI 标志，包括下列值：

```
#define SPI_I2S_FLAG_RXNE          ((u16)0x0001)          // 接收缓冲区不空
#define SPI_I2S_FLAG_TXE           ((u16)0x0002)          // 发送缓冲区空
#define I2S_FLAG_CHSIDE            ((u16)0x0004)
#define I2S_FLAG_UDR               ((u16)0x0008)
#define SPI_FLAG_CRCERR            ((u16)0x0010)
#define SPI_FLAG_MODF              ((u16)0x0020)
#define SPI_I2S_FLAG_OVR           ((u16)0x0040)
#define SPI_I2S_FLAG_BSY           ((u16)0x0080)
```

返回值：SPI 标志状态，SET（1）—置位，RESET（0）—复位

USART_GetFlagStatus()函数的核心语句是：

```
if((SPIx->SR & SPI_I2S_FLAG) != (u16)RESET)
```

4.3　SPI 设计实例

SPI 设计实例包括 SPI 基本功能程序设计、SPI 环回程序设计和 GPIO 仿真 SPI 程序设计。

4.3.1　SPI 基本功能程序设计

SPI 基本功能程序包括 SPI 初始化程序、SPI 发送数据程序和 SPI 接收数据程序等。

1）SPI1 初始化程序设计

SPI1 初始化包括允许设备时钟、初始化引脚和初始化 SPI 等，程序设计如下：

```
void SPI1_Init(void)
{
  GPIO_InitTypeDef GPIO_InitStruct;
  SPI_InitTypeDef SPI_InitStruct;
```

```
// 允许 GPIOA 和 SPI1 时钟
RCC_APB2PeriphClockCmd(RCC_APB2Periph_GPIOA, ENABLE);
RCC_APB2PeriphClockCmd(RCC_APB2Periph_SPI1, ENABLE);
/* PA6-MISO1 浮空输入（复位状态，可以省略）
GPIO_InitStruct.GPIO_Pin = GPIO_Pin_6;
GPIO_InitStruct.GPIO_Mode = GPIO_Mode_IN_FLOATING;
GPIO_Init(GPIOA, &GPIO_InitStruct); */
// PA5-SCK1 和 PA7-MOSI1 复用推挽输出
GPIO_InitStruct.GPIO_Pin = GPIO_Pin_5 | GPIO_Pin_7;
GPIO_InitStruct.GPIO_Speed = GPIO_Speed_50MHz;
GPIO_InitStruct.GPIO_Mode = GPIO_Mode_AF_PP;
GPIO_Init(GPIOA, &GPIO_InitStruct);
// 初始化 SPI1（2 线全双工，主模式，16 个数据位）
SPI_InitStruct.SPI_Direction = SPI_Direction_2Lines_FullDuplex;
SPI_InitStruct.SPI_Mode = SPI_Mode_Master;
SPI_InitStruct.SPI_DataSize = SPI_DataSize_16b;
SPI_InitStruct.SPI_CPOL = SPI_CPOL_Low;
SPI_InitStruct.SPI_CPHA = SPI_CPHA_1Edge;
SPI_InitStruct.SPI_NSS = SPI_NSS_Soft;
SPI_InitStruct.SPI_BaudRatePrescaler = SPI_BaudRatePrescaler_2;
SPI_InitStruct.SPI_FirstBit = SPI_FirstBit_MSB;
SPI_InitStruct.SPI_CRCPolynomial = 7;
SPI_Init(SPI1, &SPI_InitStruct);
// 允许 SPI1
SPI_Cmd(SPI1, ENABLE);
}
```

2）SPI 发送数据程序设计

SPI 发送数据库函数过于简单，为了方便使用，可以修改如下：

```
u16 SPI_SendData(SPI_TypeDef* SPIx, u16 Data)
{
  /* Wait until transmit buffer empty */
  while(!SPI_I2S_GetFlagStatus(SPIx, SPI_I2S_FLAG_TXE));
  //while(!(SPIx->SR & SPI_I2S_FLAG_TXE));
  /* Transmit Data */
  SPI_I2S_SendData(SPIx, Data);
  //SPIx->DR = Data;
  return Data;
}
```

3）SPI 接收数据程序设计

SPI 接收数据库函数修改如下：

```
u16 SPI_ReceiveData(SPI_TypeDef* SPIx)
{
  /* Wait until receive buffer not empty */
```

```
    while(!SPI_I2S_GetFlagStatus(SPIx, SPI_I2S_FLAG_RXNE));
    //while(!(SPIx->SR & SPI_I2S_FLAG_RXNE));
    /* Receive Data */
    return SPI_I2S_ReceiveData(SPIx);
    //return SPIx->DR;
}
```

4.3.2 SPI 环回程序设计

SPI 环回是将 SPI 的 MOSI 和 MISO 连接，将 MOSI 发送的数据通过 MISO 接收，实现 SPI 的数据收发。

下面以嵌入式竞赛训练板为例，介绍 SPI 的应用设计。系统硬件方框图如图 4.4 所示。

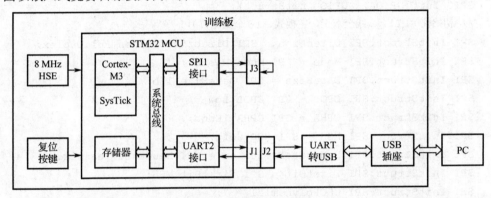

图 4.4 系统硬件方框图

系统包括 Cortex-M3 CPU（内嵌 SysTick 定时器）、存储器、SPI1 接口（PA7-MOSI1、PA6-MISO1）和 UART2 接口（PA2-TX2、PA3-RX2），将 SPI1 的 MOSI（J3.10）和 MISO（J3.9）短接实现环回，UART2 接口经 UART-USB 转换后可以通过 USB 线与 PC 连接。

下面编程实现 SysTick 分秒计时，SPI1 发送分秒值，环回接收后再通过 UART2 发送到 PC（每秒发送 1 次）。

1）使用库函数软件设计

使用库函数软件设计 main.c 的内容如下：

```
#include "uart.h"
#include "spi.h"

u8 min = 0, sec = 0, sec1 = 0;
u8 time[] = "00:00\r\n\0", num = 0;
u16 time1;

void SysTick_Init(void);
void SysTick_Proc(void);
u16 SPI_SendData(SPI_TypeDef* SPIx, u16 Data);
u16 SPI_ReceiveData(SPI_TypeDef* SPIx);

int main(void)
{
```

```
  SysTick_Init();                                  // SysTick 初始化
  USART2_Init();                                   // USART2 初始化
  SPI1_Init();                                     // SPI1 初始化

  while(1)
  {
    SysTick_Proc();                                // SysTick 处理
    if(sec1 != sec)                                // 1s 到
    {
      sec1 = sec;
      SPI_SendData(SPI1, (min<<8) + sec);          // SPI1 发送分秒
      time1 = SPI_ReceiveData(SPI1);               // SPI1 接收分秒
      printf("%02x:%02x %04x\r\n", min, sec, time1);
    }
    USART_ReceiveTime(USART2);                      // USART 接收时间
  }
}
```

2）使用寄存器软件设计

使用寄存器的 SPI 初始化子程序如下：

```
// SPI1 初始化子程序（主模式）
void SPI1_Init(void)
{
  RCC->APB2ENR |= 1<<2;                            // 开启 GPIOA 时钟
  RCC->APB2ENR |= 1<<12;                           // 开启 SPI1 时钟

  GPIOA->CRL &= 0x000fffff;                        // PA6-MISO 浮空输入
  GPIOA->CRL |= 0xb4b00000;                        // PA7-MOSI 和 PA5-SCK 复用推挽输出

  SPI1->CR1 |= 1<<11;                              // 16 位数据
  SPI1->CR1 |= 0x300;                              // NSS 软件模式
  SPI1->CR1 |= 1<<2;                               // 主模式
  SPI1->CR1 |= 1<<6;                               // 允许 SPI
}
```

4.3.3 GPIO 仿真 SPI 程序设计

GPIO 仿真 SPI 程序设计包括 SPI 初始化程序设计和 SPI 发送数据程序设计。

1）SPI 初始化程序设计

GPIO 仿真 SPI 初始化主要是对 SPI 使用的 GPIO 引脚进行初始化，程序设计如下：

```
void Spi_Init(void)
{
  GPIO_InitTypeDef GPIO_InitStruct;
  // 允许 GPIOA
```

```
RCC_APB2PeriphClockCmd(RCC_APB2Periph_GPIOA, ENABLE);
// PA5-SCK 和 PA7-MOSI 通用推挽输出
GPIO_InitStruct.GPIO_Pin = GPIO_Pin_5 | GPIO_Pin_7;
GPIO_InitStruct.GPIO_Speed = GPIO_Speed_50MHz;
GPIO_InitStruct.GPIO_Mode = GPIO_Mode_OUT_PP;
GPIO_Init(GPIOA, &GPIO_InitStruct);
}
```

2）SPI 发送数据程序设计

GPIO 仿真 SPI 发送数据程序设计如下：

```
// 入口参数：data—发送数据，bit—数据位数（8 或 16）
void Spi_SendData(u16 data, u8 bit)
{
  u16 m, n;
  for(m=bit-1; m>=0; m--)                       // 从高位开始发送
  {
    GPIO_ResetBits(GPIOA, GPIO_Pin_5);          // PA5(SCK)=0
    if(data & 1<<m)
      GPIO_SetBits(GPIOA, GPIO_Pin_7);          // PA7(MOSI)=1
    else
      GPIO_ResetBits(GPIOA, GPIO_Pin_7);        // PA7(MOSI)=0
    for(n=0; n<5; n++);                          // 延时
    GPIO_SetBits(GPIOA, GPIO_Pin_5);            // PA5(SCK)=1
    for(n=0; n<5; n++);                          // 延时
  }
}
```

4.4　SPI 设计实现

SPI 设计的实现可以在 USART 设计实现的基础上修改完成。

1）新建工程

SPI 工程可以通过复制粘贴 UART 工程建立，具体步骤是：

（1）在 D:\STM32 文件夹中复制粘贴 UART 文件夹，并将粘贴文件夹名称修改为 "SPI"。

（2）双击桌面上的 Keil 图标运行 Keil 程序，选择 "Project"（工程）→ "Open Project"（打开工程）菜单项打开选择工程文件对话框，选择 D:\STM32\SPI 文件夹，双击工程文件 stm32.uvproj 打开工程。

2）新建并添加 C 语言源文件

新建并添加 C 语言源文件的具体步骤是：

（1）选择 "File"（文件）→ "New"（新建）菜单项或单击文件工具栏中的 "New"（新建）按钮□新建文件 Text1，单击文件工具栏中的 "Save"（保存）按钮█，在 "Save As"（另存为）对话框的 "文件名" 中输入文件名 "spi.h"，单击 "保存" 按钮关闭另存为对话框，在 spi.h 中复制或输入下列内容：

```
#include "stm32f10x_lib.h"
void SPI1_Init(void);
u16 SPI_SendData(SPI_TypeDef* SPIx, u16 Data);
u16 SPI_ReceiveData(SPI_TypeDef* SPIx);
```

（2）选择"File"（文件）→"New"（新建）菜单项或单击文件工具栏中的"New"（新建）按钮 新建文件 Text2，单击文件工具栏中的"Save"（保存）按钮 ，在"Save As"（另存为）对话框的"文件名"中输入文件名"spi.c"，单击"保存"按钮关闭另存为对话框，在 spi.c 中复制或输入下列内容：

```
#include "uart.h"
```

并在其后复制或输入 4.3.1 节中 SPI1_Init()、SPI_SendData()和 SPI_ReceiveData()的内容。

（3）在"Project"（工程）窗口中右击"User"，在弹出的快捷菜单中选择"Add File to Group"（添加文件到组）菜单项打开添加文件到组对话框，双击 C 语言源文件 spi.c，单击"Close"（关闭）按钮关闭添加文件到组对话框，"User"中出现 C 语言源文件 spi.c。

3）修改 C 语言源文件

修改 C 语言源文件的具体步骤是：

（1）在 main.c 中包含 spi.h。

（2）在 main.c 中添加下列定义：

```
u16 time1;
```

（3）在 main()的初始化部分添加下列语句：

```
SPI1_Init();                                        // SPI1 初始化
```

（4）将 while(1)中的下列语句：

```
USART_SendTime(USART2);
printf("%02x:%02x\r\n", min, sec);
```

替换为：

```
SPI_SendData(SPI1, (min<<8) + sec);                 // SPI1 发送分秒
time1 = SPI_ReceiveData(SPI1);                      // SPI1 接收分秒
printf("%02x:%02x %04x\r\n", min, sec, time1);
```

4）添加库文件

在"Project"（工程）窗口中右击"FWLib"，在弹出的快捷菜单中选择"Add File to Group"（添加文件到组）菜单项打开添加文件到组对话框，选择 C:\Keil\ARM\RV31\LIB\ST\STM32F10x 文件夹，在 STM32F10x 文件夹中双击 stm32f10x_spi.c 将其添加到 FWLib。

5）生成目标程序文件

单击生成工具栏中的"Build"（生成）按钮 ，汇编（assembing）STM32F10x.s，编译（compiling）源文件和库文件，连接（linking）生成目标程序文件 stm32.axf。

6）使用仿真器运行目标程序

使用仿真器运行目标程序的具体步骤是：

（1）单击生成工具栏中的"Target Option"（目标选项）按钮 打开目标选项对话框，确认在"Debug"（调试）选项卡中选择"Use Simulator"（使用仿真器），单击"OK"按钮关闭对话框。

（2）单击文件工具栏中的"Start/Stop Debug Session"（开始/停止调试会话）按钮 进入调试界面，单击调试工具栏中的"Serial Window"（串行窗口）按钮 打开 UART #2 串行窗口。

（3）单击调试工具栏中的"Run"（运行）按钮 运行程序，在 UART #2 串行窗口中可以看到分秒显示，由于没有环回，time1 的值为 0。

使用调试命令可以将 SPI1 发送的数据再通过 SPI1 接收回来。

（4）新建并保存 main.ini 文件，内容如下：

```
signal void spi1_loop(void)
{
  printf("Spi1 Loop.\n");
  while(1)
  {
    SPI1_IN = SPI1_OUT;                 // SPI1 虚拟模拟寄存器（VTREG）符号
    swatch(1);                          // 预定义调试函数（延时 1s）
  }
}
define button "Spi1 Loop", "spi1_loop()" // 定义工具按钮
```

（5）单击生成工具栏中的"Target Option"（目标选项）按钮 打开目标选项对话框，选择"Debug"（调试）选项卡，单击"Use Simulator"（使用仿真器）下"Initialization File"（初始化文件）输入框右边的按钮 打开选择仿真器初始化文件对话框，选择 main.ini，单击"打开"按钮打开 main.ini，"Initialization File"（初始化文件）输入框中出现".\main.ini"，如图 4.5 所示。

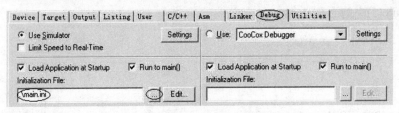

图 4.5　选择仿真器初始化文件

（6）单击"Start/Stop Debug Session"（开始/停止调试会话）按钮 重新进入调试界面，如果 Toolbox（工具箱）没有打开，单击调试工具栏中的"Toolbox"（工具箱）按钮 打开工具箱。

（7）单击调试工具栏中的"Run"（运行）按钮 运行程序，在 UART #2 串行窗口中可以看到分秒显示，由于没有环回，time1 的值仍为 0。

（8）单击工具箱中的"Spi1 Loop"按钮执行信号函数 spi1_loop()，将 SPI1 输出的数据环回后再通过 USART2 发送，此时 UART #2 串行窗口中 time1 的值发生变化，说明 SPI1 发送、信号函数 spi1_loop()和 SPI1 接收均工作正常。

注意：仿真时 time1 的秒值比 sec 的值延迟 1s。

7）使用调试器运行目标程序

使用调试器运行目标程序的具体步骤是：

（1）将训练板（目标硬件）通过调试器 USB 插座 CN2 与 PC 相连。

（2）打开串口调试工具软件，选择串行端口（COM22）、波特率（115200）和数据格式（8 个数据位、1 个停止位和无校验位）。

（3）在 Keil 中单击生成工具栏中的"Target Option"（目标选项）按钮 🔨 打开目标选项对话框，选择"Debug"（调试）选项卡，选择"Use"（使用）调试器并从下拉列表中选择"CooCox Debugger"（CooCox 调试器），选中"Run to main()"（运行到 main()）选项。

（4）单击"Settings"（设置）按钮打开驱动设置对话框，确认"Debug"（调试）选项卡中"Adapter"（适配器）为 Colink，"Port"（端口）为 JTAG，"IDCODE"（识别码）为 0x3BA00477，"Device Name"（器件名称）为 ARM CoreSight JTAG-DP。

（5）在目标选项对话框中选择"Utilities"（应用）选项卡，确认选择"Use Target Driver for Flash Programming"（使用目标驱动进行 Flash 编程），并从下拉列表中选择"CooCox Debugger"（CooCox 调试器），单击"OK"按钮关闭目标选项对话框。

（6）单击文件工具栏中的"Start/Stop Debug Session"（开始/停止调试会话）按钮 🔍 进入调试界面，单击调试工具栏中的"Run"（运行）按钮 🔲 运行程序，串口调试工具软件中连续显示变化的分秒值。由于没有环回，time1 的值不能正常显示。

（7）用短路块将 PA7（MOSI）和 PA6（MISO）短路，串口调试工具软件 time1 的值显示正常。

（8）单击文件工具栏中的"Start/Stop Debug Session"（开始/停止调试会话）按钮 🔍 退出调试界面。

第5章 内部集成电路总线接口 I²C

内部集成电路总线接口 I²C 是通信控制领域广泛采用的一种总线标准，用于连接微控制器和外围设备，连接在总线上的每个设备都有唯一的 7/10 位地址。

I²C 使用一根双向串行数据线 SDA 和一根双向串行时钟线 SCL 实现主/从设备间的多主串行通信，SDA 和 SCL 的时序关系如图 5.1 所示。

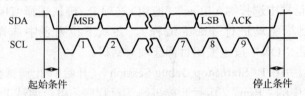

图 5.1 SDA 和 SCL 的时序关系图

起始条件是在 SCL 高电平时 SDA 从高电平变为低电平，停止条件是在 SCL 高电平时 SDA 从低电平变为高电平。SDA 上的数据必须在 SCL 高电平时保持稳定，低电平时可以改变。发送器发送数据后释放 SDA（高电平），接收器接收数据后必须在 SCL 低电平时将 SDA 变为低电平，并在 SCL 高电平时保持稳定，作为对发送器的应答（ACK）。

5.1 I²C 结构及寄存器说明

I²C 由数据和时钟两部分组成，如图 5.2 所示。

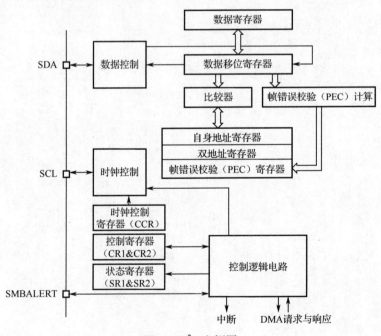

图 5.2 I²C 方框图

数据部分包括数据寄存器、数据移位寄存器和数据控制等。

时钟部分包括控制状态寄存器、时钟控制寄存器、控制逻辑电路和时钟控制等，控制状态寄存器通过控制逻辑电路等控制时钟的行为。

I^2C 可以工作在标准模式（输入时钟频率最低 2MHz，SCL 频率最高 100kHz），也可以工作在快速模式（输入时钟频率最低 4MHz，SCL 频率最高 400kHz）。

I^2C 使用的 GPIO 引脚如表 5.1 所示（详见表 B.5）。

表 5.1 I^2C 使用的 GPIO 引脚

I^2C 引脚	GPIO 引脚		
	I2C1	I2C2	配　　置
SDA	PB7（PB9）[(1)]	PB11	复用开漏输出
SCL	PB6（PB8）[(1)]	PB10	复用开漏输出
SMBALERT	PB5	PB12	

注：（1）括号中的引脚为复用功能重映射引脚。

I^2C 通过 9 个寄存器进行操作，如表 5.2 所示（I2C1 和 I2C2 的基地址分别为 0x4000 5400 和 0x4000 5800）。

表 5.2 I^2C 寄存器

偏移地址	名　　称	类　　型	复位值	说　　明
0x00	CR1	读/写	0x0000	控制寄存器 1（详见表 5.3）
0x04	CR2	读/写	0x0000	控制寄存器 2（详见表 5.4）
0x08	OAR1	读/写	0x0000	自身地址寄存器 1（详见表 5.5）
0x0C	OAR2	读/写	0x0000	自身地址寄存器 2（详见表 5.6）
0x10	DR	读/写	0x00	数据寄存器（8 位）
0x14	SR1	读/写 0 清除	0x0000	状态寄存器 1（详见表 5.7）
0x18	SR2	读	0x0000	状态寄存器 2（详见表 5.8）
0x1C	CCR	读/写	0x0000	时钟控制寄存器（详见表 5.9）
0x20	TRISE	读/写	0x0002	上升时间寄存器（主模式） 标准模式：TRISE=int(1000ns*FREQ+1) 快速模式：TRISE=int(300ns*FREQ+1)

I^2C 寄存器结构体在 stm32f10x_map.h 中定义如下：

```
typedef struct
{
    vu16 CR1;                          // 控制寄存器 1
    vu16 CR2;                          // 控制寄存器 2
    vu16 OAR1;                         // 自身地址寄存器 1
    vu16 OAR2;                         // 自身地址寄存器 2
    vu16 DR;                           // 数据寄存器
    vu16 SR1;                          // 状态寄存器 1
    vu16 SR2;                          // 状态寄存器 2
    vu16 CCR;                          // 时钟控制寄存器
    vu16 TRISE;                        // 上升时间寄存器
} I2C_TypeDef;
```

I^2C 寄存器中按位操作寄存器的内容如表 5.3～表 5.9 所示（保留位未列出）。

表 5.3　I^2C 控制寄存器 1（CR1）

位	名　称	类　型	复　位　值	说　明
15	SWRST	读/写	0	软件复位
13	ALERT	读/写	0	SMBus 提醒
12	PEC	读/写	0	数据包出错检测
11	POS	读/写	0	ACK/PEC 位置（用于数据接收）
10	ACK	读/写	0	应答使能
9	STOP	读/写	0	停止条件产生
8	START	读/写	0	起始条件产生
7	NOSTRETCH	读/写	0	禁止时钟延长（从模式）
6	ENGC	读/写	0	广播呼叫使能
5	ENPEC	读/写	0	PEC 使能
4	ENARP	读/写	0	ARP 使能
3	SMBTYPE	读/写	0	SMBus 类型：0—SMBus 设备，1—SMBus 主机
1	SMBUS	读/写	0	SMBus 模式：0—I^2C 模式，1—SMBus 模式
0	PE	读/写	0	I^2C 使能

表 5.4　I^2C 控制寄存器 2（CR2）

位	名　称	类　型	复　位　值	说　明
12	LAST	读/写	0	DMA 最后一次传输
11	DMAEN	读/写	0	DMA 请求使能
10	ITBUFEN	读/写	0	缓冲器中断使能
9	ITEVTEN	读/写	0	事件中断使能
8	ITERREN	读/写	0	出错中断使能
5:0	FREQ[5:0]	读/写	000000	输入时钟频率：2～36MHz（000010～100100） 标准模式：最低 2MHz（000010） 快速模式：最低 4MHz（000100）

表 5.5　I^2C 自身地址寄存器 1（OAR1）

位	名　称	类　型	复　位　值	说　明
15	ADDMODE	读/写	0	地址模式（从模式）：0—7 位地址，1—10 位地址
14:10	保留（位 14 必须始终由软件保持为 1）			
9:8	ADD[9:8]	读/写	00	地址 9～8 位（10 位地址）
7:1	ADD[7:1]	读/写	0000000	地址 7～1 位
0	ADD0	读/写	0	地址 0 位（10 位地址）（0—发送，1—接收）

表 5.6　I^2C 自身地址寄存器 2（OAR2）

位	名　称	类　型	复　位　值	说　明
7:1	ADD2[7:1]	读/写	0000000	地址 7-1 位（双地址模式）
0	ENDUAL	读/写	0	双地址模式使能

表 5.7 I²C 状态寄存器 1（SR1）

位	名　称	类　型	复　位　值	说　明
15	SMBALERT	读/写 0 清除	0	SMBus 提醒
14	TIMEOUT	读/写 0 清除	0	超时
12	PECERR	读/写 0 清除	0	PEC 错误（用于数据接收）
11	OVR	读/写 0 清除	0	过载/欠载
10	AF	读/写 0 清除	0	应答失败
9	ARLO	读/写 0 清除	0	仲裁丢失（主模式）
8	BERR	读/写 0 清除	0	总线出错
7	TXE	读	0	数据寄存器空（发送）
6	RXNE	读	0	数据寄存器不空（接收）
4	STOPF	读	0	停止条件检测（从模式，写 CR1 清除）
3	ADD10	读	0	10 位地址已发送（主模式）
2	BTF	读	0	字节发送完成
1	ADDR	读	0	地址发送（主模式）/地址匹配（从模式）
0	SB	读	0	起始条件已发送（主模式）

表 5.8 I²C 状态寄存器 2（SR2）

位	名　称	类　型	复　位　值	说　明
15:8	PEC[7:0]	读	0	数据包出错检测
7	DUALF	读	0	双地址标志（从模式）
6	SMBHOST	读	0	SMB 主机地址（从模式）
5	SMBDEFAULT	读	0	SMB 默认地址（从模式）
4	GENCALL	读	0	广播呼叫地址（从模式）
2	TRA	读	0	发送/接收：0—接收，1—发送
1	BUSY	读	0	总线忙
0	MSL	读	0	主从模式：0—从模式，1—主模式

表 5.9 I²C 时钟控制寄存器（CCR）

位	名　称	类　型	复　位　值	说　明
15	F/S	读/写	0	快速/标准模式选择：0—标准，1—快速
14	DUTY	读/写	0	占空比（快速模式）：0—1/3，1—9/25
11:0	CCR[11:0]	读/写	0	时钟分频系数（主模式） 标准模式：$CCR=f_{PCLK}/(2f_{SCL})$（最小为 4） 快速模式：$CCR=f_{PCLK}/(3f_{SCL})$（DUTY=0） $CCR=f_{PCLK}/(25f_{SCL})$（DUTY=1）

Keil 中 I²C 对话框如图 5.3 所示。

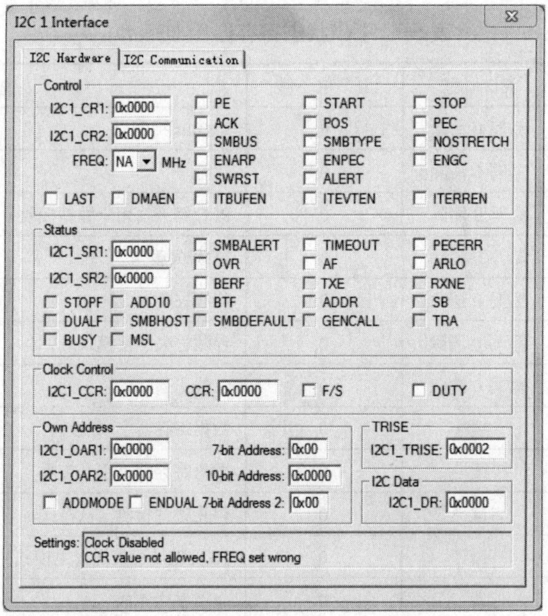

图 5.3　I²C 对话框

5.2　I²C 库函数说明

常用 I²C 库函数在 stm32f10x_i2c.h 中声明如下：

```
void I2C_Init(I2C_TypeDef* I2Cx, I2C_InitTypeDef* I2C_InitStruct);
void I2C_Cmd(I2C_TypeDef* I2Cx, FunctionalState NewState);
void I2C_GenerateSTART(I2C_TypeDef* I2Cx, FunctionalState NewState);
void I2C_GenerateSTOP(I2C_TypeDef* I2Cx, FunctionalState NewState);
void I2C_AcknowledgeConfig(I2C_TypeDef* I2Cx, FunctionalState NewState);
void I2C_OwnAddress2Config(I2C_TypeDef* I2Cx, u8 Address);
void I2C_SendData(I2C_TypeDef* I2Cx, u8 Data);
u8 I2C_ReceiveData(I2C_TypeDef* I2Cx);
void I2C_Send7bitAddress(I2C_TypeDef* I2Cx, u8 Address, u8 I2C_Direction);
u16 I2C_ReadRegister(I2C_TypeDef* I2Cx, u8 I2C_Register);
void I2C_SoftwareResetCmd(I2C_TypeDef* I2Cx, FunctionalState NewState);
u32 I2C_GetLastEvent(I2C_TypeDef* I2Cx);
ErrorStatus I2C_CheckEvent(I2C_TypeDef* I2Cx, u32 I2C_EVENT);
FlagStatus I2C_GetFlagStatus(I2C_TypeDef* I2Cx, u32 I2C_FLAG);
void I2C_ClearFlag(I2C_TypeDef* I2Cx, u32 I2C_FLAG);
```

1）初始化 I²C

```
void I2C_Init(I2C_TypeDef* I2Cx, I2C_InitTypeDef* I2C_InitStruct);
```

参数说明：

★ I2Cx：I²C 名称，取值是 I2C1 或 I2C2 等

★ I2C_InitStruct：I²C 初始化参数结构体指针，I²C 初始化参数结构体在 stm32f10x_i2c.h 中定义如下：

```
typedef struct
{
  u16 I2C_Mode;                          // I²C 模式
  u16 I2C_DutyCycle;                     // I²C 占空比（快速模式）
  u16 I2C_OwnAddress1;                   // I²C 自身地址 1
  u16 I2C_Ack;                           // I²C 应答
  u16 I2C_AcknowledgedAddress;           // I²C 应答地址
  u32 I2C_ClockSpeed;                    // I²C 时钟频率（100000 或 400000）
} I2C_InitTypeDef;
```

其中各参数分别定义如下：

```
#define I2C_Mode_I2C                     ((u16)0x0000)
#define I2C_Mode_SMBusDevice             ((u16)0x0002)
#define I2C_Mode_SMBusHost               ((u16)0x000A)

#define I2C_DutyCycle_16_9               ((u16)0x4000)
#define I2C_DutyCycle_2                  ((u16)0xBFFF)

#define I2C_Ack_Enable                   ((u16)0x0400)
#define I2C_Ack_Disable                  ((u16)0x0000)

#define I2C_AcknowledgedAddress_7bit     ((u16)0x4000)
#define I2C_AcknowledgedAddress_10bit    ((u16)0xC000)
```

2）使能 I²C

```
void I2C_Cmd(I2C_TypeDef* I2Cx, FunctionalState NewState);
```

参数说明：

★ I2Cx：I²C 名称，取值是 I2C1 或 I2C2 等

★ NewState：I²C 新状态，ENABLE—允许，DISABLE—禁止

3）产生起始条件

```
void I2C_GenerateSTART(I2C_TypeDef* I2Cx, FunctionalState NewState);
```

参数说明：

★ I2Cx：I²C 名称，取值是 I2C1 或 I2C2 等

★ NewState：起始条件新状态，ENABLE（1）—允许，DISABLE（0）—禁止

4）产生停止条件

```
void I2C_GenerateSTOP(I2C_TypeDef* I2Cx, FunctionalState NewState);
```

参数说明：

★ I2Cx：I²C 名称，取值是 I2C1 或 I2C2 等

★ NewState：停止条件新状态，ENABLE（1）—允许，DISABLE（0）—禁止

5）配置应答

```
void I2C_AcknowledgeConfig(I2C_TypeDef* I2Cx, FunctionalState NewState);
```

参数说明：

★ I2Cx：I²C 名称，取值是 I2C1 或 I2C2 等

★ NewState：应答新状态，ENABLE（1）一允许，DISABLE（0）一禁止

6）配置自身地址 2

```
void I2C_OwnAddress2Config(I2C_TypeDef* I2Cx, u8 Address);
```

参数说明：

★ I2Cx：I²C 名称，取值是 I2C1 或 I2C2 等

★ Address：7 位自身地址

7）发送数据

```
void I2C_SendData(I2C_TypeDef* I2Cx, u8 Data);
```

参数说明：

★ I2Cx：I²C 名称，取值是 I2C1 或 I2C2 等

★ Data：8 位发送数据

8）接收数据

```
u8 I2C_ReceiveData(I2C_TypeDef* I2Cx);
```

参数说明：

★ I2Cx：I²C 名称，取值是 I2C1 或 I2C2 等

返回值：8 位接收数据

9）发送 7 位地址

```
void I2C_Send7bitAddress(I2C_TypeDef* I2Cx, u8 Address, u8 I2C_Direction);
```

参数说明：

★ I2Cx：I²C 名称，取值是 I2C1 或 I2C2 等

★ Address：7 位器件地址

★ I2C_Direction：方向，在 stm32f10x_i2c.h 中定义如下：

```
#define I2C_Direction_Transmitter    ((u8)0x00)
#define I2C_Direction_Receiver       ((u8)0x01)
```

10）读寄存器

```
u16 I2C_ReadRegister(I2C_TypeDef* I2Cx, u8 I2C_Register);
```

参数说明：

★ I2Cx：I²C 名称，取值是 I2C1 或 I2C2 等

★ I2C_Register：I²C 寄存器，在 stm32f10x_i2c.h 中定义如下：

```
#define I2C_Register_CR1             ((uint8_t)0x00)
#define I2C_Register_CR2             ((uint8_t)0x04)
#define I2C_Register_OAR1            ((uint8_t)0x08)
#define I2C_Register_OAR2            ((uint8_t)0x0C)
#define I2C_Register_DR              ((uint8_t)0x10)
#define I2C_Register_SR1             ((uint8_t)0x14)
#define I2C_Register_SR2             ((uint8_t)0x18)
#define I2C_Register_CCR             ((uint8_t)0x1C)
#define I2C_Register_TRISE           ((uint8_t)0x20)
```

返回值：寄存器值

11）使能软件复位

```
void I2C_SoftwareResetCmd(I2C_TypeDef* I2Cx, FunctionalState NewState);
```

参数说明：

★ I2Cx：I^2C 名称，取值是 I2C1 或 I2C2 等

★ NewState：软件复位新状态，ENABLE（1）—允许，DISABLE（0）—禁止

12）获取最后事件

```
u32 I2C_GetLastEvent(I2C_TypeDef* I2Cx);
```

参数说明：

★ I2Cx：I^2C 名称，取值是 I2C1 或 I2C2 等

返回值：I^2C 事件，在 stm32f10x_i2c.h 中定义如下：

```
/* EV5 */
#define I2C_EVENT_MASTER_MODE_SELECT                    ((u32)0x00030001)
                            /* BUSY, MSL and SB flag */
/* EV6 */
#define I2C_EVENT_MASTER_TRANSMITTER_MODE_SELECTED  ((u32)0x00070082)
                            /* BUSY, MSL, ADDR, TXE and TRA flags */
#define I2C_EVENT_MASTER_RECEIVER_MODE_SELECTED     ((u32)0x00030002)
                            /* BUSY, MSL and ADDR flags */
/* EV7 */
#define I2C_EVENT_MASTER_BYTE_RECEIVED                  ((u32)0x00030040)
                            /* BUSY, MSL and RXNE flags */
/* EV8 */
#define I2C_EVENT_MASTER_BYTE_TRANSMITTED               ((u32)0x00070084)
                            /* TRA, BUSY, MSL, TXE and BTF flags */
/* EV9 */
#define I2C_EVENT_MASTER_MODE_ADDRESS10                 ((u32)0x00030008)
                            /* BUSY, MSL and ADD10 flags */
```

13）检查事件

```
ErrorStatus I2C_CheckEvent(I2C_TypeDef* I2Cx, u32 I2C_EVENT);
```

参数说明：

★ I2Cx：I^2C 名称，取值是 I2C1 或 I2C2 等

★ I2C_EVENT：I^2C 事件

返回值：事件状态，SUCCESS—最后事件是检查事件，ERROR—最后事件不是检查事件

14）获取 I^2C 标志状态

```
FlagStatus I2C_GetFlagStatus(I2C_TypeDef* I2Cx, u32 I2C_FLAG);
```

参数说明：

★ I2Cx：I^2C 名称，取值是 I2C1 或 I2C2 等

★ I2C_FLAG：I^2C 标志，在 stm32f10x_i2c.h 中定义如下：

```
#define I2C_FLAG_DUALF           ((u32)0x00800000)
#define I2C_FLAG_SMBHOST         ((u32)0x00400000)
#define I2C_FLAG_SMBDEFAULT      ((u32)0x00200000)
#define I2C_FLAG_GENCALL         ((u32)0x00100000)
#define I2C_FLAG_TRA             ((u32)0x00040000)
#define I2C_FLAG_BUSY            ((u32)0x00020000)
#define I2C_FLAG_MSL             ((u32)0x00010000)
#define I2C_FLAG_SMBALERT        ((u32)0x10008000)
#define I2C_FLAG_TIMEOUT         ((u32)0x10004000)
#define I2C_FLAG_PECERR          ((u32)0x10001000)
#define I2C_FLAG_OVR             ((u32)0x10000800)
#define I2C_FLAG_AF              ((u32)0x10000400)
#define I2C_FLAG_ARLO            ((u32)0x10000200)
#define I2C_FLAG_BERR            ((u32)0x10000100)
#define I2C_FLAG_TXE             ((u32)0x00000080)
#define I2C_FLAG_RXNE            ((u32)0x00000040)
#define I2C_FLAG_STOPF           ((u32)0x60000010)
#define I2C_FLAG_ADD10           ((u32)0x20000008)
#define I2C_FLAG_BTF             ((u32)0x60000004)
#define I2C_FLAG_ADDR            ((u32)0xA0000002)
#define I2C_FLAG_SB              ((u32)0x20000001)
```

返回值：I^2C 标志状态，SET（1）—置位，RESET（0）—复位

15）清除 I^2C 标志

```
void I2C_ClearFlag(I2C_TypeDef* I2Cx, u32 I2C_FLAG);
```

参数说明：

★ I2Cx：I^2C 名称，取值是 I2C1 或 I2C2 等

★ I2C_FLAG：I^2C 标志

5.3 I^2C 设计实例

下面以 2 线串行 EEPROM 24C02 为例，介绍通过 I^2C 接口和 GPIO 仿真 I^2C 实现对 24C02 的读/写操作。

24C02 是 2Kb 串行 EEPROM，内部组织为 256B*8b，支持 8B 页写，写周期内部定时（小于 5ms），2 线串行接口，可实现 8 个器件共用 1 个接口，工作电压 2.7～5.5V，8 引脚封装，引脚说明如表 5.10 所示。

表 5.10　24C02 引脚说明

引　脚	功　能	方　向	说　明	引　脚	功　能	方　向	说　明
1	A0	输入	器件地址 0	5	SDA	双向	串行数据
2	A1	输入	器件地址 1	6	SCL	输入	串行时钟
3	A2	输入	器件地址 2	7	WP	输入	写保护
4	GND	—	地	8	VCC	输入	电源（2.7～5.5V）

24C02 的字节数据读/写格式如图 5.4 所示。

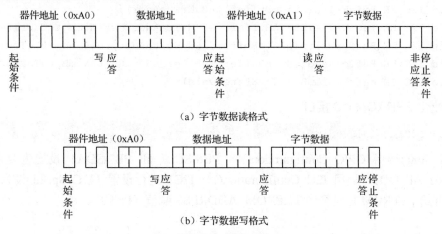

（a）字节数据读格式

（b）字节数据写格式

图 5.4　24C02 的字节数据读/写格式

读数据时，控制器的操作包含两步：写数据地址和读字节数据。写数据地址和读字节数据前，控制器首先发送 7 位器件地址和 1 位读/写操作，写数据地址前读/写操作位为 0（写操作），读字节数据前读/写操作位为 1（读操作）。

应答（ACK）由 24C02 发出，作为写操作的响应；非应答（NAK）由控制器发出，作为读操作的响应。当连续读取多个字节数据时，前面字节数据后为应答，最后一个字节数据后为非应答。

写数据时，写数据地址和写字节数据一起进行，7 位器件地址后的读/写操作位为 0（写操作），应答由 24C02 发出，作为写操作的响应。

下面以嵌入式竞赛训练板为例，介绍 24C02 读/写程序的设计，系统硬件方框图如图 5.5 所示。

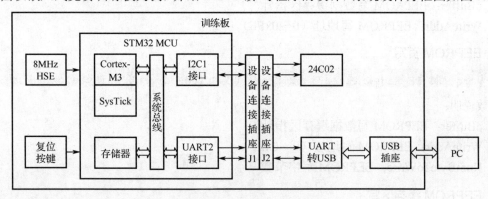

图 5.5　系统硬件方框图

系统包括 Cortex-M3 CPU（内嵌 SysTick 定时器）、I2C1 接口（PB6-SCL1、PB7-SDA1）和 UART2 接口（PA2-TX2、PA3-RX2），I2C1 接口与 24C02 连接，UART2 接口经 UART-USB 转换后通过 USB 线与 PC 连接。

下面编程实现 SysTick 分秒计时，计时初值从 24C02 中读取，UART2 发送分秒值到 PC（每秒发送 1 次），并接收 PC 发送的分秒值对分秒进行设置，设置值写入 24C02。

系统软件设计采用两种方法：I^2C EEPROM 库函数程序设计和 GPIO 仿真 I^2C 程序设计。

5.3.1　I^2C EEPROM 库函数说明

I^2C EEPROM 库函数在 I^2C 文件夹 M24C08_EEPROM 例程的 i2c_ee.h 中声明如下：

```
void I2C_EE_Init(void);
void I2C_EE_ByteWrite(u8* pBuffer, u8 WriteAddr);
void I2C_EE_PageWrite(u8* pBuffer, u8 WriteAddr, u8 NumByteToWrite);
void I2C_EE_BufferWrite(u8* pBuffer, u8 WriteAddr, u16 NumByteToWrite);
void I2C_EE_BufferRead(u8* pBuffer, u8 ReadAddr, u16 NumByteToRead);
void I2C_EE_WaitEepromStandbyState(void);
```

1）初始化 EEPROM I²C 接口

```
void I2C_EE_Init(void);
```

I2C_EE_Init()调用 GPIO_Configuration()将 PB6-SCL1 和 PB7-SDA1 设置为复用开漏输出（GPIO_Mode_AF_OD），调用 I2C_Configuration()对 I2C1 进行设置（I2C_Speed 设为 100000 或 400000），并给 EEPROM 地址变量 EEPROM_ADDRESS 赋值（0xA0）。

注意：

（1）I2C_EE_Init()不包含允许 GPIOB 和 I2C1 时钟语句。

（2）PCLK1 = 36MHz 时 I2C_Speed 可设为 100000 或 400000（但此时 I2C_DutyCycle 只能设为 I2C_DutyCycle_2，设为 I2C_DutyCycle_16_9 时 I2C_Speed 的实际值为 480000，I2C1 无法正常工作）；PCLK1 = 8MHz 时 I2C_Speed 只能设为 100000，设为 400000 时 I2C_Speed 的实际值也不是 400000，I2C1 也无法正常工作。

2）EEPROM 字节写

```
void I2C_EE_ByteWrite(u8* pBuffer, u8 WriteAddr);
```

参数说明：

★ pBuffer：EEPROM 写数据缓存区指针

★ WriteAddr：EEPROM 写地址（0～0xFF）

3）EEPROM 页写

```
void I2C_EE_PageWrite(u8* pBuffer, u8 WriteAddr, u8 NumByteToWrite);
```

参数说明：

★ pBuffer：EEPROM 写数据缓存区指针

★ WriteAddr：EEPROM 写地址（0～0xFF）

★ NumByteToWrite：EEPROM 写字节数

4）EEPROM 缓存区写

```
void I2C_EE_BufferWrite(u8* pBuffer, u8 WriteAddr, u16 NumByteToWrite);
```

参数说明：

★ pBuffer：EEPROM 写数据缓存区指针

★ WriteAddr：EEPROM 写地址（0～0xFF）

★ NumByteToWrite：EEPROM 写字节数

I2C_EE_BufferWrite()调用 I2C_EE_PageWrite()和 I2C_EE_WaitEepromStandbyState()实现 EEPROM 缓存区写，其中用到了页大小变量 I2C_PageSize（24C02 的 I2C_PageSize 值为 8）。

5）EEPROM 缓存区读

```
void I2C_EE_BufferRead(u8* pBuffer, u8 ReadAddr, u16 NumByteToRead);
```

参数说明：

★ pBuffer：EEPROM 读数据缓存区指针

★ ReadAddr：EEPROM 读地址（0~0xFF）

★ NumByteToRead：EEPROM 读字节数

6）等待 EEPROM 待机状态

```
void I2C_EE_WaitEepromStandbyState(void);
```

5.3.2   I²C EEPROM 库函数程序设计

使用 I²C EEPROM 库函数软件设计 main.c 的内容如下：

```
#include "uart.h"
#include "i2c_ee.h"

u8 min = 0, sec = 0, sec1 = 0;
u8 time[] = "00:00\r\n\0", num = 0;

void SysTick_Init(void);
void SysTick_Proc(void);
void USART_SendTime(USART_TypeDef* USARTx);
void USART_ReceiveTime(USART_TypeDef* USARTx);

int main(void)
{
  SysTick_Init();                         // SysTick 初始化
  USART2_Init();                          // USART2 初始化
  I2C_EE_Init();                          // I²C 初始化
  I2C_EE_BufferRead(time, 0, 2);          // 从 24C02 读时间初值
  if(time[1] < 0x60)                      // 秒值有效
  {
    min = time[0];
    sec = time[1];
  }
  sec1 = sec;

  while(1)
  {
    SysTick_Proc();                       // SysTick 处理
    if(sec1 != sec)                       // 1s 到
    {
      sec1 = sec;
      printf("%02x:%02x\r\n", min, sec);  // USART 发送时间
    }
    USART_ReceiveTime(USART2);            // USART 接收时间
  }
```

```
    }

    void SysTick_Init(void)
    {
      SysTick_SetReload(1e6);                              // 设置1s重装值（时钟频率为8MHz/8）
      SysTick_CounterCmd(SysTick_Counter_Enable);
    }                                                      // 允许SysTick


    void SysTick_Proc(void)
    {
      if(SysTick_GetFlagStatus(SysTick_FLAG_COUNT))
      {                                                    // 1s到
        if((++sec& 0xf) > 9) sec +=6;                      // sec值BCD调整
        if(sec >= 0x60)                                    // 1min到
        {
          sec = 0;
          if((++min & 0xf) > 9) min +=6;                   // min值BCD调整
          if(min >= 0x60) min = 0;                         // 1h到
        }
      }
    }


    void USART_SendTime(USART_TypeDef* USARTx)
    {
      USART_SendData_New(USARTx, ((min&0xf0)>>4)+ 0x30);   // 发送分十位
      USART_SendData_New(USARTx, (min &0x0f) + 0x30);      // 发送分个位
      USART_SendData_New(USARTx, ':');                     // 发送冒号
      USART_SendData_New(USARTx, ((sec&0xf0)>>4)+ 0x30);   // 发送秒十位
      USART_SendData_New(USARTx, (sec &0x0f) + 0x30);      // 发送秒个位
      USART_SendData_New(USARTx, 0xd);                     // 发送回车
      USART_SendData_New(USARTx, 0xa);                     // 发送换行
    }


    void USART_ReceiveTime(USART_TypeDef* USARTx)
    {
      u8 data = USART_ReceiveData_NonBlocking(USARTx);     // 非阻塞接收数据
      if(data)                                             // 数据有效
      {
        SysTick_CounterCmd(SysTick_Counter_Disable);       // 禁止SysTick
        USART_SendData_New(USARTx, data);                  // 回显数据
        time[num] = data - 0x30;                           // 保存数据
        if(++num == 4)                                     // 接收完成
        {
          num = 0;
          USART_SendData_New(USARTx, 0xd);                 // 发送回车
          USART_SendData_New(USARTx, 0xa);                 // 发送换行
```

```
    min = (time[0]<<4)+time[1];                         // 设置分值
    sec = (time[2]<<4)+time[3];                         // 设置秒值
    time[0] = min;
    time[1] = sec;
    I2C_EE_BufferWrite(time, 0, 2);                     // 向 24C02 写时间设置
    SysTick_CounterCmd(SysTick_Counter_Enable);         // 允许 SysTick
   }
  }
 }
```

5.3.3 GPIO 仿真 I^{2}C 库函数说明

为了克服 I^{2}C EEPROM 库函数移植性差的缺点，可以用 GPIO 仿真 I^{2}C，相关库函数在嵌入式竞赛参考程序 i2c.c 中实现如下：

```
#define I2C_PORT GPIOB
#define SCL_Pin GPIO_Pin_6
#define SDA_Pin  GPIO_Pin_7

#define FAILURE 0
#define SUCCESS 1
// I2C 初始化
void i2c_init(void)
{
  GPIO_InitTypeDef GPIO_InitStruct;

  RCC_APB2PeriphClockCmd(RCC_APB2Periph_GPIOB, ENABLE);

  GPIO_InitStruct.GPIO_Pin = SDA_Pin | SCL_Pin;
  GPIO_InitStruct.GPIO_Speed = GPIO_Speed_2MHz;
  GPIO_InitStruct.GPIO_Mode = GPIO_Mode_Out_OD;

  GPIO_Init(I2C_PORT, &GPIO_InitStruct);
}
// 配置 SDA 为输入模式
void SDA_Input_Mode(void)
{
  GPIO_InitTypeDefGPIO_InitStruct;

  GPIO_InitStruct.GPIO_Pin = SDA_Pin;
  GPIO_InitStruct.GPIO_Speed = GPIO_Speed_2MHz;
  GPIO_InitStruct.GPIO_Mode = GPIO_Mode_IN_FLOATING;

  GPIO_Init(I2C_PORT, &GPIO_InitStruct);
}
// 配置 SDA 为输出模式
void SDA_Output_Mode(void)
```

```c
{
  GPIO_InitTypeDefGPIO_InitStruct;

  GPIO_InitStruct.GPIO_Pin = SDA_Pin;
  GPIO_InitStruct.GPIO_Speed = GPIO_Speed_2MHz;
  GPIO_InitStruct.GPIO_Mode = GPIO_Mode_Out_OD;

  GPIO_Init(I2C_PORT, &GPIO_InitStruct);
}
// SDA 输入
u8 SDA_Input(void)
{
  return GPIO_ReadInputDataBit(I2C_PORT, SDA_Pin);
}
// SDA 输出
void SDA_Output(u8 val)
{
  if(val)
  {
    GPIO_SetBits(I2C_PORT,SDA_Pin);
  }
  else
  {
    GPIO_ResetBits(I2C_PORT,SDA_Pin);
  }
}
// SCL 输出
void SCL_Output(u8 val)
{
  if(val)
  {
    GPIO_SetBits(I2C_PORT,SCL_Pin);
  }
  else
  {
    GPIO_ResetBits(I2C_PORT,SCL_Pin);
  }
}
// 延时程序
void delay1(u32 n)
{
  u32 i;
  for(i=0;i<n;++i);
}
// I²C 起始
void I2CStart(void)
```

```
{
  SDA_Output(1); delay1(500);
  SCL_Output(1); delay1(500);
  SDA_Output(0); delay1(500);
  SCL_Output(0); delay1(500);
}
// I²C 停止
void I2CStop(void)
{
  SCL_Output(0); delay1(500);
  SDA_Output(0); delay1(500);
  SCL_Output(1); delay1(500);
  SDA_Output(1); delay1(500);
}
// 等待应答
u8 I2CWaitAck(void)
{
  u8 cErrTime = 5;

  SDA_Input_Mode(); delay1(500);
  SCL_Output(1); delay1(500);
  while(SDA_Input())
  {
    delay1(500);
    if(--cErrTime == 0)
    {
      SDA_Output_Mode();
      I2C_Stop();
      return FAILURE;
    }
  }
  SCL_Output(0); delay1(500);
  SDA_Output_Mode();
  return SUCCESS;
}
// 发送应答
void I2CSendAck(void)
{
  SDA_Output(0); delay1(500);
  SCL_Output(1); delay1(500);
  SCL_Output(0); delay1(500);
}
// 发送非应答
void I2CSendNotAck(void)
{
  SDA_Output(1); delay1(500);
```

```
  SCL_Output(1); delay1(500);
  SCL_Output(0); delay1(500);
}
// I²C 发送字节
void I2CSendByte(u8 cSendByte)
{
  u8 i = 8;
  while(i--)
  {
    SCL_Output(0); delay1(500);
    SDA_Output(cSendByte & 0x80); delay1(500);
    SCL_Output(1); delay1(500);
    cSendByte <<= 1;
  }
  SCL_Output(0); delay1(500);
}
// I²C 接收字节
u8 I2CReceiveByte(void)
{
  u8 i = 8, cReceByte = 0;
  SDA_Input_Mode();
  while(i--)
  {
    cReceByte <<= 1;
    SCL_Output(0); delay1(500);
    SCL_Output(1); delay1(500);
    cReceByte |= SDA_Input();
  }
  SCL_Output(0); delay1(500);
  SDA_Output_Mode();
  return cReceByte;
}
```

5.3.4 GPIO 仿真 I²C 库函数程序设计

利用 GPIO 仿真 I²C 库函数，重新设计 I2C_EE_BufferWrite()和 I2C_EE_BufferRead()函数如下（参考图 5.4）：

```
u8 I2C_EE_BufferWrite(u8* pBuffer, u8 WriteAddr, u8 NumByteToWrite)
{
  I2CStart();
  I2CSendByte(0xA0);
  if(I2CWaitAck())
  {
    I2CSendByte(WriteAddr);
    if(I2CWaitAck())
    {
```

```
    while(NumByteToWrite--)
    {
      I2CSendByte(*pBuffer);
      if(!I2CWaitAck())
        return FAILURE;
      pBuffer++;
    }
    I2CStop();
    return SUCCESS;
  }
}
return FAILURE;
}

u8 I2C_EE_BufferRead(u8* pBuffer, u8 ReadAddr, u8 NumByteToRead)
{
  I2CStart();
  I2CSendByte(0xA0);
  if(I2CWaitAck())
  {
    I2CSendByte(ReadAddr);
    if(I2CWaitAck())
    {
      I2CStart();
      I2CSendByte(0xA1);
      if(I2CWaitAck())
      {
        while(NumByteToRead--)
        {
          *pBuffer= I2CReceiveByte();
          if(NumByteToRead)
          {
            I2CSendAck();
          }
          else
          {
            I2CSendNotAck();
          }
          pBuffer++;
        }
        I2CStop();
        return SUCCESS;
      }
    }
  }
  return FAILURE;
}
```

5.4 I²C 设计实现

I²C 设计实现包括 I²C EEPROM 库函数程序设计实现和 GPIO 仿真 I²C 库函数程序设计实现。

5.4.1 I²C EEPROM 库函数程序设计实现

I²C EEPROM 库函数程序设计的实现可以在 USART 设计实现的基础上修改完成。

1）新建工程

I²C 工程可以通过复制粘贴 UART 工程建立，具体步骤是：

（1）在 D:\STM32 文件夹中复制粘贴 UART 文件夹，并将粘贴文件夹名称修改为"I2C"。

（2）双击桌面上的 Keil 图标运行 Keil 程序，选择"Project"（工程）→"Open Project"（打开工程）菜单项打开选择工程文件对话框，选择 D:\STM32\I2C 文件夹，双击工程文件 stm32.uvproj 打开工程。

2）添加 C 语言源文件

添加 C 语言源文件的具体步骤是：

（1）将 C:\Keil\ARM\Examples\ST\STM32F10xFWLib\Examples\I2C\M24C08_EEPROM 文件夹中的 i2c_ee.h 和 i2c_ee.c 文件复制粘贴到 D:\STM32\I2C 文件夹。

（2）在"Project"（工程）窗口中右击"User"，在弹出的快捷菜单中选择"Add File to Group"（添加文件到组）菜单项打开添加文件到组对话框，双击 C 语言源文件 i2c_ee.c 添加文件，单击"Close"（关闭）按钮关闭添加文件到组对话框。

3）修改 C 语言源文件

修改 C 语言源文件的具体步骤是：

（1）在 main.c 文件中添加下列语句：

```
#include "i2c_ee.h"
```

（2）在 main() 的 USART2_Init() 语句后添加下列语句：

```
I2C_EE_Init();                          // I²C 初始化
I2C_EE_BufferRead(time, 0, 2);          // 从 24C02 读时间初值
if(time[1] < 0x60)                      // 秒值有效
{
  min = time[0];
  sec = time[1];
}
sec1 = sec;
```

（3）在 USART_ReceiveTime() 的 sec = (time[2]<<4) + time[3] 语句后添加下列语句：

```
time[0] = min;
time[1] = sec;
I2C_EE_BufferWrite(time, 0, 2);         // 向 24C02 写时间设置
```

（4）在 i2c_ee.c 文件中将下列定义：

```
#define I2C_Speed                       400000
```

```
#define I2C_PageSize                16
```

修改为：

```
#define I2C_Speed                   100000
#define I2C_PageSize                8
```

（5）在 GPIO_Configuration() 的 GPIO_InitTypeDef GPIO_InitStruct 语句后添加下列语句：

```
RCC_APB2PeriphClockCmd(RCC_APB2Periph_GPIOB, ENABLE);
```

（6）在 I2C_Configuration() 的 I2C_InitTypeDef I2C_InitStruct 语句后添加下列语句：

```
RCC_APB1PeriphClockCmd(RCC_APB1Periph_I2C1, ENABLE);
```

4）添加库文件

在"Project"（工程）窗口中右击"FWLib"，在弹出的快捷菜单中选择"Add File to Group"（添加文件到组）菜单项打开添加文件到组对话框，选择 C:\Keil\ARM\RV31\LIB\ST\STM32F10x 文件夹，在 STM32F10x 文件夹中双击 stm32f10x_i2c.c 将其添加到 FWLib。

5）生成目标程序文件

单击生成工具栏中的"Build"（生成）按钮 📖，汇编（assembing）STM32F10x.s，编译（compiling）源文件和库文件，连接（linking）生成目标程序文件 stm32.axf。

6）使用调试器运行目标程序

使用调试器运行目标程序的具体步骤是：

（1）将训练板（目标硬件）通过调试器 USB 插座 CN2 与 PC 相连。

（2）打开串口调试工具软件，选择串行端口（COM22）、波特率（115200）和数据格式（8 个数据位、1 个停止位和无校验位）。

（3）在 Keil 中单击生成工具栏中的"Target Option"（目标选项）按钮 🔧 打开目标选项对话框，选择"Debug"（调试）选项卡，选择"Use"（使用）调试器并从下拉列表中选择"CooCox Debugger"（CooCox 调试器），选中"Run to main()"（运行到 main()）选项。

（4）单击"Settings"（设置）按钮打开驱动设置对话框，确认"Debug"（调试）选项卡中"Adapter"（适配器）为 Colink，"Port"（端口）为 JTAG，"IDCODE"（识别码）为 0x3BA00477，"Device Name"（器件名称）为 ARM CoreSight JTAG-DP。

（5）在目标选项对话框中选择"Utilities"（应用）选项卡，确认选择"Use Target Driver for Flash Programming"（使用目标驱动进行 Flash 编程），并从下拉列表中选择"CooCox Debugger"（CooCox 调试器），单击"OK"按钮关闭目标选项对话框。

（6）单击文件工具栏中的"Start/Stop Debug Session"（开始/停止调试会话）按钮 🔍 进入调试界面，单击调试工具栏中的"Run"（运行）按钮 📄 运行程序，串口调试工具软件中连续显示变化的时间。如果显示时间不是从"00:00"开始，说明从 24C02 读初值成功。

（7）在串口调试工具软件中输入 4 个数字（如 1234），显示数据变为新设置的时间。

（8）单击调试工具栏中的"Stop"（停止）按钮 ⊗ 停止程序的运行。

（9）单击调试工具栏中的"Reset"（复位）按钮复位程序。

（10）单击文件工具栏中的"Run"（运行）按钮 📄 重新运行程序，串口调试工具软件中连续显示的时间如果从"12:35"开始，说明写设置到 24C02 成功。

注意：由于 I²C 接口的特殊性，I²C EEPROM 库函数程序不能使用仿真器调试和运行，也不能使用调试器正常调试。

5.4.2　GPIO 仿真 I²C 库函数程序设计实现

GPIO 仿真 I²C 库函数程序设计的实现在 I²C EEPROM 库函数程序实现基础上修改完成。

1）添加 C 语言源文件

添加 C 语言源文件的具体步骤是：

（1）将嵌入式竞赛"参考程序"文件夹中的 i2c.h 和 i2c.c 文件复制粘贴到 D:\STM32\I2C 文件夹。

（2）在"Project"（工程）窗口中右击"User"，在弹出的快捷菜单中选择"Add File to Group"（添加文件到组）菜单项打开添加文件到组对话框，双击 C 语言源文件 i2c.c 添加文件，单击"Close"（关闭）按钮关闭添加文件到组对话框。

（3）在"Project"（工程）窗口中右击"i2c_ee.c"，在弹出的快捷菜单中选择"Remove File 'i2c_ee.c'"（删除文件"i2c_ee.c"）菜单项，单击"是"按钮删除文件"i2c_ee.c"。

2）修改 C 语言源文件

修改 C 语言源文件的具体步骤是：

（1）在 i2c.h 文件中添加下列函数声明：

```
u8 I2C_EE_BufferRead(u8* pBuffer, u8 ReadAddr, u8 NumByteToRead);
u8 I2C_EE_BufferWrite(u8* pBuffer, u8 ReadAddr, u8 NumByteToRead);
```

（2）将 5.3.4 节中的 I2C_EE_BufferRead() 和 I2C_EE_BufferWrite() 函数体追加到 i2c.c 中。

（3）在 i2c.c 文件中将下列语句：

```
#include "stm32f10x.h"                // 适用于 V3.5.0
```

修改为：

```
#include "stm32f10x_lib.h"           // 适用于 V2.0.1
```

（4）在 i2c.c 文件中将 SDA_Output() 和 SCL_Output() 函数的自变量类型由 uint16_t 修改为 "u8"，将 SDA_Input() 函数的返回值类型由 uint8_t 修改为 "u8"。

（5）在 main.c 文件中将下列语句：

```
#include "i2c_ee.h"
```

修改为：

```
#include "i2c.h"
```

（6）在 main() 中将下列语句：

```
I2C_EE_Init();                       // I2C1 初始化
```

修改为：

```
i2c_init();                          // I²C 初始化
```

3）生成目标程序文件

单击生成工具栏中的"Build"（生成）按钮，汇编（assembing）STM32F10x.s，编译（compiling）源文件和库文件，连接（linking）生成目标程序文件 stm32.axf。

4）使用仿真器运行目标程序

使用仿真器运行目标程序的具体步骤是：

（1）单击生成工具栏中的"Target Option"（目标选项）按钮 打开目标选项对话框，选择"Debug"（调试）选项卡，选择"Use Simulator"（使用仿真器），单击"OK"按钮关闭对话框。

（2）单击文件工具栏中的"Start/Stop Debug Session"（开始/停止调试会话）按钮 进入调试界面。

（3）单击调试工具栏中的"Serial Window"（串行窗口）按钮 右侧选择 UART #2，打开 UART #2 串行窗口。

（4）在逻辑分析仪中设置表 5.11 所示信号。

表 5.11 I^{2}C 逻辑分析仪信号

新 建 信 号	显 示 结 果	显 示 类 型	十六进制显示	屏 蔽	移 位
PORTB.7	PORTB	Bit	否	0x00000080	7
PORTB.6	PORTB	Bit	否	0x00000040	6

（5）单击调试工具栏中的"Run"（运行）按钮 运行程序，UART #2 串行窗口中连续显示变化的时间。

（6）在 UART #2 串行窗口中输入 4 个数字（如 1234），显示数据变为新设置的时间。

（7）单击调试工具栏中的"Stop"（停止）按钮 停止程序的运行，逻辑分析仪显示结果如图 5.6 所示。

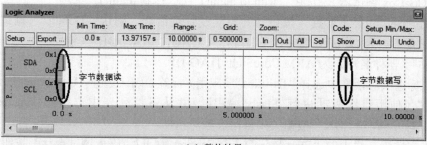

（a）整体结果

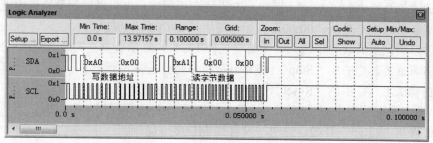

（b）字节数据读

图 5.6 I^{2}C 逻辑分析仪显示结果

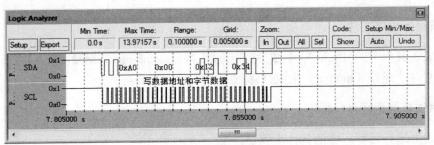

(c) 字节数据写

图 5.6　I²C 逻辑分析仪显示结果（续）

从图中可以看出：I²C 首先进行字节数据读（时间初值），然后进行字节数据写（设置时间），如图 5.6（a）所示。进行字节数据读时，首先向器件地址（0xA0）写（器件地址最后一位为 0）数据地址（0x00），然后从器件地址（0xA0）读（器件地址最后一位为 1）两个字节数据（0x00），如图 5.6（b）所示；进行字节数据写时，首先向器件地址（0xA0）写数据地址（0x00），然后写两个字节数据（0x12 和 0x34），如图 5.6（c）所示。

注意： 因为仿真器只能仿真接口，不能仿真 24C02，所以读回的两个字节数据是 0x00，写出的两个字节数据 0x12 和 0x34 也并未真正写到 24C02。

5）使用调试器运行目标程序

使用调试器运行目标程序的具体步骤是：

（1）将训练板（目标硬件）通过调试器 USB 插座 CN2 与 PC 相连。

（2）打开串口调试工具软件，选择串行端口（COM22）、波特率（115200）和数据格式（8 个数据位、1 个停止位和无校验位）。

（3）在 Keil 中单击生成工具栏中的"Target Option"（目标选项）按钮 ⚒ 打开目标选项对话框，选择"Debug"（调试）选项卡，选择"Use"（使用）调试器并从下拉列表中选择"CooCox Debugger"（CooCox 调试器），选中"Run to main()"（运行到 main()）选项。

（4）单击"Settings"（设置）按钮打开驱动设置对话框，确认"Debug"（调试）选项卡中"Adapter"（适配器）为 Colink，"Port"（端口）为 JTAG，"IDCODE"（识别码）为 0x3BA00477，"Device Name"（器件名称）为 ARM CoreSight JTAG-DP。

（5）在目标选项对话框中选择"Utilities"（应用）标签，确认选择"Use Target Driver for Flash Programming"（使用目标驱动进行 Flash 编程），并从下拉列表中选择"CooCox Debugger"（CooCox 调试器），单击"OK"按钮关闭目标选项对话框。

（6）单击文件工具栏中的"Start/Stop Debug Session"（开始/停止调试会话）按钮 ⚙ 进入调试界面，单击调试工具栏中的"Run"（运行）按钮 🔲 运行程序，串口调试工具软件中连续显示变化的时间。如果显示时间不是从"00:00"开始，说明从 24C02 读初值成功。

（7）在串口调试工具软件中输入 4 个数字（如 1234），显示数据变为新设置的时间。

（8）单击调试工具栏中的"Stop"（停止）按钮 ⊗ 停止程序的运行。

（9）单击调试工具栏中的"Reset"（复位）按钮复位程序。

（10）单击文件工具栏中的"Run"（运行）按钮 🔲 重新运行程序，串口调试工具软件中连续显示的时间如果从"12:35"开始，说明写设置到 24C02 成功。

可以看出：GPIO 仿真 I²C 库函数程序设计的运行结果和 I²C EEPROM 库函数程序设计的运行结果相同。

注意： GPIO 仿真 I²C 库函数程序设计可以使用调试器正常调试。

第6章 定时器 TIM

STM32 定时器除系统滴答定时器 SysTick 外，还有高级控制定时器 TIM1/8、通用定时器 TIM2～5、基本定时器 TIM6/7、实时钟 RTC、独立看门狗 IWDG 和窗口看门狗 WWDG 等。

高级控制定时器除了具有刹车输入 BKIN、互补输出 CHxN 和重复次数计数器外，与通用定时器的主要功能基本相同，两者都包含基本定时器的功能。RTC 提供时钟日历的功能。IWDG 和 WWDG 用来检测和解决软件错误引起的故障。

6.1　TIM 结构及寄存器说明

高级控制定时器主要由时钟控制、时基单元、输入捕获和输出比较等部分组成，如图 6.1 所示。

时钟控制包含触发控制器、从模式控制器和编码器接口等，可以选择内部时钟（CK_INT：默认值）、外部时钟模式 1（TIxFPx）、外部时钟模式 2（ETR）和内部触发（ITRx）。

时基单元包含 16 位计数器 CNT、预分频器 PSC、自动重装载寄存器 ARR 和重复次数计数器 RCR。计数器可以向上计数、向下计数或向上向下双向计数，计数器时钟由预分频器对多种时钟源分频得到，计数器初值来自自动重装载寄存器，重复次数计数器实现重复计数。

时基单元是定时器的核心，也是基本定时器的主要功能单元。

输入捕获包含输入滤波器和边沿检测器、预分频器和捕获/比较寄存器等，可以捕获计数器的值到捕获/比较寄存器，也可以测量 PWM 信号的周期和脉冲宽度。

输出比较包含捕获/比较寄存器、死区发生器 DTG 和输出控制，可以输出单脉冲，也可以输出 PWM 信号。

TIM 使用的 GPIO 引脚如表 6.1 所示（详见表 B.6）。

表 6.1　TIM 使用的 GPIO 引脚

定时器引脚	GPIO 引脚				配　置
	TIM1	TIM2	TIM3	TIM4	
CH1	PA8	PA0[(1)]（PA15）[(2)]	PA6（PB4/PC6）[(2)]	PB6	浮空输入（输入捕获）复用推挽输出（输出比较）
CH2	PA9	PA1（PB3）[(2)]	PA7（PB5/PC7）[(2)]	PB7	
CH3	PA10	PA2（PB10）[(2)]	PB0（PC8）[(2)]	PB8	
CH4	PA11	PA3（PB11）[(2)]	PB1（PC9）[(2)]	PB9	
ETR	PA12	PA0[(1)]	PD2	—	浮空输入
BKIN	PB12（PA6）[(2)]	—	—	—	浮空输入
CH1N	PB13（PA7）[(2)]	—	—	—	复用推挽输出
CH2N	PB14（PB0）[(2)]	—	—	—	
CH3N	PB15（PB1）[(2)]	—	—	—	

注：（1）TIM2_CH1 和 TIM2_ETR 共用一个引脚，但不能同时使用。

　　（2）括号中的引脚为复用功能重映射引脚。

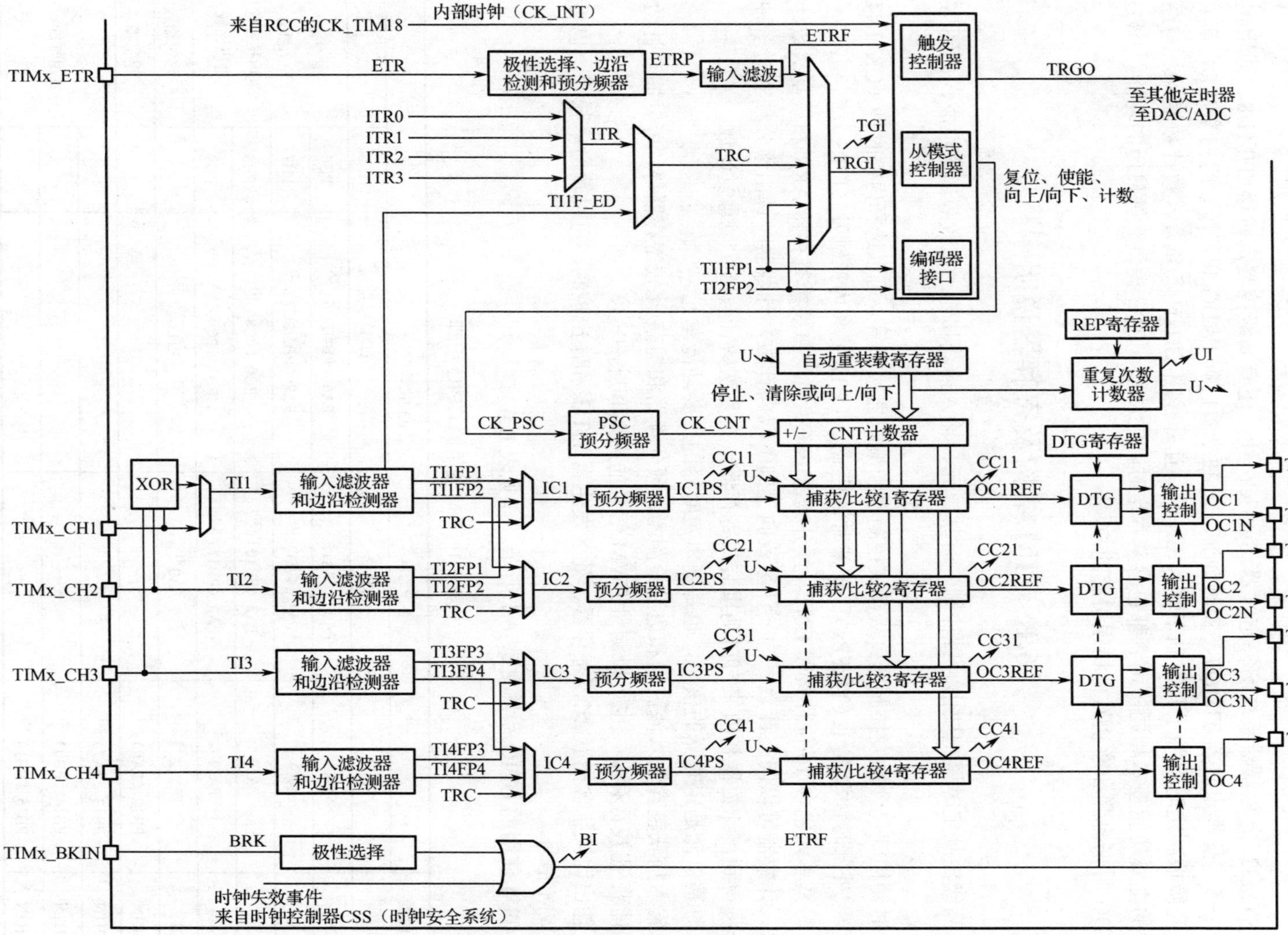

图6.1 高级控制定时器方框图

TIM 寄存器如表 6.2 所示（TIM1 和 TIM2 的基地址分别为 0x4001 2C00（APB2）和 0x4000 0000（APB1））。

表 6.2　TIM 寄存器

偏移地址	名　称	类　型	复位值	说　明
0x00	CR1	读/写	0x0000	控制寄存器 1（详见表 6.3）
0x04	CR2	读/写	0x0000	控制寄存器 2（详见表 6.4）
0x08	SMCR	读/写	0x0000	从模式控制寄存器（详见表 6.5）
0x0C	DIER	读/写	0x0000	DMA/中断使能寄存器（详见表 6.6）
0x10	SR	读/写 0 清除	0x0000	状态寄存器（详见表 6.7）
0x14	EGR	写	0x0000	事件产生寄存器（详见表 6.8）
0x18	CCMR1	读/写	0x0000	捕获/比较模式寄存器 1（详见表 6.9 和表 6.10）
0x1C	CCMR2	读/写	0x0000	捕获/比较模式寄存器 2（详见表 6.12 和表 6.13）
0x20	CCER	读/写	0x0000	捕获/比较使能寄存器（详见表 6.14）
0x24	CNT	读/写	0x0000	计数器（16 位计数值）
0x28	PSC	读/写	0x0000	预分频器（16 位预分频值）
0x2C	ARR	读/写	0x0000	自动重装载寄存器（16 位自动重装载值）
0x30	RCR	读/写	0x00	重复计数寄存器（8 位重复计数值，高级控制定时器）
0x34	CCR1	读/写	0x0000	捕获/比较寄存器 1（16 位捕获/比较 1 值）
0x38	CCR2	读/写	0x0000	捕获/比较寄存器 2（16 位捕获/比较 2 值）
0x3C	CCR3	读/写	0x0000	捕获/比较寄存器 3（16 位捕获/比较 3 值）
0x40	CCR4	读/写	0x0000	捕获/比较寄存器 4（16 位捕获/比较 4 值）
0x44	BDTR	读/写	0x0000	刹车和死区寄存器（详见表 6.15，高级控制定时器）
0x48	DCR	读/写	0x0000	DMA 控制寄存器（详见表 6.16）
0x4C	DMAR	读/写	0x0000	DMA 地址寄存器（16 位 DMA 地址）

TIM 寄存器结构体在 stm32f10x_map.h 中定义如下：

```
typedef struct
{
    vu16 CR1;                   // 控制寄存器 1
    vu16 CR2;                   // 控制寄存器 2
    vu16 SMCR;                  // 从模式控制寄存器
    vu16 DIER;                  // DMA/中断使能寄存器
    vu16 SR;                    // 状态寄存器
    vu16 EGR;                   // 事件产生寄存器
    vu16 CCMR1;                 // 捕获/比较模式寄存器 1
    vu16 CCMR2;                 // 捕获/比较模式寄存器 2
    vu16 CCER;                  // 捕获/比较使能寄存器
    vu16 CNT;                   // 计数器
    vu16 PSC;                   // 预分频器
    vu16 ARR;                   // 自动重装载寄存器
    vu16 RCR;                   // 重复计数寄存器
```

```
        vu16 CCR1;                          // 捕获/比较寄存器 1
        vu16 CCR2;                          // 捕获/比较寄存器 2
        vu16 CCR3;                          // 捕获/比较寄存器 3
        vu16 CCR4;                          // 捕获/比较寄存器 4
        vu16 BDTR;                          // 刹车和死区寄存器
        vu16 DCR;                           // DMA 控制寄存器
        vu16 DMAR;                          // DMA 地址寄存器
    } TIM_TypeDef;
```

TIM 寄存器中按位操作寄存器的内容如表 6.3～表 6.16 所示（保留位未列出）。

表 6.3　TIM 控制寄存器 1（CR1）

位	名　　称	类　型	复位值	说　　明
9:8	CKD[1:0]	读/写	00	时钟分频：00—1，01—2，10—4，11—保留
7	ARPE	读/写	0	自动重装载预装载使能（基本功能）
6:5	CMS[1:0]	读/写	00	中心对齐模式选择
4	DIR	读/写	0	计数方向：0—向上计数，1—向下计数
3	OPM	读/写	0	单脉冲模式（基本功能）
2	URS	读/写	0	更新请求源（基本功能）
1	UDIS	读/写	0	更新禁止（基本功能）
0	CEN	读/写	0	计数器使能（基本功能）

表 6.4　TIM 控制寄存器 2（CR2）

位	名　　称	类　型	复位值	说　　明
14	OIS4	读/写	0	输出空闲状态 4（OC4 输出，高级控制定时器）
13	OIS3N	读/写	0	输出空闲状态 3（OC3N 输出，高级控制定时器）
12	OIS3	读/写	0	输出空闲状态 3（OC3 输出，高级控制定时器）
11	OIS2N	读/写	0	输出空闲状态 2（OC2N 输出，高级控制定时器）
10	OIS2	读/写	0	输出空闲状态 2（OC2 输出，高级控制定时器）
9	OIS1N	读/写	0	输出空闲状态 1（OC1N 输出，高级控制定时器）
8	OIS1	读/写	0	输出空闲状态 1（OC1 输出，高级控制定时器）
7	TI1S	读/写	0	TI1 选择：0—CH1，1—CH1^CH2^CH3
6:4	MMS[2:0]	读/写	000	主模式选择（基本功能）
3	CCDS	读/写	0	捕获/比较 DMA 选择
2	CCUS	读/写	0	捕获/比较控制更新选择
0	CCPC	读/写	0	捕获/比较预装载控制

表 6.5　TIM 从模式控制寄存器（SMCR）

位	名　　称	类　型	复位值	说　　明
15	ETP	读/写	0	外部触发极性：0—ETR，1—/ETR
14	ECE	读/写	0	外部时钟模式 2 使能
13:12	ETPS[1:0]	读/写	00	外部触发预分频：00—1，01—2，10—4，11—8

位	名　称	类　型	复 位 值	说　明
11:8	ETF[3:0]	读/写	0000	外部触发滤波
7	MSM	读/写	0	主/从模式
6:4	TS[2:0]	读/写	000	触发选择：000—ITR0，001—ITR1，010—ITR2，011—ITR3，100—TI1F_ED，101—TI1FP1，110—TI2FP2，111—ETRF
2:0	SMS[2:0]	读/写	000	从模式选择：000—关闭从模式，001—编码器模式 1，010—编码器模式 2，011—编码器模式 3，100—复位模式，101—门控模式，110—触发模式，111—外部时钟模式

表 6.6　TIM DMA/中断使能寄存器（DIER）

位	名　称	类　型	复 位 值	说　明
14	TDE	读/写	0	触发 DMA 请求使能
13	COMDE	读/写	0	捕获/比较 DMA 请求使能（高级控制定时器）
12	CC4DE	读/写	0	捕获/比较 4 DMA 请求使能
11	CC3DE	读/写	0	捕获/比较 3 DMA 请求使能
10	CC2DE	读/写	0	捕获/比较 2 DMA 请求使能
9	CC1DE	读/写	0	捕获/比较 1 DMA 请求使能
8	UDE	读/写	0	更新 DMA 请求使能（基本功能）
7	BIE	读/写	0	刹车中断使能（高级控制定时器）
6	TIE	读/写	0	触发中断使能
5	COMIE	读/写	0	捕获/比较中断使能（高级控制定时器）
4	CC4IE	读/写	0	捕获/比较 4 中断使能
3	CC3IE	读/写	0	捕获/比较 3 中断使能
2	CC2IE	读/写	0	捕获/比较 2 中断使能
1	CC1IE	读/写	0	捕获/比较 1 中断使能
0	UIE	读/写	0	更新中断使能（基本功能）

表 6.7　TIM 状态寄存器（SR）

位	名　称	类　型	复 位 值	说　明
12	CC4OF	读/写 0 清除	0	捕获/比较 4 重复捕获标志
11	CC3OF	读/写 0 清除	0	捕获/比较 3 重复捕获标志
10	CC2OF	读/写 0 清除	0	捕获/比较 2 重复捕获标志
9	CC1OF	读/写 0 清除	0	捕获/比较 1 重复捕获标志
7	BIF	读/写 0 清除	0	刹车中断标志（高级控制定时器）
6	TIF	读/写 0 清除	0	触发中断标志
5	COMIF	读/写 0 清除	0	捕获/比较中断标志（高级控制定时器）
4	CC4IF	读/写 0 清除	0	捕获/比较 4 中断标志（读 CCR4 清除）
3	CC3IF	读/写 0 清除	0	捕获/比较 3 中断标志（读 CCR3 清除）
2	CC2IF	读/写 0 清除	0	捕获/比较 2 中断标志（读 CCR2 清除）
1	CC1IF	读/写 0 清除	0	捕获/比较 1 中断标志（读 CCR1 清除）
0	UIF	读/写 0 清除	0	更新中断标志（基本功能）

表 6.8　TIM 事件产生寄存器（EGR）

位	名　称	类　型	复位值	说　明
7	BG	写	0	刹车事件产生（高级控制定时器）
6	TG	写	0	触发事件产生
5	COMG	写	0	捕获/比较事件产生（高级控制定时器）
4	CC4G	写	0	捕获/比较 4 事件产生
3	CC3G	写	0	捕获/比较 3 事件产生
2	CC2G	写	0	捕获/比较 2 事件产生
1	CC1G	写	0	捕获/比较 1 事件产生
0	UG	写	0	更新事件产生（基本功能）

表 6.9　TIM 捕获/比较模式寄存器 1（CCMR1）（输入捕获模式）

位	名　称	类　型	复位值	说　明
15:12	IC2F[3:0]	读/写	0000	输入捕获 2 滤波器
11:10	IC2PSC[1:0]	读/写	00	输入捕获 2 预分频器：00—1，01—2，10—4，11—8
9:8	CC2S[1:0]	读/写	00	捕获/比较 2 选择：00—输出比较，01—输入捕获 TI2，10—输入捕获 TI1，11—输入捕获 TRC
7:4	IC1F[3:0]	读/写	0000	输入捕获 1 滤波器
3:2	IC1PSC[1:0]	读/写	00	输入捕获 1 预分频器：00—1，01—2，10—4，11—8
1:0	CC1S[1:0]	读/写	00	捕获/比较 1 选择：00—输出比较，01—输入捕获 TI1，10—输入捕获 TI2，11—输入捕获 TRC

表 6.10　TIM 捕获/比较模式寄存器 1（CCMR1）（输出比较模式）

位	名　称	类　型	复位值	说　明
15	OC2CE	读/写	0	输出比较 2 清零使能
14:12	OC2M[2:0]	读/写	000	输出比较 2 模式（详见表 6.11）
11	OC2PE	读/写	0	输出比较 2 预重装使能
10	OC2FE	读/写	0	输出比较 2 快速使能
9:8	CC2S[1:0]	读/写	00	捕获/比较 2 选择（参见表 6.9）
7	OC1CE	读/写	0	输出比较 1 清零使能
6:4	OC1M[2:0]	读/写	000	输出比较 1 模式（详见表 6.11）
3	OC1PE	读/写	0	输出比较 1 预重装使能
2	OC1FE	读/写	0	输出比较 1 快速使能
1:0	CC1S[1:0]	读/写	00	捕获/比较 1 选择（参见表 6.9）

表 6.11　TIM 输出比较模式

OCxM[2:0]	模　式	OCxM[2:0]	模　式
000	定时模式	100	强制输出为低电平
001	匹配时设置输出为高电平	101	强制输出为高电平
010	匹配时设置输出为低电平	110	PWM 模式 1
011	输出翻转	111	PWM 模式 2

表 6.12 TIM 捕获/比较模式寄存器 2（CCMR2）（输入捕获模式）

位	名 称	类 型	复 位 值	说 明
15:12	IC4F[3:0]	读/写	0000	输入捕获 4 滤波器
11:10	IC4PSC[1:0]	读/写	00	输入捕获 4 预分频器：00—1，01—2，10—4，11—8
9:8	CC4S[1:0]	读/写	00	捕获/比较 4 选择：00—输出比较，01—输入捕获 TI4，10—输入捕获 TI3，11—输入捕获 TRC
7:4	IC3F[3:0]	读/写	0000	输入捕获 3 滤波器
3:2	IC3PSC[1:0]	读/写	00	输入捕获 3 预分频器：00—1，01—2，10—4，11—8
1:0	CC3S[1:0]	读/写	00	捕获/比较 3 选择：00—输出比较，01—输入捕获 TI3，10—输入捕获 TI4，11—输入捕获 TRC

表 6.13 TIM 捕获/比较模式寄存器 2（CCMR2）（输出比较模式）

位	名 称	类 型	复 位 值	说 明
15	OC4CE	读/写	0	输出比较 4 清零使能
14:12	OC4M[2:0]	读/写	000	输出比较 4 模式（详见表 6.11）
11	OC4PE	读/写	0	输出比较 4 预重装使能
10	OC4FE	读/写	0	输出比较 4 快速使能
9:8	CC4S[1:0]	读/写	00	捕获/比较 4 选择（参见表 6.12）
7	OC3CE	读/写	0	输出比较 3 清零使能
6:4	OC3M[2:0]	读/写	000	输出比较 3 模式（详见表 6.11）
3	OC3PE	读/写	0	输出比较 3 预重装使能
2	OC3FE	读/写	0	输出比较 3 快速使能
1:0	CC3S[1:0]	读/写	00	捕获/比较 3 选择（参见表 6.12）

表 6.14 TIM 捕获/比较使能寄存器（CCER）

位	名 称	类 型	复 位 值	说 明
13	CC4P	读/写	0	捕获/比较 4 极性：捕获，0—上升沿，1—下降沿；比较，0—高电平有效，1—低电平有效
12	CC4E	读/写	0	捕获/比较 4 使能：0—禁止，1—允许
11	CC3NP	读/写	0	捕获/比较 3 互补输出极性（高级控制定时器）：0—高电平有效，1—低电平有效
10	CC3NE	读/写	0	捕获/比较 3 互补输出使能（高级控制定时器）：0—禁止，1—允许
9	CC3P	读/写	0	捕获/比较 3 极性（同 CC4P）
8	CC3E	读/写	0	捕获/比较 3 使能：0—禁止，1—允许
7	CC2NP	读/写	0	捕获/比较 2 互补输出极性（同 CC3NP）
6	CC2NE	读/写	0	捕获/比较 2 互补输出使能（同 CC3NE）
5	CC2P	读/写	0	捕获/比较 2 极性（同 CC4P）
4	CC2E	读/写	0	捕获/比较 2 使能：0—禁止，1—允许
3	CC1NP	读/写	0	捕获/比较 1 互补输出极性（同 CC3NP）
2	CC1NE	读/写	0	捕获/比较 1 互补输出使能（同 CC3NE）

位	名　称	类　型	复位值	说　明
1	CC1P	读/写	0	捕获/比较 1 极性（同 CC4P）
0	CC1E	读/写	0	捕获/比较 1 使能：0—禁止，1—允许

表 6.15　TIM 刹车和死区寄存器（BDTR）（高级控制定时器）

位	名　称	类　型	复位值	说　明
15	MOE	读/写	0	主输出使能
14	AOE	读/写	0	自动输出使能
13	BKP	读/写	0	刹车输入极性：0—低电平有效，1—高电平有效
12	BKE	读/写	0	刹车使能
11	OSSR	读/写	0	关闭状态选择（运行模式）
10	OSSI	读/写	0	关闭状态选择（空闲模式）
9:8	LOOK[1:0]	读/写	00	锁定设置
7:0	DTG[7:0]	读/写	0x00	死区发生器设置

表 6.16　TIM DMA 控制寄存器（DCR）

位	名　称	类　型	复位值	说　明
12:8	DBL[4:0]	读/写	00000	DMA 连续传送长度
4:0	DBA[4:0]	读/写	00000	DMA 基地址

Keil 中 TIM 对话框如图 6.2 所示。

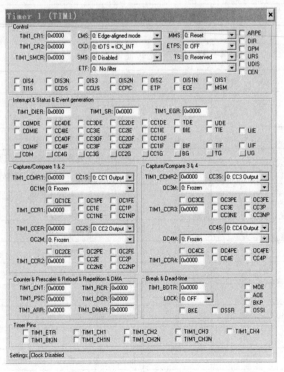

图 6.2　TIM 对话框

6.2 TIM 库函数说明

常用 TIM 库函数在 stm32f10x_tim.h 中声明如下：

```
void TIM_TimeBaseInit(TIM_TypeDef* TIMx, TIM_TimeBaseInitTypeDef*
    TIM_TimeBa- seInitStruct);
void TIM_OC1Init(TIM_TypeDef* TIMx, TIM_OCInitTypeDef* TIM_OCInitStruct);
void TIM_OC2Init(TIM_TypeDef* TIMx, TIM_OCInitTypeDef* TIM_OCInitStruct);
void TIM_OC3Init(TIM_TypeDef* TIMx, TIM_OCInitTypeDef* TIM_OCInitStruct);
void TIM_OC4Init(TIM_TypeDef* TIMx, TIM_OCInitTypeDef* TIM_OCInitStruct);
void TIM_ICInit(TIM_TypeDef* TIMx, TIM_ICInitTypeDef* TIM_ICInitStruct);
void TIM_PWMIConfig(TIM_TypeDef* TIMx, TIM_ICInitTypeDef* TIM_ICInitStruct);
void TIM_SelectInputTrigger(TIM_TypeDef* TIMx, u16 TIM_InputTriggerSource);
void TIM_SelectSlaveMode(TIM_TypeDef* TIMx, u16 TIM_SlaveMode);
void TIM_Cmd(TIM_TypeDef* TIMx, FunctionalState NewState);
void TIM_CtrlPWMOutputs(TIM_TypeDef* TIMx, FunctionalState NewState);
void TIM_SetAutoreload(TIM_TypeDef* TIMx, u16 Autoreload);
void TIM_SetCompare1(TIM_TypeDef* TIMx, u16 Compare1);
void TIM_SetCompare2(TIM_TypeDef* TIMx, u16 Compare2);
void TIM_SetCompare3(TIM_TypeDef* TIMx, u16 Compare3);
void TIM_SetCompare4(TIM_TypeDef* TIMx, u16 Compare4);
u16 TIM_GetCapture1(TIM_TypeDef* TIMx);
u16 TIM_GetCapture2(TIM_TypeDef* TIMx);
u16 TIM_GetCapture3(TIM_TypeDef* TIMx);
u16 TIM_GetCapture4(TIM_TypeDef* TIMx);
FlagStatus TIM_GetFlagStatus(TIM_TypeDef* TIMx, u16 TIM_FLAG);
void TIM_ClearFlag(TIM_TypeDef* TIMx, u16 TIM_FLAG);
```

1）初始化 TIM 时基

```
void TIM_TimeBaseInit(TIM_TypeDef* TIMx, TIM_TimeBaseInitTypeDef*
    TIM_TimeBaseInitStruct);
```

参数说明：

★ TIMx：TIM 名称，取值是 TIM1 或 TIM2 等

★ TIM_TimeBaseInitStruct：TIM 时基初始化参数结构体指针，时基初始化参数结构体在 stm32f10x_tim.h 中定义如下：

```
typedef struct
{
  u16 TIM_Prescaler;                  // TIM 预分频（-1）
  u16 TIM_CounterMode;                // TIM 计数模式
  u16 TIM_Period;                     // TIM 周期（-1）
  u16 TIM_ClockDivision;              // TIM 时钟分频
  u8 TIM_RepetitionCounter;           // TIM 重复计数（高级控制定时器）
} TIM_TimeBaseInitTypeDef;
```

其中 TIM_CounterMode 和 TIM_ClockDivision 参数定义如下：

```
#define TIM_CounterMode_Up                 ((u16)0x0000)        // 向上计数模式
#define TIM_CounterMode_Down               ((u16)0x0010)        // 向下计数模式
#define TIM_CounterMode_CenterAligned1     ((u16)0x0020)        // 中心对齐模式 1
#define TIM_CounterMode_CenterAligned2     ((u16)0x0040)        // 中心对齐模式 2
#define TIM_CounterMode_CenterAligned3     ((u16)0x0060)        // 中心对齐模式 3

#define TIM_CKD_DIV1                       ((u16)0x0000)        // 时钟分频 1
#define TIM_CKD_DIV2                       ((u16)0x0100)        // 时钟分频 2
#define TIM_CKD_DIV4                       ((u16)0x0200)        // 时钟分频 4
```

TIM_TimeBaseInit()函数的核心语句是：

```
TIMx->CR1 |= (u32)TIM_TimeBaseInitStruct->TIM_ClockDivision |
    TIM_TimeBaseInitStruct->TIM_CounterMode;

TIMx->ARR = TIM_TimeBaseInitStruct->TIM_Period;
TIMx->PSC = TIM_TimeBaseInitStruct->TIM_Prescaler;
```

2）初始化 TIM 输出比较 1

```
void TIM_OC1Init(TIM_TypeDef* TIMx, TIM_OCInitTypeDef* TIM_OCInitStruct);
```

参数说明：

★ TIMx：TIM 名称，取值是 TIM1 或 TIM2 等

★ TIM_OCInitStruct：TIM 输出比较初始化参数结构体指针，输出比较初始化参数结构体在 stm32f10x_tim.h 中定义如下：

```
typedef struct
{
    u16 TIM_OCMode;               // TIM 输出比较模式
    u16 TIM_OutputState;          // TIM 输出比较状态
    u16 TIM_OutputNState;         // TIM 互补输出比较状态（高级控制定时器）
    u16 TIM_Pulse;                // TIM 脉冲（宽度）
    u16 TIM_OCPolarity;           // TIM 输出比较极性
    u16 TIM_OCNPolarity;          // TIM 互补输出比较极性（高级控制定时器）
    u16 TIM_OCIdleState;          // TIM 输出比较空闲状态（高级控制定时器）
    u16 TIM_OCNIdleState;         // TIM 互补输出比较空闲状态（高级控制定时器）
} TIM_OCInitTypeDef;
```

其中各参数定义如下：

```
#define TIM_OCMode_Timing         ((u16)0x0000)        // 定时模式
#define TIM_OCMode_Active         ((u16)0x0010)        // 输出高电平
#define TIM_OCMode_Inactive       ((u16)0x0020)        // 输出低电平
#define TIM_OCMode_Toggle         ((u16)0x0030)        // 输出翻转
#define TIM_OCMode_PWM1           ((u16)0x0060)        // PWM 模式 1
#define TIM_OCMode_PWM2           ((u16)0x0070)        // PWM 模式 2

#define TIM_OutputState_Disable   ((u16)0x0000)        // 禁止输出
#define TIM_OutputState_Enable    ((u16)0x0001)        // 允许输出
```

```
#define TIM_OCPolarity_High              ((u16)0x0000)        // 高电平有效
#define TIM_OCPolarity_Low               ((u16)0x0002)        // 低电平有效
```

TIM_OC1Init()函数的核心语句是：

```
tmpccmrx |= TIM_OCInitStruct->TIM_OCMode;
TIMx->CCMR1 = tmpccmrx;


tmpccer |= TIM_OCInitStruct->TIM_OCPolarity;
tmpccer |= TIM_OCInitStruct->TIM_OutputState;
TIMx->CCER = tmpccer;


TIMx->CCR1 = TIM_OCInitStruct->TIM_Pulse;
```

3）初始化 TIM 输出比较 2

```
void TIM_OC2Init(TIM_TypeDef* TIMx, TIM_OCInitTypeDef* TIM_OCInitStruct);
```

参数说明：

★ TIMx：TIM 名称，取值是 TIM1 或 TIM2 等

★ TIM_OCInitStruct：TIM 输出比较初始化参数结构体指针

TIM_OC2Init()函数的核心语句是：

```
tmpccmrx |= (u16)(TIM_OCInitStruct->TIM_OCMode << 8);
TIMx->CCMR1 = tmpccmrx;


tmpccer |= (u16)(TIM_OCInitStruct->TIM_OCPolarity << 4);
tmpccer |= (u16)(TIM_OCInitStruct->TIM_OutputState << 4);
TIMx->CCER = tmpccer;


TIMx->CCR2 = TIM_OCInitStruct->TIM_Pulse;
```

注意：TIM_OC2Init()和 TIM_OC1Init()的参数相同，本质区别是核心语句不同。

4）初始化 TIM 输出比较 3

```
void TIM_OC3Init(TIM_TypeDef* TIMx, TIM_OCInitTypeDef* TIM_OCInitStruct);
```

参数说明：

★ TIMx：TIM 名称，取值是 TIM1 或 TIM2 等

★ TIM_OCInitStruct：TIM 输出比较初始化参数结构体指针

TIM_OC3Init()函数的核心语句是：

```
tmpccmrx |= TIM_OCInitStruct->TIM_OCMode;
TIMx->CCMR2 = tmpccmrx;


tmpccer |= (u16)(TIM_OCInitStruct->TIM_OCPolarity << 8);
tmpccer |= (u16)(TIM_OCInitStruct->TIM_OutputState << 8);
TIMx->CCER = tmpccer;


TIMx->CCR3 = TIM_OCInitStruct->TIM_Pulse;
```

注意：TIM_OC3Init()和 TIM_OC1Init()的参数相同，本质区别是核心语句不同。

5）初始化 TIM 输出比较 4

```
void TIM_OC4Init(TIM_TypeDef* TIMx, TIM_OCInitTypeDef* TIM_OCInitStruct);
```

参数说明：

★ TIMx：TIM 名称，取值是 TIM1 或 TIM2 等

★ TIM_OCInitStruct：TIM 输出比较初始化参数结构体指针

TIM_OC4Init()函数的核心语句是：

```
tmpccmrx |= (u16)(TIM_OCInitStruct->TIM_OCMode << 8);
TIMx->CCMR2 = tmpccmrx;
tmpccer |= (u16)(TIM_OCInitStruct->TIM_OCPolarity << 12);
tmpccer |= (u16)(TIM_OCInitStruct->TIM_OutputState << 12);
TIMx->CCER = tmpccer;


TIMx->CCR4 = TIM_OCInitStruct->TIM_Pulse;
```

注意：TIM_OC4Init()和 TIM_OC1Init()的参数相同，本质区别是核心语句不同。

6）初始化 TIM 输入捕捉

```
void TIM_ICInit(TIM_TypeDef* TIMx, TIM_ICInitTypeDef* TIM_ICInitStruct);
```

参数说明：

★ TIMx：TIM 名称，取值是 TIM1 或 TIM2 等

★ TIM_ICInitStruct：TIM 输入捕捉初始化参数结构体指针，输入捕捉初始化参数结构体在 stm32f10x_tim.h 中定义如下：

```
typedef struct
{
  u16 TIM_Channel;                    //  TIM 通道
  u16 TIM_ICPolarity;                 //  TIM 输入捕捉极性
  u16 TIM_ICSelection;                //  TIM 输入捕捉选择
  u16 TIM_ICPrescaler;                //  TIM 输入捕捉预分频
  u16 TIM_ICFilter;                   //  TIM 输入捕捉滤波器（0～15）
} TIM_ICInitTypeDef;
```

其中各参数定义如下：

```
#define TIM_Channel_1                 ((u16)0x0000)            // 通道 1
#define TIM_Channel_2                 ((u16)0x0004)            // 通道 2
#define TIM_Channel_3                 ((u16)0x0008)            // 通道 3
#define TIM_Channel_4                 ((u16)0x000C)            // 通道 4

#define TIM_ICPolarity_Rising         ((u16)0x0000)            // 上升沿捕获
#define TIM_ICPolarity_Falling        ((u16)0x0002)            // 下降沿捕获

#define TIM_ICSelection_DirectTI      ((u16)0x0001)            // 直接捕获
#define TIM_ICSelection_IndirectTI    ((u16)0x0002)            // 间接捕获
```

```
#define TIM_ICSelection_TRC                ((u16)0x0003)              // TRC 捕获

#define TIM_ICPSC_DIV1                     ((u16)0x0000)              // 预分频 1
#define TIM_ICPSC_DIV2                     ((u16)0x0004)              // 预分频 2
#define TIM_ICPSC_DIV4                     ((u16)0x0008)              // 预分频 4
#define TIM_ICPSC_DIV8                     ((u16)0x000C)              // 预分频 8
```

TIM_ICInit()函数根据通道的不同分别调用 TI1_Config() ～ TI4_Config()和 TIM_SetIC1 Prescaler() ～ TIM_SetIC4Prescaler()，实现 TIM 输入捕捉的初始化。

TI1_Config()函数的核心语句是：

```
tmpccmr1 |= TIM_ICSelection | (u16)(TIM_ICFilter << 4);
TIMx->CCMR1 = tmpccmr1;

tmpccer |= TIM_ICPolarity | CCER_CC1E_Set;
TIMx->CCER = tmpccer;
```

TI2_Config()函数的核心语句是：

```
tmpccmr1 |= (u16)(TIM_ICSelection << 8) | (u16)(TIM_ICFilter << 12);
TIMx->CCMR1 = tmpccmr1 ;

tmpccer |= (u16)(TIM_ICPolarity << 4) | CCER_CC2E_Set;
TIMx->CCER = tmpccer;
```

TI3_Config()函数的核心语句是：

```
tmpccmr2 |= TIM_ICSelection | (u16)(TIM_ICFilter << 4);
TIMx->CCMR2 = tmpccmr2;

tmpccer |= (u16)(TIM_ICPolarity << 8) | CCER_CC3E_Set;
TIMx->CCER = tmpccer;
```

TI4_Config()函数的核心语句是：

```
tmpccmr2 |= (u16)(TIM_ICSelection << 8) | (u16)(TIM_ICFilter << 12);
TIMx->CCMR2 = tmpccmr2;
tmpccer |= (u16)(TIM_ICPolarity << 12) | CCER_CC4E_Set;
TIMx->CCER = tmpccer ;
```

TIM_SetIC1Prescaler() ～ TIM_SetIC4Prescaler()的核心语句依次是：

```
TIMx->CCMR1 |= TIM_ICPSC;
TIMx->CCMR1 |= (u16)(TIM_ICPSC << 8);
TIMx->CCMR2 |= TIM_ICPSC;
TIMx->CCMR2 |= (u16)(TIM_ICPSC << 8);
```

注意：和 TIM_OC1Init() ～ TIM_OC4Init()不同，TIM_ICInit()把 4 个通道的初始化合并在一个函数中。

7）配置 PWM 输入捕捉

```
void TIM_PWMIConfig(TIM_TypeDef* TIMx, TIM_ICInitTypeDef* TIM_ICInitStruct);
```

参数说明：

★ TIMx：TIM 名称，取值是 TIM1 或 TIM2 等

★ TIM_ICInitStruct：TIM 输入捕捉初始化参数结构体指针

PWM 输入捕捉是输入捕获的特例，特点如下：

● 矩形波同时输入到定时器的两个通道

● 两个通道均为边沿有效，但极性相反

● 其中一个 TIxFPx 信号作为触发输入信号

● 从模式控制器配置为复位模式

因为只有 TI1FP1 和 TI2FP2 连接到从模式控制器，所以 PWM 输入捕捉只能使用 TIMx_CH1 或 TIMx_CH2。

当 TIMx_CH1 作为 PWM 输入时，TIM_PWMIConfig()函数首先调用 TI1_Config()和 TIM_SetIC1Prescaler()对通道 1 进行初始化，然后调用 TI2_Config()和 TIM_SetIC2Prescaler()对通道 2 进行初始化，两个通道的 TIM_ICPolarity 和 TIM_ICSelection 参数相反。

如果通道 1 上升沿捕获（TIM_ICPolarity_Rising），则通道 2 下降沿捕获（TIM_ICPolarity_Falling）；通道 1 必须是直接捕获（TIM_ICSelection_DirectTI），通道 2 则是间接捕获（TIM_ICSelection_IndirectTI）。

当 TIMx_CH2 作为 PWM 输入时，TIM_PWMIConfig()函数首先调用 TI2_Config()和 TIM_SetIC2Prescaler()对通道 2 进行初始化，然后调用 TI1_Config()和 TIM_SetIC1Prescaler()对通道 1 进行初始化，两个通道的 TIM_ICPolarity 和 TIM_ICSelection 参数也相反。

通道 2 必须是直接捕获（TIM_ICSelection_DirectTI），通道 1 则是间接捕获（TIM_ICSelection_IndirectTI）。

8）选择 TIM 输入触发源

```
void TIM_SelectInputTrigger(TIM_TypeDef* TIMx, u16 TIM_InputTriggerSource);
```

参数说明：

★ TIMx：TIM 名称，取值是 TIM1 或 TIM2 等

★ TIM_InputTriggerSource：TIM 输入触发源，在 stm32f10x_tim.h 中定义如下：

```
#define TIM_TS_ITR0          ((u16)0x0000)      // 内部触发 0
#define TIM_TS_ITR1          ((u16)0x0010)      // 内部触发 1
#define TIM_TS_ITR2          ((u16)0x0020)      // 内部触发 2
#define TIM_TS_ITR3          ((u16)0x0030)      // 内部触发 3
#define TIM_TS_TI1F_ED       ((u16)0x0040)      // TI1 边沿检测
#define TIM_TS_TI1FP1        ((u16)0x0050)      // TI1 滤波输入 1
#define TIM_TS_TI2FP2        ((u16)0x0060)      // TI2 滤波输入 2
#define TIM_TS_ETRF          ((u16)0x0070)      // 外部触发
```

TIM_SelectInputTrigger()函数的核心语句是：

```
tmpsmcr |= TIM_InputTriggerSource;
TIMx->SMCR = tmpsmcr;
```

9）选择 TIM 从模式

```
void TIM_SelectSlaveMode(TIM_TypeDef* TIMx, u16 TIM_SlaveMode);
```

参数说明：

★ TIMx：TIM 名称，取值是 TIM1 或 TIM2 等

★ TIM_SlaveMode：TIM 从模式，在 stm32f10x_tim.h 中定义如下：

```
#define TIM_SlaveMode_Reset          ((u16)0x0004)        // 复位模式
#define TIM_SlaveMode_Gated          ((u16)0x0005)        // 门控模式
#define TIM_SlaveMode_Trigger        ((u16)0x0006)        // 触发模式
#define TIM_SlaveMode_External1       ((u16)0x0007)        // 外部模式
```

TIM_SelectSlaveMode()函数的核心语句是：

```
TIMx->SMCR |= TIM_SlaveMode;
```

10）使能 TIM

```
void TIM_Cmd(TIM_TypeDef* TIMx, FunctionalState NewState);
```

参数说明：

★ TIMx：TIM 名称，取值是 TIM1 或 TIM2 等

★ NewState：TIM 新状态，ENABLE（1）—允许，DISABLE（0）—禁止

TIM_Cmd()函数的核心语句是：

```
TIMx->CR1 |= CR1_CEN_Set;
TIMx->CR1 &= CR1_CEN_Reset;
```

CR1_CEN_Set 和 CR1_CEN_Reset 在 stm32f10x_tim.c 中定义如下：

```
#define CR1_CEN_Set                  ((u16)0x0001)
#define CR1_CEN_Reset                ((u16)0x03FE)
```

11）控制 PWM 输出（高级控制定时器）

```
void TIM_CtrlPWMOutputs(TIM_TypeDef* TIMx, FunctionalState NewState);
```

参数说明：

★ TIMx：TIM 名称，取值是 TIM1 或 TIM8（高级控制定时器）

★ NewState：TIM 新状态，ENABLE（1）—允许，DISABLE（0）—禁止

TIM_CtrlPWMOutputs()函数的核心语句是：

```
TIMx->BDTR |= BDTR_MOE_Set;
TIMx->BDTR &= BDTR_MOE_Reset;
```

BDTR_MOE_Set 和 BDTR_MOE_Reset 在 stm32f10x_tim.c 中定义如下：

```
#define BDTR_MOE_Set                 ((u16)0x8000)
#define BDTR_MOE_Reset               ((u16)0x7FFF)
```

12）设置 TIM 自动重装值

```
void TIM_SetAutoreload(TIM_TypeDef* TIMx, u16 Autoreload);
```

参数说明：

★ TIMx：TIM 名称，取值是 TIM1 或 TIM2 等

★ Autoreload：TIM 自动重装值（-1）

TIM_SetAutoreload()函数的核心语句是:

```
TIMx->ARR = Autoreload;
```

13)设置 TIM 比较 1

```
void TIM_SetCompare1(TIM_TypeDef* TIMx, u16 Compare1);
```

参数说明:

★ TIMx: TIM 名称,取值是 TIM1 或 TIM2 等

★ Compare1: TIM 比较 1

TIM_SetCompare1()函数的核心语句是:

```
TIMx->CCR1 = Compare1;
```

14)设置 TIM 比较 2

```
void TIM_SetCompare2(TIM_TypeDef* TIMx, u16 Compare2);
```

参数说明:

★ TIMx: TIM 名称,取值是 TIM1 或 TIM2 等

★ Compare2: TIM 比较 2

TIM_SetCompare2()函数的核心语句是:

```
TIMx->CCR2 = Compare2;
```

15)设置 TIM 比较 3

```
void TIM_SetCompare3(TIM_TypeDef* TIMx, u16 Compare3);
```

参数说明:

★ TIMx: TIM 名称,取值是 TIM1 或 TIM2 等

★ Compare3: TIM 比较 3

TIM_SetCompare3()函数的核心语句是:

```
TIMx->CCR3 = Compare3;
```

16)设置 TIM 比较 4

```
void TIM_SetCompare4(TIM_TypeDef* TIMx, u16 Compare4);
```

参数说明:

★ TIMx: TIM 名称,取值是 TIM1 或 TIM2 等

★ Compare4: TIM 比较 4

TIM_SetCompare4()函数的核心语句是:

```
TIMx->CCR4 = Compare4;
```

17)获取 TIM 捕获 1

```
u16 TIM_GetCapture1(TIM_TypeDef* TIMx);
```

参数说明:

★ TIMx: TIM 名称,取值是 TIM1 或 TIM2 等

返回值: TIM 捕获 1 (+1)

TIM_GetCapture1()函数的核心语句是:

```
return TIMx->CCR1;
```

18) 获取 TIM 捕获 2

```
u16 TIM_GetCapture2(TIM_TypeDef* TIMx);
```

参数说明:

★ TIMx: TIM 名称,取值是 TIM1 或 TIM2 等

返回值: TIM 捕获 2(+1)

TIM_GetCapture2()函数的核心语句是:

```
return TIMx->CCR2;
```

19) 获取 TIM 捕获 3

```
u16 TIM_GetCapture3(TIM_TypeDef* TIMx);
```

参数说明:

★ TIMx: TIM 名称,取值是 TIM1 或 TIM2 等

返回值: TIM 捕获 3(+1)

TIM_GetCapture3()函数的核心语句是:

```
return TIMx->CCR3;
```

20) 获取 TIM 捕获 4

```
u16 TIM_GetCapture4(TIM_TypeDef* TIMx);
```

参数说明:

★ TIMx: TIM 名称,取值是 TIM1 或 TIM2 等

返回值: TIM 捕获 4(+1)

TIM_GetCapture4()函数的核心语句是:

```
return TIMx->CCR4;
```

21) 获取 TIM 标志状态

```
FlagStatus TIM_GetFlagStatus(TIM_TypeDef* TIMx, u16 TIM_FLAG);
```

参数说明:

★ TIMx: TIM 名称,取值是 TIM1 或 TIM2 等

★ TIM_FLAG: TIM 标志,在 stm32f10x_tim.h 中定义如下:

```
#define TIM_FLAG_Update          ((u16)0x0001)        // TIM 更新标志
#define TIM_FLAG_CC1             ((u16)0x0002)        // TIM 捕获比较 1 标志
#define TIM_FLAG_CC2             ((u16)0x0004)        // TIM 捕获比较 2 标志
#define TIM_FLAG_CC3             ((u16)0x0008)        // TIM 捕获比较 3 标志
#define TIM_FLAG_CC4             ((u16)0x0010)        // TIM 捕获比较 4 标志
#define TIM_FLAG_COM             ((u16)0x0020)        // TIM 通信标志
#define TIM_FLAG_Trigger         ((u16)0x0040)        // TIM 触发标志
#define TIM_FLAG_Break           ((u16)0x0080)        // TIM 刹车标志
#define TIM_FLAG_CC1OF           ((u16)0x0200)        // TIM 重复捕获 1 标志
```

```
#define TIM_FLAG_CC2OF                    ((u16)0x0400)          // TIM 重复捕获 2 标志
#define TIM_FLAG_CC3OF                    ((u16)0x0800)          // TIM 重复捕获 3 标志
#define TIM_FLAG_CC4OF                    ((u16)0x1000)          // TIM 重复捕获 4 标志
```

返回值：TIM 标志状态，SET（1）—置位，RESET（0）—复位
TIM_GetFlagStatus()函数的核心语句是：

```
if((TIMx->SR & TIM_FLAG) != (u16)RESET)
```

22）清除 TIM 标志

```
void TIM_ClearFlag(TIM_TypeDef* TIMx, u16 TIM_FLAG);
```

参数说明：
★ TIMx：TIM 名称，取值是 TIM1 或 TIM2 等
★ TIM_FLAG：TIM 标志
TIM_ClearFlag()函数的核心语句是：

```
TIMx->SR = (u16)~TIM_FLAG;
```

6.3 TIM 设计实例

TIM 设计实例包括 1s 定时程序设计、矩形波输出程序设计和矩形波测量程序设计等。

6.3.1 1s 定时程序设计

1s 定时（定时精度 0.5ms）的实现只用到基本定时器（时基单元）的功能，相关的寄存器及其内容如表 6.17 所示。

表 6.17 1s 定时用到的寄存器及其内容

偏移地址	名　　称	类　型	复位值	说　　明
0x00	CR1	读/写	0x0000	控制寄存器 1（位 0—CEN：计数器使能）
0x10	SR	读/写 0 清除	0x0000	状态寄存器（位 0—UIF：更新中断标志）
0x28	PSC	读/写	0x0000	预分频器（16 位预分频值）
0x2C	ARR	读/写	0x0000	自动重装载寄存器（16 位自动重装载值）

1s 定时程序设计使用的 TIM 库函数如下：

```
void TIM_TimeBaseInit(TIM_TypeDef* TIMx, TIM_TimeBaseInitTypeDef*
  TIM_TimeBaseInitStruct);
void TIM_Cmd(TIM_TypeDef* TIMx, FunctionalState NewState);
FlagStatus TIM_GetFlagStatus(TIM_TypeDef* TIMx, u16 TIM_FLAG);
void TIM_ClearFlag(TIM_TypeDef* TIMx, u16 TIM_FLAG);
```

当 PCLK2 = 8MHz 时，16 位定时器的最大定时时间是

$$65536 / 8MHz = 8.192ms$$

为了实现 1s 定时，必须使用 16 位预分频器，使用预分频器后的最大定时时间是

$$65536 \times 8.192ms \approx 536.871s$$

定时精度要求 0.5ms，即要求预分频后的频率为

$$1 / 0.5ms = 2kHz$$

预分频值为

$$8MHz / 2kHz = 4000$$

自动重装载值为

$$1s \times 2kHz = 2000$$

1）使用库函数程序设计

使用库函数设计的 1s 定时初始化子程序和处理子程序如下：

```c
// 1s 定时初始化子程序
void TIM1_Init(void)
{
  TIM_TimeBaseInitTypeDef TIM_TimeBaseInitStruct;

  RCC_APB2PeriphClockCmd(RCC_APB2Periph_TIM1, ENABLE);    // 开启 TIM1 时钟

  TIM_TimeBaseInitStruct.TIM_Prescaler = 3999;
  TIM_TimeBaseInitStruct.TIM_CounterMode = TIM_CounterMode_Up;    // 默认值
  TIM_TimeBaseInitStruct.TIM_Period = 1999;
  TIM_TimeBaseInitStruct.TIM_ClockDivision = TIM_CKD_DIV1;        // 默认值
  TIM_TimeBaseInitStruct.TIM_RepetitionCounter = 0;              // 默认值
  TIM_TimeBaseInit(TIM1, &TIM_TimeBaseInitStruct);        // 初始化 TIM1 时基

  TIM_Cmd(TIM1, ENABLE);                                  // 允许 TIM1
}
// 1s 定时处理子程序
void TIM1_Proc(void)
{
  extern u8 min, sec;

  if(TIM_GetFlagStatus(TIM1, TIM_FLAG_Update))            // TIM 更新标志设置
  {
    TIM_ClearFlag(TIM1, TIM_FLAG_Update);                 // 清除 TIM 更新标志
    if((++sec& 0xf) > 9) sec +=6;                         // sec 值 BCD 调整
    if(sec >= 0x60)
    {                                                     // 1min 到
      sec = 0;
      if((++min & 0xf) > 9) min +=6;                      // min 值 BCD 调整
      if(min >= 0x60) min = 0;                            // 1h 到
    }
  }
}
```

2）使用寄存器程序设计

使用寄存器设计的 1s 定时初始化子程序和处理子程序如下：

```
// 1s 定时初始化子程序
void TIM1_Init(void)
{
  RCC->APB2ENR |= 1<<11;                           // 开启 TIM1 时钟
  TIM1->PSC = 3999;                                // 设置预分频值
  TIM1->ARR = 1999;                                // 设置自动装载值
  TIM1->CR1 = 1;                                   // 允许 TIM1
}
// 1s 定时处理子程序
void TIM1_Proc(void)
{
  extern u8 min, sec;

  if(TIM1->SR & 1)                                 // TIM 更新标志设置
  {
    TIM1->SR = ~1;                                 // 清除 TIM 更新标志
    if((++sec& 0xf) > 9) sec +=6;                  // sec 值 BCD 调整
    if(sec >= 0x60)
    {                                              // 1min 到
      sec = 0;
      if((++min & 0xf) > 9) min +=6;               // min 值 BCD 调整
      if(min >= 0x60) min = 0;                     // 1h 到
    }
  }
}
```

1s 定时程序设计的实现可以在 USART 设计实现的基础上，将 SysTick_Init()和 SysTick_ Proc()分别用 TIM1_Init()和 TIM1_Proc()替代完成。

6.3.2 矩形波输出程序设计

用 TIM1 输出矩形波（周期 1s，占空比 0.1～0.9，按步长 0.1/s 增加）可以在 1s 定时的基础上用定时器的输出比较功能实现，相关的寄存器及其内容如表 6.18 所示。

表 6.18 矩形波输出用到的寄存器及其内容

偏移地址	名　称	类　型	复位值	说　明
0x00	CR1	读/写	0x0000	控制寄存器 1（位 0—CEN：计数器使能）
0x18	CCMR1	读/写	0x0000	捕获/比较模式寄存器 1（位 6:4—OC1M[2:0]：输出比较模式：110—PWM1，111—PWM2）
0x20	CCER	读/写	0x0000	捕获/比较使能寄存器（位 0—OC1E：输出比较 1 使能）
0x28	PSC	读/写	0x0000	预分频器（16 位预分频值）
0x2C	ARR	读/写	0x0000	自动重装载寄存器（16 位自动重装载值）
0x34	CCR1	读/写	0x0000	捕获/比较寄存器 1（16 位捕获/比较 1 值）
0x44	BDTR	读/写	0x0000	刹车和死区寄存器（位 15—MOE：主输出使能）

矩形波输出程序设计使用的 TIM 库函数如下：

```
void TIM_TimeBaseInit(TIM_TypeDef* TIMx, TIM_TimeBaseInitTypeDef*
  TIM_TimeBaseInitStruct);
void TIM_OC1Init(TIM_TypeDef* TIMx, TIM_OCInitTypeDef* TIM_OCInitStruct);
void TIM_Cmd(TIM_TypeDef* TIMx, FunctionalState NewState);
void TIM_CtrlPWMOutputs(TIM_TypeDef* TIMx, FunctionalState NewState);
void TIM_SetCompare1(TIM_TypeDef* TIMx, u16 Compare1);
u16 TIM_GetCapture1(TIM_TypeDef* TIMx);
FlagStatus TIM_GetFlagStatus(TIM_TypeDef* TIMx, u16 TIM_FLAG);
void TIM_ClearFlag(TIM_TypeDef* TIMx, u16 TIM_FLAG);
```

矩形波的周期由 PCLK2、预分频值和自动重装载值确定：

$$周期 = 预分频值 \times 自动重装载值 / PCLK2$$

矩形波的脉冲宽度与周期和占空比的关系如下：

$$脉冲宽度 = 周期 \times 占空比$$

1）使用库函数程序设计

使用库函数设计的矩形波输出子程序和处理子程序如下：

```
// TIM1 初始化子程序(TIM1 通道 1-PA8 输出矩形波)
void TIM1_Init(void)
{
  GPIO_InitTypeDef GPIO_InitStruct;
  TIM_TimeBaseInitTypeDef TIM_TimeBaseInitStruct;
  TIM_OCInitTypeDef   TIM_OCInitStruct;

  RCC_APB2PeriphClockCmd(RCC_APB2Periph_GPIOA, ENABLE);  // 开启 GPIOA 时钟
  RCC_APB2PeriphClockCmd(RCC_APB2Periph_TIM1, ENABLE);   // 开启 TIM1 时钟

  GPIO_InitStruct.GPIO_Pin = GPIO_Pin_8;
  GPIO_InitStruct.GPIO_Speed = GPIO_Speed_50MHz;
  GPIO_InitStruct.GPIO_Mode = GPIO_Mode_AF_PP;
  GPIO_Init(GPIOA, &GPIO_InitStruct);                    // PA8 复用推挽输出

  TIM_TimeBaseInitStruct.TIM_Prescaler = 3999;
  TIM_TimeBaseInitStruct.TIM_CounterMode = TIM_CounterMode_Up;   // 默认值
  TIM_TimeBaseInitStruct.TIM_Period = 1999;
  TIM_TimeBaseInitStruct.TIM_ClockDivision = TIM_CKD_DIV1;       // 默认值
  TIM_TimeBaseInitStruct.TIM_RepetitionCounter = 0;             // 默认值
  TIM_TimeBaseInit(TIM1, &TIM_TimeBaseInitStruct);             // 初始化 TIM1 时基

  TIM_OCInitStruct.TIM_OCMode = TIM_OCMode_PWM1;
  TIM_OCInitStruct.TIM_OutputState = TIM_OutputState_Enable;
  TIM_OCInitStruct.TIM_Pulse = 200;
  TIM_OCInitStruct.TIM_OCPolarity = TIM_OCPolarity_High;        // 默认值
  TIM_OC1Init(TIM1, &TIM_OCInitStruct);                        // 初始化 TIM 输出比较 1

  TIM_CtrlPWMOutputs(TIM1, ENABLE);                            // 允许 TIM1 主输出
```

```
  TIM_Cmd(TIM1, ENABLE);                                    // 允许 TIM1
}
// TIM1 处理子程序(调整占空比)
void TIM1_Proc(void)
{
  u16 CCR1_Val;

  if(TIM_GetFlagStatus(TIM1, TIM_FLAG_Update))              // TIM 更新标志设置
  {
    TIM_ClearFlag(TIM1, TIM_FLAG_Update);                   // 清除 TIM 更新标志
    CCR1_Val = TIM_GetCapture1(TIM1) + 200;                 // 改变矩形波占空比
    if(CCR1_Val == 2000) CCR1_Val = 200;
    TIM_SetCompare1(TIM1, CCR1_Val);                        // 设置 TIM 比较 1
    printf("%4u\r\n", CCR1_Val);
  }
}
```

2) 使用寄存器程序设计

使用寄存器设计的矩形波输出子程序和处理子程序如下:

```
// TIM1 初始化子程序(TIM1 通道 1-PA8 输出矩形波)
void TIM1_Init(void)
{
  RCC->APB2ENR |= 1<<2;                                     // 开启 GPIOA 时钟
  RCC->APB2ENR |= 1<<11;                                    // 开启 TIM1 时钟

  GPIOA->CRH &= 0xfffffff0;
  GPIOA->CRH |= 0x0000000b;                                 // PA8 复用推挽输出

  TIM1->PSC = 3999;                                         // 预分频值
  TIM1->ARR = 1999;                                         // 自动装载值

  TIM1->CCMR1 |= 0x60;                                      // OC1 模式:PWM1
  TIM1->CCER |= 1;                                          // OC1 输出到 PA8
  TIM1->CCR1 = 200;                                         // OC1 初始值

  TIM1->BDTR = 1<<15;                                       // 允许 TIM1 主输出
  TIM1->CR1 = 1;                                            // 允许 TIM1
}
// TIM1 处理子程序(调整占空比)
void TIM1_Proc(void)
{
  u16 CCR1_Val;

  if(TIM1->SR & 1)                                          // TIM 更新标志设置
  {
```

```
    TIM1->SR = ~1;                                        // 清除 TIM 更新标志
    CCR1_Val = TIM1->CCR1 + 200;                          // 改变矩形波占空比
    if(CCR1_Val == 2000) CCR1_Val = 200;
    TIM1->CCR1 = CCR1_Val;                                // 设置 TIM 比较 1
    printf("%4u\r\n", CCR1_Val);
  }
}
```

矩形波输出程序设计的实现可以在 USART 设计实现的基础上修改完成。

使用仿真器调试和运行程序时可以用逻辑分析仪观测 PA8（PORTA.8）输出的波形，如图 6.3 所示。使用调试器调试和运行程序时可以用示波器观测 PA8 引脚的波形。

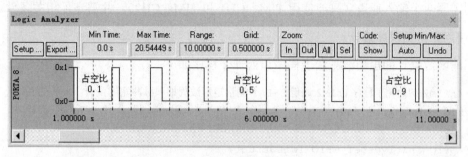

图 6.3　PA8 输出波形

6.3.3　矩形波测量程序设计

用 TIM2 测量矩形波的周期和脉冲宽度（测量精度 0.25ms）在 TIM1 输出矩形波的基础上用定时器的输入捕获功能实现，相关的寄存器及其内容如表 6.19 所示。

表 6.19　矩形波测量用到的寄存器及其内容

偏移地址	名　称	类　型	复位值	说　明
0x00	CR1	读/写	0x0000	控制寄存器 1（位 0—CEN：计数器使能）
0x08	SMCR	读/写	0x0000	从模式控制寄存器（位 6:4—TS[2:0]：触发选择，位 2:0—SMS[2:0]：从模式选择）
0x10	SR	读/写 0 清除	0x0000	状态寄存器（位 2—CC2IF：捕获/比较 2 中断标志，读 CCR2 清除；位 1—CC1IF：捕获/比较 1 中断标志，读 CCR1 清除）
0x18	CCMR1	读/写	0x0000	捕获/比较模式寄存器 1（位 9:8—CC2S[1:0]：捕获/比较 2 选择，位 1:0—CC1S[1:0]：捕获/比较 1 选择）
0x20	CCER	读/写	0x0000	捕获/比较使能寄存器（位 5—CC2P：捕获/比较 2 极性，位 4—CC2E：捕获/比较 2 使能；位 1—CC1P：捕获/比较 1 极性，位 0—CC1E：捕获/比较 1 使能）
0x28	PSC	读/写	0x0000	预分频器（16 位预分频值）
0x2C	ARR	读/写	0x0000	自动重装载寄存器（16 位自动重装载值）
0x34	CCR1	读/写	0x0000	捕获/比较寄存器 1（16 位捕获/比较 1 值）
0x38	CCR2	读/写	0x0000	捕获/比较寄存器 2（16 位捕获/比较 2 值）

矩形波测量程序设计使用的 TIM 库函数如下：

```
void TIM_TimeBaseInit(TIM_TypeDef* TIMx, TIM_TimeBaseInitTypeDef*
  TIM_TimeBaseInitStruct);
```

```
void TIM_ICInit(TIM_TypeDef* TIMx, TIM_ICInitTypeDef* TIM_ICInitStruct);
void TIM_PWMIConfig(TIM_TypeDef* TIMx, TIM_ICInitTypeDef* TIM_ICInitStruct);
void TIM_SelectInputTrigger(TIM_TypeDef* TIMx, u16 TIM_InputTriggerSource);
void TIM_SelectSlaveMode(TIM_TypeDef* TIMx, u16 TIM_SlaveMode);
void TIM_Cmd(TIM_TypeDef* TIMx, FunctionalState NewState);
u16 TIM_GetCapture1(TIM_TypeDef* TIMx);
u16 TIM_GetCapture2(TIM_TypeDef* TIMx);
FlagStatus TIM_GetFlagStatus(TIM_TypeDef* TIMx, u16 TIM_FLAG);
void TIM_ClearFlag(TIM_TypeDef* TIMx, u16 TIM_FLAG);
```

矩形波周期或脉冲宽度的测量可以使用 TIM 的一个输入通道实现，如果同时测量周期和脉冲宽度，则需要两个输入通道（只能使用 TIMx_CH1 和 TIMx_CH2），并需满足相关条件。

1）使用库函数程序设计

使用库函数设计的矩形波测量子程序和处理子程序如下：

```
// TIM2 初始化子程序 (TIM2 通道 2-PA1 测量矩形波周期和脉冲宽度)
void TIM2_Init(void)
{
//GPIO_InitTypeDef GPIO_InitStruct;
  TIM_TimeBaseInitTypeDef TIM_TimeBaseInitStruct;
  TIM_ICInitTypeDef    TIM_ICInitStruct;

  RCC_APB2PeriphClockCmd(RCC_APB2Periph_GPIOA, ENABLE);   // 开启 GPIOA 时钟
  RCC_APB1PeriphClockCmd(RCC_APB1Periph_TIM2, ENABLE);    // 开启 TIM2 时钟
  /*
  GPIO_InitStruct.GPIO_Pin = GPIO_Pin_1;
  GPIO_InitStruct.GPIO_Mode = GPIO_Mode_IN_FLOATING;
  GPIO_Init(GPIOA, &GPIO_InitStruct);                     //PA1 浮空输入（默认值）
  */
  TIM_TimeBaseInitStruct.TIM_Prescaler = 1999;            // 测量精度 0.25ms
  TIM_TimeBaseInitStruct.TIM_CounterMode = TIM_CounterMode_Up;  // 默认值
  TIM_TimeBaseInitStruct.TIM_Period = 65535;             // 周期大于被测周期
  TIM_TimeBaseInitStruct.TIM_ClockDivision = TIM_CKD_DIV1;    // 默认值
  TIM_TimeBaseInit(TIM2, &TIM_TimeBaseInitStruct);       // 初始化 TIM2 时基

  TIM_ICInitStruct.TIM_Channel = TIM_Channel_2;
  TIM_ICInitStruct.TIM_ICPolarity = TIM_ICPolarity_Rising;
  TIM_ICInitStruct.TIM_ICSelection = TIM_ICSelection_DirectTI;
  TIM_ICInitStruct.TIM_ICPrescaler = TIM_ICPSC_DIV1;     // 默认值
  TIM_ICInitStruct.TIM_ICFilter = 0x0;                   // 默认值
  TIM_PWMIConfig(TIM2, &TIM_ICInitStruct);               // 配置 PWM 输入捕捉
  /* 或
  TIM_ICInitStruct.TIM_Channel = TIM_Channel_1;
  TIM_ICInitStruct.TIM_ICPolarity = TIM_ICPolarity_Falling;
  TIM_ICInitStruct.TIM_ICSelection = TIM_ICSelection_IndirectTI;
  TIM_ICInit(TIM2, &TIM_ICInitStruct);                   // 初始化 TIM2 通道 1
```

```
   TIM_ICInitStruct.TIM_Channel = TIM_Channel_2;
   TIM_ICInitStruct.TIM_ICPolarity = TIM_ICPolarity_Rising;
   TIM_ICInitStruct.TIM_ICSelection = TIM_ICSelection_DirectTI;
   TIM_ICInit(TIM2, &TIM_ICInitStruct);              // 初始化 TIM2 通道 2
   */
   TIM_SelectInputTrigger(TIM2, TIM_TS_TI2FP2);      // TI2FP2 触发
   TIM_SelectSlaveMode(TIM2, TIM_SlaveMode_Reset);// 复位模式
   TIM_Cmd(TIM2, ENABLE);                           // 允许 TIM2
}
// TIM2 处理子程序(测量矩形波周期和脉冲宽度)
void TIM2_Proc(void)
{
   u16 CCR1_Val, CCR2_Val;

   if(TIM_GetFlagStatus(TIM2, TIM_FLAG_CC2))        // TIM2 捕获比较 2 标志设置
   {
     CCR2_Val = TIM_GetCapture2(TIM2);
     printf("Period: %4u, ", (CCR2_Val+1)>>1);      // 输出周期
   }
   if(TIM_GetFlagStatus(TIM2, TIM_FLAG_CC1))        // TIM2 捕获比较 1 标志设置
   {
     CCR1_Val = TIM_GetCapture1(TIM2);
     printf("Width: %4u\r\n", (CCR1_Val+1)>>1);     // 输出脉冲宽度
   }
}
```

2) 使用寄存器程序设计

使用寄存器设计的矩形波测量子程序和处理子程序如下:

```
// TIM2 初始化子程序(TIM2 通道 2-PA1 测量矩形波周期和脉冲宽度)
void TIM2_Init(void)
{
   RCC->APB2ENR |= 1<<2;                            // 开启 GPIOA 时钟
   RCC->APB1ENR |= 1;                               // 开启 TIM2 时钟

   TIM2->PSC = 1999;                                // 预分频值(8MHz/2000=4kHz)
   TIM2->ARR = 65535;                               // 自动装载值

   TIM2->CCMR1 |= 0x102;                            // CC1/2 输入捕获 TI2
   TIM2->CCER |= 0x13;                              // CC1/2 输入允许,CC1 反相
   TIM2->SMCR |= 0x64;                              // TI2FP2 触发,复位模式
   TIM2->CR1 = 1;                                   // 允许 TIM2
}
// TIM2 处理子程序(测量矩形波周期和脉冲宽度)
void TIM2_Proc(void)
{
```

```
u16 CCR1_Val, CCR2_Val;

if(TIM2->SR & 4)                                      // TIM2 捕获比较 2 标志设置
{
  CCR2_Val = TIM2->CCR2;
  printf("Period: %4u, ", (CCR2_Val+1)>>1);           // 输出周期
}
if(TIM2->SR & 2)                                      // TIM2 捕获比较 1 标志设置
{
  CCR1_Val = TIM2->CCR1;
  printf("Period: %4u, ", (CCR1_Val+1)>>1);           // 输出周期
}
}
```

矩形波测量程序设计的实现可以在矩形波输出程序设计实现的基础上修改完成。

使用调试器调试和运行程序时，用导线连接 PA8 与 PA1，运行程序后在 PC 上显示周期（Period：2000）和脉冲宽度（Width：200～1800，间隔 200）。

6.4　实时钟 RTC

RTC 是一个独立的定时器，包含一个连续计数的计数器，在相应软件配置下，可提供时钟日历的功能，修改计数器的值可以重新设置系统当前的时间和日期。

6.4.1　RTC 结构及寄存器说明

RTC 由 RTC 核心和 APB1 接口两个主要部分组成，如图 6.4 所示。

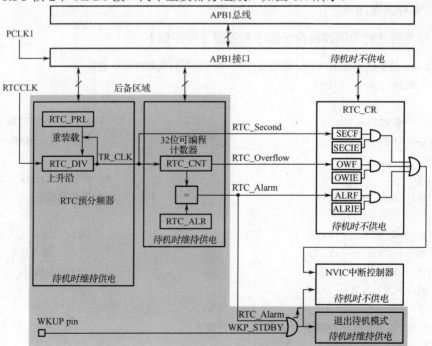

图 6.4　RTC 结构

RTC 核心处于后备区域，分为 RTC 预分频器和 RTC 计数器两个主要模块。

RTC 预分频器包含 20 位的可编程预分频装载寄存器 RTC_PRL 和预分频余数寄存器 RTC_DIV,可编程产生最长为 1s 的 RTC 时间基准 TR_CLK。如果在 RTC 控制寄存器 RTC_CR 中设置了相应允许位 SECIE,则在每个 TR_CLK 周期 RTC 产生秒中断。

RTC 计数器包含一个 32 位的可编程计数器 RTC_CNT,可初始化为当前系统时间。系统时间按 TR_CLK 周期累加并与存储在闹钟寄存器 RTC_ALR 中的可编程时间相比较,如果在 RTC 控制寄存器 RTC_CR 中设置了相应允许位 ALRIE,比较匹配时将产生闹钟中断。

RTC 的时钟源 RTCCLK 有 3 种选择:LSE、LSI 和 HSE/128。

注意: 竞赛训练板上没有 LSE。

APB1 接口用来和 APB1 总线相连,此单元还包含一个 16 位控制寄存器 CR。APB1 总线通过 APB1 接口可对 RTC 寄存器进行读/写操作,RTC 寄存器如表 6.20 所示。

表 6.20　RTC 寄存器

偏移地址	名　称	类　型	复位值	说　明
0x00	CRH	读/写	0x0	控制寄存器高位(3 位,详见表 6.21)
0x04	CRL	读/写 0 清除	0x20	控制寄存器低位(6 位,详见表 6.22)
0x08	PRLH	写	0x0	预分频装载寄存器高位(高 4 位)
0x0C	PRLL	写	0x8000	预分频装载寄存器低位(低 16 位)
0x10	DIVH	读	0x0	预分频余数寄存器高位(高 4 位)
0x14	DIVL	读	0x8000	预分频余数寄存器低位(低 16 位)
0x18	CNTH	读/写	0x0000	计数寄存器高位(高 16 位)
0x1C	CNTL	读/写	0x0000	计数寄存器低位(低 16 位)
0x20	ALRH	写	0xFFFF	闹钟寄存器高位(高 16 位)
0x24	ALRL	写	0xFFFF	闹钟寄存器低位(低 16 位)

注意: 操作后备区域寄存器(PRL、DIV、CNT 和 ALR)时,必须设置寄存器 RCC_APB1 ENR 的 PWREN 和 BKPEN 位使能电源和后备接口时钟,同时设置寄存器 PWR_CR 的 DBP 位使能对后备寄存器和 RTC 的访问。

控制寄存器高位和低位分别如表 6.21 和表 6.22 所示。

表 6.21　控制寄存器高位

位	名　称	类　型	复位值	说　明
0	SECIE	读/写	0	秒中断使能:0—禁止,1—允许
1	ALRIE	读/写	0	闹钟中断使能:0—禁止,1—允许
2	OWIE	读/写	0	溢出中断使能:0—禁止,1—允许

表 6.22　控制寄存器低位

位	名　称	类　型	复位值	说　明
0	SECF	读/写 0 清除	0	秒标志:0—秒未到,1—秒已到
1	ALRF	读/写 0 清除	0	闹钟标志:0—无闹钟,1—有闹钟
2	OWF	读/写 0 清除	0	计数器溢出标志:0—计数器无溢出,1—计数器溢出
3	RSF	读/写 0 清除	0	寄存器同步标志:0—寄存器未同步,1—寄存器已同步
4	CNF	读/写	0	配置标志:0—退出配置模式,1—进入配置模式
5	RTOFF	读	1	RTC 操作关闭:0—操作未完成,1—操作已完成

注意：RTC 核心独立于 APB1 接口，通过 APB1 接口访问 RTC 核心寄存器时，必须等待寄存器已同步（BSF 为 1）；配置寄存器时，必须设置 CNF 为 1，并等待 RTOFF 为 1。

Keil 中 RTC 对话框如图 6.5 所示。

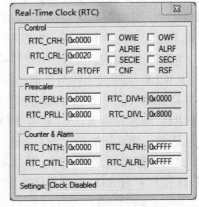

图 6.5 RTC 对话框

6.4.2 RTC 库函数说明

RTC 库函数在 stm32f10x_rtc.h 中声明如下：

```
void RTC_EnterConfigMode(void);
void RTC_ExitConfigMode(void);
u32  RTC_GetCounter(void);
void RTC_SetCounter(u32 CounterValue);
void RTC_SetPrescaler(u32 PrescalerValue);
void RTC_SetAlarm(u32 AlarmValue);
u32  RTC_GetDivider(void);
void RTC_WaitForLastTask(void);
void RTC_WaitForSynchro(void);
FlagStatus RTC_GetFlagStatus(u16 RTC_FLAG);
void RTC_ClearFlag(u16 RTC_FLAG);
void RTC_ITConfig(u16 RTC_IT, FunctionalState NewState);
ITStatus RTC_GetITStatus(u16 RTC_IT);
void RTC_ClearITPendingBit(u16 RTC_IT);
```

1）进入配置模式

```
void RTC_EnterConfigMode(void);
```

2）退出配置模式

```
void RTC_ExitConfigMode(void);
```

3）获取计数值

```
u32  RTC_GetCounter(void);
```

返回值：32 位计数值

4）设置计数值

```
void RTC_SetCounter(u32 CounterValue);
```

参数说明：

★ CounterValue：32 位计数值

设置计数值前后分别调用 RTC_EnterConfigMode()和 RTC_ExitConfigMode()进入和退出配置模式。

5）设置预分频值

```
void RTC_SetPrescaler(u32 PrescalerValue);
```

参数说明：

★ PrescalerValue：20 位预分频值

设置预分频值前后分别调用 RTC_EnterConfigMode()和 RTC_ExitConfigMode()进入和退出配置模式。

6）设置闹钟值

```
void RTC_SetAlarm(u32 AlarmValue);
```

参数说明：

★ AlarmValue：32 位闹钟值

设置闹钟前后分别调用 RTC_EnterConfigMode()和 RTC_ExitConfigMode()进入和退出配置模式。

7）获取余数值

```
u32  RTC_GetDivider(void);
```

返回值：20 位余数值

8）等待写操作完成

```
void RTC_WaitForLastTask(void);
```

9）等待寄存器同步

```
void RTC_WaitForSynchro(void);
```

10）获取 RTC 标志状态

```
FlagStatus RTC_GetFlagStatus(u16 RTC_FLAG);
```

参数说明：

★ RTC_FLAG：RTC 标志，在 stm32f10x_rcc.h 中定义如下：

```
#define RTC_FLAG_RTOFF    ((u16)0x0020)  /* RTC Operation OFF flag */
#define RTC_FLAG_RSF      ((u16)0x0008)  /* Registers Synchronized flag */
#define RTC_FLAG_OW       ((u16)0x0004)  /* Overflow flag */
#define RTC_FLAG_ALR      ((u16)0x0002)  /* Alarm flag */
#define RTC_FLAG_SEC      ((u16)0x0001)  /* Second flag */
```

返回值：RTC 标志状态，SET（1）—置位，RESET（0）—复位

11）清除 RTC 标志

```
void RTC_ClearFlag(u16 RTC_FLAG);
```

参数说明：

★ RTC_FLAG：RTC 标志，在 stm32f10x_rcc.h 中定义如下：

```
#define RTC_FLAG_RSF      ((u16)0x0008)  /* Registers Synchronized flag */
#define RTC_FLAG_OW       ((u16)0x0004)  /* Overflow flag */
#define RTC_FLAG_ALR      ((u16)0x0002)  /* Alarm flag */
#define RTC_FLAG_SEC      ((u16)0x0001)  /* Second flag */
```

12）配置 RTC 中断

```
void RTC_ITConfig(u16 RTC_IT, FunctionalState NewState);
```

参数说明：

★ RTC_IT：RTC 中断源，在 stm32f10x_rtc.h 中定义如下：

```
#define RTC_IT_OW            ((u16)0x0004)   /* Overflow interrupt */
#define RTC_IT_ALR           ((u16)0x0002)   /* Alarm interrupt */
#define RTC_IT_SEC           ((u16)0x0001)   /* Second interrupt */
```

★ NewState：RTC 中断新状态，ENABLE（1）—允许，DISABLE（0）—禁止

13）获取 RTC 中断状态

```
ITStatus RTC_GetITStatus(u16 RTC_IT);
```

参数说明：

★ RTC_IT：RTC 中断标志，在 stm32f10x_rtc.h 中定义如下：

```
#define RTC_IT_OW            ((u16)0x0004)   /* Overflow interrupt */
#define RTC_IT_ALR           ((u16)0x0002)   /* Alarm interrupt */
#define RTC_IT_SEC           ((u16)0x0001)   /* Second interrupt */
```

返回值：RTC 中断状态，SET（1）—置位，RESET（0）—复位

14）清除 RTC 中断标志

```
void RTC_ClearITPendingBit(u16 RTC_IT);
```

参数说明：

★ RTC_IT：RTC 中断标志，在 stm32f10x_rtc.h 中定义如下：

```
#define RTC_IT_OW            ((u16)0x0004)   /* Overflow interrupt */
#define RTC_IT_ALR           ((u16)0x0002)   /* Alarm interrupt */
#define RTC_IT_SEC           ((u16)0x0001)   /* Second interrupt */
```

6.4.3 RTC 程序设计

RTC 程序设计包括初始化程序设计、设置当前时间程序设计、获取并显示当前时间程序设计和延时程序设计等。

1）初始化程序设计

RTC 初始化程序设计如下：

```
void RTC_Init(void)
{
  /* Enable PWR and BKP clocks */
  RCC_APB1PeriphClockCmd(RCC_APB1Periph_PWR, ENABLE);
  RCC_APB1PeriphClockCmd(RCC_APB1Periph_BKP, ENABLE);

  /* Allow access to BKP Domain */
  PWR_BackupAccessCmd(ENABLE);

  /* Reset Backup Domain */
  BKP_DeInit();
```

```
/* Enable LSI */
RCC_LSICmd(ENABLE);
/* Wait till LSI is ready */
while(!RCC_GetFlagStatus(RCC_FLAG_LSIRDY))
{}

/* Select LSI as RTC Clock Source */
RCC_RTCCLKConfig(RCC_RTCCLKSource_LSI);
/* Select HSE/128 as RTC Clock Source */
// RCC_RTCCLKConfig(RCC_RTCCLKSource_HSE_Div128);

/* Enable RTC Clock */
RCC_RTCCLKCmd(ENABLE);

/* Wait for RTC registers synchronization */
RTC_WaitForSynchro();

/* Wait until last write operation on RTC registers has finished */
RTC_WaitForLastTask();

/* Set RTC prescaler: set RTC period to 1sec */
RTC_SetPrescaler(39999);
/* RTC period = RTCCLK/RTC_PR = (40 kHz)/(39999+1) */
// RTC_SetPrescaler(62499);
/* RTC period = RTCCLK/RTC_PR = (8 MHz)/128/(62499+1) */

/* Wait until last write operation on RTC registers has finished */
RTC_WaitForLastTask();
}
```

2）设置当前时间程序设计

设置当前时间程序设计如下：

```
void RTC_SetTime(u8 HH, u8 MM, u8 SS)
{
/* Wait until last write operation on RTC registers has finished */
RTC_WaitForLastTask();
/* Setup the current time */
RTC_SetCounter(HH*3600 + MM*60 + SS);
/* Wait until last write operation on RTC registers has finished */
RTC_WaitForLastTask();
}
```

3）获取并显示当前时间程序设计

RTC 获取并显示当前时间程序设计如下：

```c
void RTC_GetTime(void)
{
  u32 TimeVar, THH, TMM, TSS;

  if(RTC_GetFlagStatus(RTC_FLAG_SEC))
  {
    RTC_ClearFlag(RTC_FLAG_SEC);
    /* Wait for RTC registers synchronization */
    RTC_WaitForSynchro();
    /* Get current time */
    TimeVar = RTC_GetCounter();

    /* Compute hours */
    THH = TimeVar / 3600;
    /* Compute minutes */
    TMM = (TimeVar % 3600) / 60;
    /* Compute seconds */
    TSS = (TimeVar % 3600) % 60;

    printf("Time: %02d:%02d:%02d\r", THH, TMM, TSS);
  }
}
```

4）延时程序设计

RTC 延时程序设计如下：

```c
void RTC_Delay(u32 ms)
{
  u32 start;
  s32 differ;
  ms *= 40;                         // RTCCLK = LSI = 40 kHz
//ms *= 62.5;                       // RTCCLK = HSE/128 = 62.5 kHz
  start = RTC_GetDivider();
  do
  {
    differ = start - RTC_GetDivider();
    if(differ < 0) differ += 1<<20;
  }
  while(differ < ms);
```

第 7 章　模数转换器 ADC

模数转换器 ADC 的主要功能是将模拟信号转化为数字信号，以便于微控制器进行数据处理。ADC 按转换原理分为逐次比较型、双积分型和 Σ-Δ 型。

逐次比较型 ADC 通过逐次比较将模拟信号转化为数字信号，转换速度快，但精度较低，是最常用的 ADC。

双积分型 ADC 通过两次积分将模拟信号转化为数字信号，精度高，抗干扰能力强，但速度较慢，主要用于万用表等测量仪器。

Σ-Δ 型 ADC 具有逐次比较型和双积分型的双重优点，正在逐步广泛地得到应用。

STM32 ADC 是 12 位逐次比较型，多达 18 个通道，可测量 16 个外部和 2 个内部信号源，各通道的转换可以单次、连续、扫描或间断模式执行，转换结果可以左对齐或右对齐方式存储在 16 位数据寄存器中。

模拟看门狗特性允许应用程序检测输入电压是否超出用户定义的高/低阈值。

ADCCLK 不得超过 14MHz，由 PCLK2 分频产生，默认值为 4MHz。

7.1　ADC 结构及寄存器说明

STM32 ADC 主要由模拟多路开关、模拟至数字转换器、数据寄存器和触发选择等部分组成，方框图如图 7.1 所示。

转换通道分为规则通道和注入通道两组。

规则通道由最多 16 个通道组成，按顺序转换，通道数和转换顺序存放在规则序列寄存器 SQR1～SQR3 中，转换结果存放在规则通道数据寄存器 DR 中。

注入通道由最多 4 个通道组成，可插入转换，通道数和转换顺序存放在注入序列寄存器 JSQR 中，转换结果分别存放在注入通道数据寄存器 JDR1～JDR4 中。

ADC 使用的 GPIO 引脚如表 7.1 所示（详见表 B.7）。

表 7.1　ADC 使用的 GPIO 引脚

ADC 引脚	GPIO 引脚	GPIO 配置	ADC 引脚	GPIO 引脚	GPIO 配置
IN0	PA0	模拟输入	IN8	PB0	模拟输入
IN1	PA1	模拟输入	IN9	PB1	模拟输入
IN2	PA2	模拟输入	IN10	PC0	模拟输入
IN3	PA3	模拟输入	IN11	PC1	模拟输入
IN4	PA4	模拟输入	IN12	PC2	模拟输入
IN5	PA5	模拟输入	IN13	PC3	模拟输入
IN6	PA6	模拟输入	IN14	PC4	模拟输入
IN7	PA7	模拟输入	IN15	PC5	模拟输入

ADC1 的通道 16 内部与温度传感器相连，通道 17 内部与参考电源 V_{REFINT} 相连。

ADC 寄存器如表 7.2 所示（ADC1～ADC3 的基地址依次为 0x4001 2400、0x4001 2800 和 0x4001 3C00）。

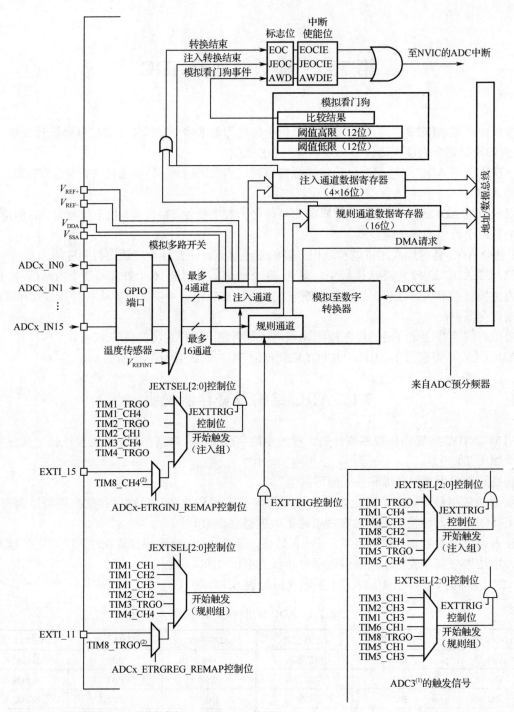

图 7.1 ADC 方框图

注：（1）ADC3 的规则转换和注入转换触发与 ADC1 和 ADC2 的不同。

（2）TIM8_CH4 和 TIM8_TRGO 及它们的重映射位只存在于大容量产品中。

表 7.2 ADC 寄存器

偏移地址	名 称	类 型	复位值	说 明
0x00	SR	读/写 0 清除	0x0000	状态寄存器（详见表 7.3）
0x04	CR1	读/写	0x0000	控制寄存器 1（详见表 7.4）
0x08	CR2	读/写	0x0000	控制寄存器 2（详见表 7.5）
0x0C	SMPR1	读/写	0x0000	采样时间寄存器 1（详见表 7.6）
0x10	SMPR2	读/写	0x0000	采样时间寄存器 2（详见表 7.7）
0x14	JOFR1	读/写	0x0000	注入通道数据偏移寄存器 1（12 位）
0x18	JOFR2	读/写	0x0000	注入通道数据偏移寄存器 2（12 位）
0x1C	JOFR3	读/写	0x0000	注入通道数据偏移寄存器 3（12 位）
0x20	JOFR4	读/写	0x0000	注入通道数据偏移寄存器 4（12 位）
0x24	HTR	读/写	0x0FFF	看门狗高阈值寄存器（12 位）
0x28	LTR	读/写	0x0000	看门狗低阈值寄存器（12 位）
0x2C	SQR1	读/写	0x0000	规则序列寄存器 1（详见表 7.9）
0x30	SQR2	读/写	0x0000	规则序列寄存器 2（详见表 7.10）
0x34	SQR3	读/写	0x0000	规则序列寄存器 3（详见表 7.11）
0x38	JSQR	读/写	0x0000	注入序列寄存器（详见表 7.12）
0x3C	JDR1	读	0x0000	注入数据寄存器 1（13/16 位有符号数）
0x40	JDR2	读	0x0000	注入数据寄存器 2（13/16 位有符号数）
0x44	JDR3	读	0x0000	注入数据寄存器 3（13/16 位有符号数）
0x48	JDR4	读	0x0000	注入数据寄存器 4（13/16 位有符号数）
0x4C	DR	读	0x0000	规则数据寄存器（12 位无符号数）

ADC 寄存器结构体在 stm32f10x_map.h 中定义如下：

```
typedef struct
{
    vu32 SR;                    // 状态寄存器
    vu32 CR1;                   // 控制寄存器 1
    vu32 CR2;                   // 控制寄存器 2
    vu32 SMPR1;                 // 采样时间寄存器 1
    vu32 SMPR2;                 // 采样时间寄存器 2
    vu32 JOFR1;                 // 注入通道数据偏移寄存器 1
    vu32 JOFR2;                 // 注入通道数据偏移寄存器 2
    vu32 JOFR3;                 // 注入通道数据偏移寄存器 3
    vu32 JOFR4;                 // 注入通道数据偏移寄存器 4
    vu32 HTR;                   // 看门狗高阈值寄存器
    vu32 LTR;                   // 看门狗低阈值寄存器
    vu32 SQR1;                  // 规则序列寄存器 1
    vu32 SQR2;                  // 规则序列寄存器 2
    vu32 SQR3;                  // 规则序列寄存器 3
    vu32 JSQR;                  // 注入序列寄存器
    vu32 JDR1;                  // 注入数据寄存器 1
```

```
    vu32 JDR2;                              // 注入数据寄存器 2
    vu32 JDR3;                              // 注入数据寄存器 3
    vu32 JDR4;                              // 注入数据寄存器 4
    vu32 DR;                                // 数据寄存器
} ADC_TypeDef;
```

ADC 寄存器中按位操作寄存器的内容如表 7.3～表 7.12 所示（保留位未列出）。

表 7.3 ADC 状态寄存器（SR）

位	名 称	类 型	复 位 值	说 明
4	STRT	读/写 0 清除	0	规则通道转换开始
3	JSTRT	读/写 0 清除	0	注入通道转换开始
2	JEOC	读/写 0 清除	0	注入通道转换结束
1	EOC	读/写 0 清除	0	转换结束（规则通道或注入通道，读 DR 清除）
0	AWD	读/写 0 清除	0	模拟看门狗事件发生

表 7.4 ADC 控制寄存器 1（CR1）

位	名 称	类 型	复 位 值	说 明
23	AWDEN	读/写	0	在规则通道上开启模拟看门狗
22	JAWDEN	读/写	0	在注入通道上开启模拟看门狗
19:16	DUALMOD[3:0]	读/写	0000	双模式选择（ADC1 有效）
15:13	DISCNUM[2:0]	读/写	000	间断模式通道计数（1～8 个通道）
12	JDISCEN	读/写	0	注入通道使用间断模式
11	DISCEN	读/写	0	规则通道使用间断模式
10	JAUTO	读/写	0	注入通道自动转换
9	AWDSGL	读/写	0	在单一通道使用模拟看门狗（扫描模式）
8	SCAN	读/写	0	扫描模式
7	JEOCIE	读/写	0	注入通道转换结束中断使能
6	AWDIE	读/写	0	模拟看门狗中断使能
5	EOCIE	读/写	0	转换结束中断使能（规则通道或注入通道）
4:0	AWDCH[4:0]	读/写	00000	模拟看门狗通道选择（通道 0～17）

表 7.5 ADC 控制寄存器 2（CR2）

位	名 称	类 型	复 位 值	说 明
23	TSVREFE	读/写	0	温度传感器和参考电源 V_{REFINT} 使能
22	SWSTART	读/写	0	规则通道转换开始
21	JSWSTART	读/写	0	注入通道转换开始
20	EXTTRIG	读/写	0	外部触发转换模式（规则通道）
19:17	EXTSEL[2:0]	读/写	000	外部触发事件选择（规则通道）： 000—TIM1_CH1，001—TIM1_CH2，010—TIM1_CH3， 011—TIM2_CH2，100—TIM3_TRGO，101—TIM4_CH4， 110—EXTI_11，111—SWSTART

位	名　称	类　型	复位值	说　明
15	JEXTTRIG	读/写	0	外部触发转换模式（注入通道）
14:12	JEXTSEL[2:0]	读/写	000	外部触发事件选择（注入通道）： 000—TIM1_TRGO，001—TIM1_CH4，010—TIM2_TRGO， 011—TIM2_CH1，100—TIM3_CH4，101—TIM4_TRGO， 110—EXTI_15，111—SWSTART
11	ALIGN	读/写	0	数据对齐：0—右对齐，1—左对齐
10:9	保留			
8	DMA	读/写	0	DMA 模式
7:4	保留			
3	RSTCAL	读/写	0	复位校准
2	CAL	读/写	0	校准
1	CONT	读/写	0	连续模式：0—单次模式，1—连续模式
0	ADON	读/写	0	开启 ADC 并启动转换

表 7.6　ADC 采样时间寄存器 1（SMPR1）

位	名　称	类　型	复位值	说　明
23:21	SMP17[2:0]	读/写	000	通道 17 采样时间（详见表 7.8）
20:18	SMP16[2:0]	读/写	000	通道 16 采样时间（详见表 7.8）
17:15	SMP15[2:0]	读/写	000	通道 15 采样时间（详见表 7.8）
14:12	SMP14[2:0]	读/写	000	通道 14 采样时间（详见表 7.8）
11:9	SMP13[2:0]	读/写	000	通道 13 采样时间（详见表 7.8）
8:6	SMP12[2:0]	读/写	000	通道 12 采样时间（详见表 7.8）
5:3	SMP11[2:0]	读/写	000	通道 11 采样时间（详见表 7.8）
2:0	SMP10[2:0]	读/写	000	通道 10 采样时间（详见表 7.8）

表 7.7　ADC 采样时间寄存器 2（SMPR2）

位	名　称	类　型	复位值	说　明
29:27	SMP9[2:0]	读/写	000	通道 9 采样时间（详见表 7.8）
26:24	SMP8[2:0]	读/写	000	通道 8 采样时间（详见表 7.8）
23:21	SMP7[2:0]	读/写	000	通道 7 采样时间（详见表 7.8）
20:18	SMP6[2:0]	读/写	000	通道 6 采样时间（详见表 7.8）
17:15	SMP5[2:0]	读/写	000	通道 5 采样时间（详见表 7.8）
14:12	SMP4[2:0]	读/写	000	通道 4 采样时间（详见表 7.8）
11:9	SMP3[2:0]	读/写	000	通道 3 采样时间（详见表 7.8）
8:6	SMP2[2:0]	读/写	000	通道 2 采样时间（详见表 7.8）
5:3	SMP1[2:0]	读/写	000	通道 1 采样时间（详见表 7.8）
2:0	SMP0[2:0]	读/写	000	通道 0 采样时间（详见表 7.8）

表 7.8　ADC 采样时间周期数

SMPx[2:0]	000	001	010	011	100	101	110	111
周期数[1]	1.5	7.5	13.5	28.5	41.5	55.5	71.5	239.5

注：（1）转换时间=采样时间周期数+12.5 个周期。

当 ADCCLK=14MHz（最大值）时，000 对应 14 个周期（1μs）。

表 7.9　ADC 规则序列寄存器 1（SQR1）

位	名　称	类　型	复 位 值	说　明
23:20	L[3:0]	读/写	0000	规则通道序列长度（1~16 个转换）
19:15	SQ16[4:0]	读/写	00000	规则通道序列中的第 16 个转换通道号（0~17）
14:10	SQ15[4:0]	读/写	00000	规则通道序列中的第 15 个转换通道号（0~17）
9:5	SQ14[4:0]	读/写	00000	规则通道序列中的第 14 个转换通道号（0~17）
4:0	SQ13[4:0]	读/写	00000	规则通道序列中的第 13 个转换通道号（0~17）

表 7.10　ADC 规则序列寄存器 2（SQR2）

位	名　称	类　型	复 位 值	说　明
29:25	SQ12[4:0]	读/写	00000	规则通道序列中的第 12 个转换通道号（0~17）
24:20	SQ11[4:0]	读/写	00000	规则通道序列中的第 11 个转换通道号（0~17）
19:15	SQ10[4:0]	读/写	00000	规则通道序列中的第 10 个转换通道号（0~17）
14:10	SQ9[4:0]	读/写	00000	规则通道序列中的第 9 个转换通道号（0~17）
9:5	SQ8[4:0]	读/写	00000	规则通道序列中的第 8 个转换通道号（0~17）
4:0	SQ7[4:0]	读/写	00000	规则通道序列中的第 7 个转换通道号（0~17）

表 7.11　ADC 规则序列寄存器 3（SQR3）

位	名　称	类　型	复 位 值	说　明
29:25	SQ6[4:0]	读/写	00000	规则通道序列中的第 6 个转换通道号（0~17）
24:20	SQ5[4:0]	读/写	00000	规则通道序列中的第 5 个转换通道号（0~17）
19:15	SQ4[4:0]	读/写	00000	规则通道序列中的第 4 个转换通道号（0~17）
14:10	SQ3[4:0]	读/写	00000	规则通道序列中的第 3 个转换通道号（0~17）
9:5	SQ2[4:0]	读/写	00000	规则通道序列中的第 2 个转换通道号（0~17）
4:0	SQ1[4:0]	读/写	00000	规则通道序列中的第 1 个转换通道号（0~17）

表 7.12　ADC 注入序列寄存器（JSQR）

位	名　称	类　型	复 位 值	说　明
21:20	JL[1:0]	读/写	00	注入通道序列长度（1~4 个转换）
19:15	JSQ4[4:0]	读/写	00000	注入通道序列中的第 4 个转换通道号（0~17）
14:10	JSQ3[4:0]	读/写	00000	注入通道序列中的第 3 个转换通道号（0~17）
9:5	JSQ2[4:0]	读/写	00000	注入通道序列中的第 2 个转换通道号（0~17）
4:0	JSQ1[4:0]	读/写	00000	注入通道序列中的第 1 个转换通道号（0~17）

Keil 中 ADC 对话框如图 7.2 所示。

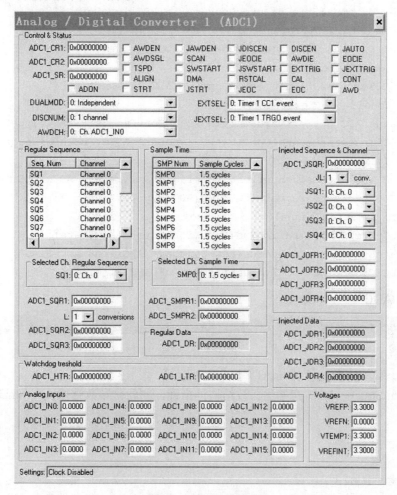

图 7.2　ADC 对话框

7.2　ADC 库函数说明

常用 ADC 库函数在 stm32f10x_tim.h 中声明如下：

```
void ADC_Init(ADC_TypeDef* ADCx, ADC_InitTypeDef* ADC_InitStruct);
void ADC_Cmd(ADC_TypeDef* ADCx, FunctionalState NewState);
void ADC_ResetCalibration(ADC_TypeDef* ADCx);
FlagStatus ADC_GetResetCalibrationStatus(ADC_TypeDef* ADCx);
void ADC_StartCalibration(ADC_TypeDef* ADCx);
FlagStatus ADC_GetCalibrationStatus(ADC_TypeDef* ADCx);
void ADC_SoftwareStartConvCmd(ADC_TypeDef* ADCx, FunctionalState NewState);
FlagStatus ADC_GetSoftwareStartConvStatus(ADC_TypeDef* ADCx);
void ADC_RegularChannelConfig(ADC_TypeDef* ADCx, u8 ADC_Channel, u8 Rank,
  u8 ADC_SampleTime);
void ADC_ExternalTrigConvCmd(ADC_TypeDef* ADCx, FunctionalState NewState);
u16 ADC_GetConversionValue(ADC_TypeDef* ADCx);
```

```
void ADC_AutoInjectedConvCmd(ADC_TypeDef* ADCx, FunctionalState NewState);
void ADC_ExternalTrigInjectedConvConfig(ADC_TypeDef* ADCx,
  u32 ADC_ExternalTrigInjecConv);
void ADC_ExternalTrigInjectedConvCmd(ADC_TypeDef* ADCx,
  FunctionalState NewState);
void ADC_SoftwareStartInjectedConvCmd(ADC_TypeDef* ADCx,
  FunctionalState NewState);
FlagStatus ADC_GetSoftwareStartInjectedConvCmdStatus(ADC_TypeDef* ADCx);
void ADC_InjectedChannelConfig(ADC_TypeDef* ADCx, u8 ADC_Channel, u8 Rank,
  u8 ADC_SampleTime);
void ADC_InjectedSequencerLengthConfig(ADC_TypeDef* ADCx, u8 Length);
u16 ADC_GetInjectedConversionValue(ADC_TypeDef* ADCx,
  u8 ADC_InjectedChannel);
void ADC_TempSensorVrefintCmd(FunctionalState NewState);
FlagStatus ADC_GetFlagStatus(ADC_TypeDef* ADCx, u8 ADC_FLAG);
void ADC_ClearFlag(ADC_TypeDef* ADCx, u8 ADC_FLAG);
```

1）初始化 ADC

```
void ADC_Init(ADC_TypeDef* ADCx, ADC_InitTypeDef* ADC_InitStruct);
```

参数说明：

★ ADCx：ADC 名称，取值是 ADC1 或 ADC2 等

★ ADC_InitStruct：ADC 初始化参数结构体指针，初始化参数结构体在 stm32f10x_adc.h 中定义如下：

```
typedef struct
{
  u32 ADC_Mode;                                // ADC 模式
  FunctionalState ADC_ScanConvMode;            // ADC 扫描模式
  FunctionalState ADC_ContinuousConvMode;      // ADC 连续模式
  u32 ADC_ExternalTrigConv;                    // ADC 外部触发
  u32 ADC_DataAlign;                           // ADC 数据对齐
  u8 ADC_NbrOfChannel;                         // ADC 规则通道数（1~16）
} ADC_InitTypeDef;
```

其中各参数定义如下：

```
#define ADC_Mode_Independent            ((u32)0x00000000)        // 独立模式
#define ADC_Mode_RegInjecSimult         ((u32)0x00010000)        // 规则+注入
#define ADC_Mode_RegSimult_AlterTrig    ((u32)0x00020000)        // 规则+交替
#define ADC_Mode_InjecSimult_FastInterl ((u32)0x00030000)        // 注入+快速
#define ADC_Mode_InjecSimult_SlowInterl ((u32)0x00040000)        // 注入+慢速
#define ADC_Mode_InjecSimult            ((u32)0x00050000)        // 同步注入
#define ADC_Mode_RegSimult              ((u32)0x00060000)        // 同步规则
#define ADC_Mode_FastInterl             ((u32)0x00070000)        // 快速交叉
#define ADC_Mode_SlowInterl             ((u32)0x00080000)        // 慢速交叉
#define ADC_Mode_AlterTrig              ((u32)0x00090000)        // 交替触发
```

```
#define ADC_ExternalTrigConv_T1_CC1          ((u32)0x00000000)    // TIM1_CC1
#define ADC_ExternalTrigConv_T1_CC2          ((u32)0x00020000)    // TIM1_CC2
#define ADC_ExternalTrigConv_T1_CC3          ((u32)0x00040000)    // TIM1_CC3
#define ADC_ExternalTrigConv_T2_CC2          ((u32)0x00060000)    // TIM2_CC2
#define ADC_ExternalTrigConv_T3_TRGO         ((u32)0x00080000)    // TIM3_TRGO
#define ADC_ExternalTrigConv_T4_CC4          ((u32)0x000A0000)    // TIM4_CC4
#define ADC_ExternalTrigConv_Ext_IT11_TIM8_TRGO
                                             ((u32)0x000C0000)    // EXTI_11
#define ADC_ExternalTrigConv_None            ((u32)0x000E0000)    // SWSTART

#define ADC_DataAlign_Right                  ((u32)0x00000000)    // 右对齐
#define ADC_DataAlign_Left                   ((u32)0x00000800)    // 左对齐
```

2）使能 ADC

```
void ADC_Cmd(ADC_TypeDef* ADCx, FunctionalState NewState);
```

参数说明：

★ ADCx：ADC 名称，取值是 ADC1 或 ADC2 等

★ NewState：ADC 新状态，ENABLE（1）—允许，DISABLE（0）—禁止

3）复位校准

```
void ADC_ResetCalibration(ADC_TypeDef* ADCx);
```

参数说明：

★ ADCx：ADC 名称，取值是 ADC1 或 ADC2 等

4）获取复位校准状态

```
FlagStatus ADC_GetResetCalibrationStatus(ADC_TypeDef* ADCx);
```

参数说明：

★ ADCx：ADC 名称，取值是 ADC1 或 ADC2 等

返回值：复位校准状态，SET（1）—复位校准未完成，RESET（0）—复位校准完成

5）开始校准

```
void ADC_StartCalibration(ADC_TypeDef* ADCx);
```

参数说明：

★ ADCx：ADC 名称，取值是 ADC1 或 ADC2 等

6）获取校准状态

```
FlagStatus ADC_GetCalibrationStatus(ADC_TypeDef* ADCx);
```

参数说明：

★ ADCx：ADC 名称，取值是 ADC1 或 ADC2 等

返回值：校准状态，SET（1）—校准未完成，RESET（0）—校准完成

7）使能软件启动转换

```
void ADC_SoftwareStartConvCmd(ADC_TypeDef* ADCx, FunctionalState NewState);
```

参数说明:

★ ADCx: ADC 名称,取值是 ADC1 或 ADC2 等

★ NewState: 转换新状态,ENABLE(1)—允许,DISABLE(0)—禁止

8）获取软件启动转换状态

```
FlagStatus ADC_GetSoftwareStartConvStatus(ADC_TypeDef* ADCx);
```

参数说明:

★ ADCx: ADC 名称,取值是 ADC1 或 ADC2 等

返回值: 转换状态,SET(1)—转换已启动,RESET(0)—转换未启动

9）配置规则通道

```
void ADC_RegularChannelConfig(ADC_TypeDef* ADCx, u8 ADC_Channel, u8 Rank,
  u8 ADC_SampleTime);
```

参数说明:

★ ADCx: ADC 名称,取值是 ADC1 或 ADC2 等

★ ADC_Channel: ADC 通道,在 stm32f10x_adc.h 中定义如下:

```
#define ADC_Channel_0           ((u8)0x00)
#define ADC_Channel_1           ((u8)0x01)
#define ADC_Channel_2           ((u8)0x02)
#define ADC_Channel_3           ((u8)0x03)
#define ADC_Channel_4           ((u8)0x04)
#define ADC_Channel_5           ((u8)0x05)
#define ADC_Channel_6           ((u8)0x06)
#define ADC_Channel_7           ((u8)0x07)
#define ADC_Channel_8           ((u8)0x08)
#define ADC_Channel_9           ((u8)0x09)
#define ADC_Channel_10          ((u8)0x0A)
#define ADC_Channel_11          ((u8)0x0B)
#define ADC_Channel_12          ((u8)0x0C)
#define ADC_Channel_13          ((u8)0x0D)
#define ADC_Channel_14          ((u8)0x0E)
#define ADC_Channel_15          ((u8)0x0F)
#define ADC_Channel_16          ((u8)0x10)
#define ADC_Channel_17          ((u8)0x11)
```

★ Rank: 顺序,取值是 1~16

★ ADC_SampleTime: ADC 采样时间,在 stm32f10x_adc.h 中定义如下:

```
#define ADC_SampleTime_1Cycles5      ((u8)0x00)
#define ADC_SampleTime_7Cycles5      ((u8)0x01)
#define ADC_SampleTime_13Cycles5     ((u8)0x02)
#define ADC_SampleTime_28Cycles5     ((u8)0x03)
#define ADC_SampleTime_41Cycles5     ((u8)0x04)
#define ADC_SampleTime_55Cycles5     ((u8)0x05)
```

```
#define ADC_SampleTime_71Cycles5      ((u8)0x06)
#define ADC_SampleTime_239Cycles5     ((u8)0x07)
```

10）使能外部触发

```
void ADC_ExternalTrigConvCmd(ADC_TypeDef* ADCx, FunctionalState NewState);
```

参数说明：

★ ADCx：ADC 名称，取值是 ADC1 或 ADC2 等

★ NewState：外部触发新状态，ENABLE（1）—允许，DISABLE（0）—禁止

11）获取转换值

```
u16 ADC_GetConversionValue(ADC_TypeDef* ADCx);
```

参数说明：

★ ADCx：ADC 名称，取值是 ADC1 或 ADC2 等

返回值：转换值

12）使能自动注入转换

```
void ADC_AutoInjectedConvCmd(ADC_TypeDef* ADCx, FunctionalState NewState);
```

参数说明：

★ ADCx：ADC 名称，取值是 ADC1 或 ADC2 等

★ NewState：转换新状态，ENABLE（1）—允许，DISABLE（0）—禁止

13）配置注入通道外部触发

```
void ADC_ExternalTrigInjectedConvConfig(ADC_TypeDef* ADCx,
  u32 ADC_ExternalTrigInjecConv);
```

参数说明：

★ ADCx：ADC 名称，取值是 ADC1 或 ADC2 等

★ ADC_ExternalTrigInjecConv：注入通道外部触发，在 stm32f10x_adc.h 中定义如下：

```
#define ADC_ExternalTrigInjecConv_T1_TRGO      ((u32)0x00000000)
#define ADC_ExternalTrigInjecConv_T1_CC4       ((u32)0x00001000)
#define ADC_ExternalTrigInjecConv_T2_TRGO      ((u32)0x00002000)
#define ADC_ExternalTrigInjecConv_T2_CC1       ((u32)0x00003000)
#define ADC_ExternalTrigInjecConv_T3_CC4       ((u32)0x00004000)
#define ADC_ExternalTrigInjecConv_T4_TRGO      ((u32)0x00005000)
#define ADC_ExternalTrigInjecConv_Ext_IT15_TIM8_CC4
                                               ((u32)0x00006000)
#define ADC_ExternalTrigInjecConv_None         ((u32)0x00007000)
```

14）使能注入通道外部触发

```
void ADC_ExternalTrigInjectedConvCmd(ADC_TypeDef* ADCx,
  FunctionalState NewState);
```

参数说明：

★ ADCx：ADC 名称，取值是 ADC1 或 ADC2 等

★ NewState：触发新状态，ENABLE（1）—允许，DISABLE（0）—禁止

15）使能注入通道软件启动转换

```
void ADC_SoftwareStartInjectedConvCmd(ADC_TypeDef* ADCx,
    FunctionalState NewState);
```

参数说明：

★ ADCx：ADC 名称，取值是 ADC1 或 ADC2 等

★ NewState：转换新状态，ENABLE（1）—允许，DISABLE（0）—禁止

16）获取注入通道软件启动转换状态

```
FlagStatus ADC_GetSoftwareStartInjectedConvCmdStatus(ADC_TypeDef* ADCx);
```

参数说明：

★ ADCx：ADC 名称，取值是 ADC1 或 ADC2 等

返回值：转换新状态，SET（1）—转换已启动，RESET（0）—转换未启动

17）配置注入通道

```
void ADC_InjectedChannelConfig(ADC_TypeDef* ADCx, u8 ADC_Channel, u8 Rank,
    u8 ADC_SampleTime);
```

参数说明：

★ ADCx：ADC 名称，取值是 ADC1 或 ADC2 等

★ ADC_Channel：ADC 通道，取值是 ADC_Channel_0～ADC_Channel_17

★ Rank：顺序，取值是 1～4

★ ADC_SampleTime：ADC 采样时间

18）配置注入通道序列长度

```
void ADC_InjectedSequencerLengthConfig(ADC_TypeDef* ADCx, u8 Length);
```

参数说明：

★ ADCx：ADC 名称，取值是 ADC1 或 ADC2 等

★ Length：注入通道序列长度，取值是 1～4

19）获取注入通道转换值

```
u16 ADC_GetInjectedConversionValue(ADC_TypeDef* ADCx,
    u8 ADC_InjectedChannel);
```

参数说明：

★ ADCx：ADC 名称，取值是 ADC1 或 ADC2 等

★ ADC_InjectedChannel：ADC 注入通道，在 stm32f10x_adc.h 中定义如下：

```
#define ADC_InjectedChannel_1          ((u8)0x14)
#define ADC_InjectedChannel_2          ((u8)0x18)
#define ADC_InjectedChannel_3          ((u8)0x1C)
#define ADC_InjectedChannel_4          ((u8)0x20)
```

返回值：注入通道转换值

20）使能温度传感器和内部参考电源通道

```
void ADC_TempSensorVrefintCmd(FunctionalState NewState);
```

参数说明：

★ NewState：通道新状态，ENABLE（1）—允许，DISABLE（0）—禁止

21）获取 ADC 标志状态

```
FlagStatus ADC_GetFlagStatus(ADC_TypeDef* ADCx, u8 ADC_FLAG);
```

参数说明：

★ ADCx：ADC 名称，取值是 ADC1 或 ADC2 等

★ ADC_FLAG：ADC 标志，在 stm32f10x_adc.h 中定义如下：

```
#define ADC_FLAG_AWD        ((u8)0x01)          // 模拟看门狗
#define ADC_FLAG_EOC        ((u8)0x02)          // 转换结束
#define ADC_FLAG_JEOC       ((u8)0x04)          // 注入通道转换结束
#define ADC_FLAG_JSTRT      ((u8)0x08)          // 注入通道转换开始
#define ADC_FLAG_STRT       ((u8)0x10)          // 规则通道转换开始
```

返回值：ADC 标志状态，SET（1）—置位，RESET（0）—复位

22）清除 ADC 标志

```
void ADC_ClearFlag(ADC_TypeDef* ADCx, u8 ADC_FLAG);
```

参数说明：

★ ADCx：ADC 名称，取值是 ADC1 或 ADC2 等

★ ADC_FLAG：ADC 标志

7.3　ADC 设计实例

ADC 设计实例包括用 ADC1 规则通道实现外部输入模拟信号的模数转换和用 ADC1 注入通道实现内部温度传感器的温度测量等。

7.3.1　用 ADC1 规则通道实现外部输入模拟信号的模数转换

规则通道相关的寄存器及其内容如表 7.13 所示。

表 7.13　规则通道相关的寄存器及其内容

偏移地址	名　　称	类　　型	复　位　值	说　　明
0x00	SR	读/写 0 清除	0x0000	状态寄存器（位 1—EOC：转换结束，读 DR 清除）
0x08	CR2	读/写	0x0000	控制寄存器 2（位 1—CONT：连续转换，位 0—ADON：开启 ADC 并启动转换）
0x2C	SQR1	读/写	0x0000	规则序列寄存器 1（位 23:20—L[3:0]：规则通道序列长度：0000 —1 个转换，1111—16 个转换）
0x34	SQR3	读/写	0x0000	规则序列寄存器 3（位 4:0—SQ1[4:0]：规则序列中的第 1 个转换通道）
0x4C	DR	读	0x0000	规则数据寄存器（12 位无符号数）

规则通道相关的 ADC 库函数如下：

```
void ADC_Init(ADC_TypeDef* ADCx, ADC_InitTypeDef* ADC_InitStruct);
void ADC_Cmd(ADC_TypeDef* ADCx, FunctionalState NewState);
void ADC_RegularChannelConfig(ADC_TypeDef* ADCx, u8 ADC_Channel, u8 Rank,
  u8 ADC_SampleTime);
u16 ADC_GetConversionValue(ADC_TypeDef* ADCx);
FlagStatus ADC_GetFlagStatus(ADC_TypeDef* ADCx, u8 ADC_FLAG);
```

1）使用库函数程序设计

使用库函数设计的用 ADC1 规则通道实现外部输入模拟信号的模数转换初始化子程序和处理子程序如下：

```
// ADC1 初始化子程序
void ADC1_Init(void)
{
  GPIO_InitTypeDef GPIO_InitStruct;
  ADC_InitTypeDef ADC_InitStruct;

  RCC_APB2PeriphClockCmd(RCC_APB2Periph_GPIOB, ENABLE);  // 开启 GPIOB 时钟
  RCC_APB2PeriphClockCmd(RCC_APB2Periph_ADC1, ENABLE);    // 开启 ADC1 时钟

  GPIO_InitStruct.GPIO_Pin = GPIO_Pin_0;
  GPIO_InitStruct.GPIO_Mode = GPIO_Mode_AIN;
  GPIO_Init(GPIOB, &GPIO_InitStruct);                     // PB0(IN8)模拟输入

  ADC_InitStruct.ADC_Mode = ADC_Mode_Independent;         // 默认值
  ADC_InitStruct.ADC_ScanConvMode = DISABLE;              // 默认值
  ADC_InitStruct.ADC_ContinuousConvMode = ENABLE;         // 连续转换
  ADC_InitStruct.ADC_ExternalTrigConv = ADC_ExternalTrigConv_None;
  ADC_InitStruct.ADC_DataAlign = ADC_DataAlign_Right;     // 默认值
  ADC_InitStruct.ADC_NbrOfChannel = 1;                    // 默认值
  ADC_Init(ADC1, &ADC_InitStruct);                        // 初始化 ADC1

  ADC_RegularChannelConfig(ADC1, ADC_Channel_8, 1,
    ADC_SampleTime_1Cycles5);                             // 配置通道 8

  ADC_Cmd(ADC1, ENABLE);                                  // 开启 ADC1

  ADC_StartCalibration(ADC1);                             // 开始校准 ADC1
  while(ADC_GetCalibrationStatus(ADC1));                  // 等待校准完成

  ADC_Cmd(ADC1, ENABLE);                                  // 开始转换
}
// ADC1 处理子程序
void ADC1_Proc(void)
{
```

```
  u16 adc_dat;

  if(ADC_GetFlagStatus(ADC1, ADC_FLAG_EOC))               // 转换结束
  {
    adc_dat = ADC_GetConversionValue(ADC1);               // 获取转换值
    printf("%04u\r\n", adc_dat);                          // 输出转换值
  }
}
```

2) 使用寄存器程序设计

使用寄存器设计的用 ADC1 规则通道实现外部输入模拟信号的模数转换初始化子程序和处理子程序如下：

```
// ADC1 初始化子程序
void ADC1_Init(void)
{
  RCC->APB2ENR |= 1<<3;                    // 开启 GPIOB 时钟
  RCC->APB2ENR |= 1<<9;                    // 开启 ADC1 时钟

  GPIOB->CRL &= 0xfffffff0;                // PB0(IN8) 模拟输入

  ADC1->SQR3 |= 8;                         // 第 1 个转换通道：IN8
  ADC1->CR2 |= 3;                          // 连续转换，开启 ADC

  ADC1->CR2 |= 4;                          // 开始校准 ADC1
  while(ADC1->CR2 & 4);                    // 等待校准完成

  ADC1->CR2 |= 1;                          // 启动转换
}
// ADC1 处理子程序
void ADC1_Proc(void)
{
  u16 adc_dat;

  if(ADC1->SR & 2)                         // 转换结束
  {
    adc_dat = ADC1->DR;                    // 获取转换值
    printf("%04u\r\n", adc_dat);           // 输出转换值
  }
}
```

用 ADC1 规则通道实现外部输入模拟信号模数转换，可以在 USART 设计实现的基础上修改完成。

用调试器运行程序时，PC 的终端窗口显示转换结果，将训练板上的可变电阻 R37 顺时针转到底时转换结果为"0000"，逆时针转到底时转换结果为"4095"。

注意：使用多个规则通道时必须使用 DMA 获取转换值，详见 9.3 节。

7.3.2 用 ADC1 注入通道实现内部温度传感器的温度测量

STM32 中有一个温度传感器，与 ADC1 的通道 16 相连，可以用来测量芯片的温度。温度传感器的推荐采样时间为 17.1μs，温度范围为 $-40 \sim 125^{\circ}\text{C}$，温度计算公式如下：

$$T = 25 + (1.43 - V)/0.0043$$
$$T = 25 + (5855.85 - 3.3N)/17.6085$$

式中，V 为温度传感器电压值，N 为模数转换后的数字值，$V = 3.3N/4095$。

注入通道相关的寄存器及其内容如表 7.14 所示。

表 7.14 注入通道相关的寄存器及其内容

偏移地址	名 称	类 型	复 位 值	说 明
0x00	SR	读/写 0 清除	0x0000	状态寄存器（位 2—JEOC：注入通道转换结束）
0x04	CR1	读/写	0x0000	控制寄存器 1（位 10—JAUTO：注入通道自动转换）
0x08	CR2	读/写	0x0000	控制寄存器 2（位 23—TSVREFE：温度传感器使能）
0x0C	SMPR1	读/写	0x0000	采样时间寄存器 1（位 20:18—SMP16[2:0]：通道 16 采样时间）
0x38	JSQR	读/写	0x0000	注入序列寄存器（位 21:20—JL[1:0]：注入通道序列长度，位 19:15—JSQ4[4:0]：第 4 个转换通道号）
0x3C	JDR1	读	0x0000	注入数据寄存器 1（13/16 位有符号数）

注入通道相关的 ADC 库函数如下：

```
void ADC_Init(ADC_TypeDef* ADCx, ADC_InitTypeDef* ADC_InitStruct);
void ADC_Cmd(ADC_TypeDef* ADCx, FunctionalState NewState);
void ADC_TempSensorVrefintCmd(FunctionalState NewState);
void ADC_AutoInjectedConvCmd(ADC_TypeDef* ADCx, FunctionalState NewState);
void ADC_InjectedChannelConfig(ADC_TypeDef* ADCx, u8 ADC_Channel, u8 Rank,
  u8 ADC_SampleTime);
u16 ADC_GetInjectedConversionValue(ADC_TypeDef* ADCx,
  u8 ADC_InjectedChannel);
FlagStatus ADC_GetFlagStatus(ADC_TypeDef* ADCx, u8 ADC_FLAG);
void ADC_ClearFlag(ADC_TypeDef* ADCx, u8 ADC_FLAG);
```

1）使用库函数程序设计

使用库函数设计的用 ADC1 注入通道实现内部温度传感器的温度测量初始化子程序和处理子程序如下：

```
// ADC1 初始化子程序
void ADC1_Init(void)
{
  GPIO_InitTypeDef GPIO_InitStruct;
  ADC_InitTypeDef ADC_InitStruct;

  RCC_APB2PeriphClockCmd(RCC_APB2Periph_GPIOB, ENABLE);  // 开启 GPIOB 时钟
  RCC_APB2PeriphClockCmd(RCC_APB2Periph_ADC1, ENABLE);    // 开启 ADC1 时钟

  GPIO_InitStruct.GPIO_Pin = GPIO_Pin_0;
```

```
GPIO_InitStruct.GPIO_Mode = GPIO_Mode_AIN;
GPIO_Init(GPIOB, &GPIO_InitStruct);                         // PB0(IN8)模拟输入

ADC_InitStruct.ADC_Mode = ADC_Mode_Independent;            // 默认值
ADC_InitStruct.ADC_ScanConvMode = DISABLE;                 // 默认值
ADC_InitStruct.ADC_ContinuousConvMode = ENABLE;            // 连续转换
ADC_InitStruct.ADC_ExternalTrigConv = ADC_ExternalTrigConv_None;
ADC_InitStruct.ADC_DataAlign = ADC_DataAlign_Right;        // 默认值
ADC_InitStruct.ADC_NbrOfChannel = 1;                       // 默认值
ADC_Init(ADC1, &ADC_InitStruct);                           // 初始化 ADC1

ADC_RegularChannelConfig(ADC1, ADC_Channel_8, 1,
  ADC_SampleTime_1Cycles5);                                // 配置通道 8

ADC_TempSensorVrefintCmd(ENABLE);                          // 开启温度传感器
ADC_AutoInjectedConvCmd(ADC1, ENABLE);                     // 注入通道自动转换
ADC_InjectedChannelConfig(ADC1, ADC_Channel_16, 1,
  ADC_SampleTime_55Cycles5);                               // 配置通道 16

ADC_Cmd(ADC1, ENABLE);                                     // 开启 ADC1

ADC_StartCalibration(ADC1);                                // 开始校准 ADC1
while(ADC_GetCalibrationStatus(ADC1));                     // 等待校准完成

ADC_Cmd(ADC1, ENABLE);                                     // 开始转换
}
// ADC1 处理子程序
void ADC1_Proc(void)
{
  u16 adc_dat[2];

  if(ADC_GetFlagStatus(ADC1, ADC_FLAG_EOC))               // 转换结束
  {
    adc_dat[0] = ADC_GetConversionValue(ADC1);             // 获取转换值
    printf("%4.2fV ", adc_dat[0]*3.3/4095);               // 输出电压值
  }
  if(ADC_GetFlagStatus(ADC1, ADC_FLAG_JEOC))              // 注入通道转换结束
  {
    ADC_ClearFlag(ADC1, ADC_FLAG_JEOC);                   // 清除 JEOC
    adc_dat[1]=ADC_GetInjectedConversionValue(ADC1,ADC_InjectedChannel_1);
    printf("%5.2f℃\r\n", 25+(5855.85-3.3*adc_dat[1])/17.6085);  // 输出温度值
  }
}
```

2）使用寄存器程序设计

使用寄存器设计的用 ADC1 注入通道实现内部温度传感器的温度测量初始化子程序和处理子

程序如下：

```
// ADC1 初始化子程序
void ADC1_Init(void)
{
  RCC->APB2ENR |= 1<<3;                              // 开启 GPIOB 时钟
  RCC->APB2ENR |= 1<<9;                              // 开启 ADC1 时钟

  GPIOB->CRL &= 0xfffffff0;                          // PB0(IN8)模拟输入

  ADC1->CR2 |= 1<<23;                                // 开启温度传感器
  ADC1->CR1 |= 1<<10;                                // 注入通道自动转换
  ADC1->JSQR |= 0x10<<15;                            // JSQ4[4:0]=0x10(通道 16)
  ADC1->SMPR1 |= 5<<18;                              // SMP16[2:0]=5(55.5)
                                                     // (55.5+12.5)/4MHz=17μs
  ADC1->SQR3 |= 8;                                   // 第 1 个转换通道：IN8

  ADC1->CR2 |= 3;                                    // 连续转换，开启 ADC

  ADC1->CR2 |= 4;                                    // 开始校准 ADC1
  while(ADC1->CR2 & 4);                              // 等待校准完成

  ADC1->CR2 |= 1;                                    // 启动转换
}
// ADC1 处理子程序
void ADC1_Proc(void)
{
  u16 adc_dat[2];

  if(ADC1->SR & 2)                                   // 转换结束
  {
    adc_dat[0] = ADC1->DR;                           // 获取转换值
    printf("%4.2fV ", adc_dat[0]*3.3/4095);         // 输出电压值
  }
  if(ADC1->SR & 4)                                   // 注入通道转换结束
  {
    ADC1->SR &= ~6;                                  // 清除 JEOC 和 EOC
    adc_dat[1] = ADC1->JDR1;
    printf("%5.2f℃\r\n", 25+(5855.85-3.3*adc_dat[1])/17.6085);   // 输出温度值
  }
}
```

第 8 章　嵌套向量中断控制器 NVIC

接口数据传送控制方式有查询、中断和 DMA 等，中断是重要的接口数据传送控制方式。STM32 中断控制分为全局和局部两级，全局中断由 NVIC 控制，局部中断由设备控制。

8.1　NVIC 简介

嵌套向量中断控制器 NVIC 支持多个内部异常和多达 240 个外部中断。从广义上讲，异常和中断都是暂停正在执行的程序转去执行异常或中断处理程序，然后再返回原来的程序继续执行。从狭义上讲，异常由内部事件引起，而中断由外部硬件产生。

异常和中断的处理与子程序调用有相似之处，但也有下列本质区别：

● 什么时候调用子程序是确定的，而什么时候产生异常和中断是不确定的。
● 子程序的起始地址由调用程序给出，而异常和中断程序的起始地址存放在地址表中。
● 子程序的执行一般是无条件的，而异常和中断处理程序的执行要先使能。

STM32 异常和中断如表 8.1 所示（表中的地址是异常和中断处理程序的起始地址，系统使用 4 位优先级控制、1 位使能控制，处理程序的名称在 STM32F10x.s 中定义）。

表 8.1　STM32 异常和中断

中断号（地址）	名　称	优　先　级	使　能	说　明
(0x00)	—	—	—	SP 初始地址
(0x04)	Reset	−3（固定）	1	复位（优先级最高）
(0x08)	NMI	−2（固定）	1	不可屏蔽中断
(0x0C)	HardFault	−1（固定）	1	硬件异常
(0x10)	MemManage	0xE000ED18	0xE000ED24.16	存储管理异常
(0x14)	BusFault	0xE000ED19	0xE000ED24.17	总线异常
(0x18)	UsageFault	0xE000ED1A	0xE000ED24.18	应用异常
(0x1C)	—			保留
(0x2C)	SVCall	0xE000ED1F	1	系统服务调用
(0x30)	DebugMonitor	0xE000ED20	0xE000EDFC.16	调试监控
(0x34)	—			保留
(0x38)	PendSV	0xE000ED22	1	挂起系统服务
(0x3C)	SysTick	0xE000ED23	1	系统滴答定时器中断
0(0x40)	WWDG	0xE000E400	0xE000E100.00	窗口看门狗中断
1(0x44)	PVD	0xE000E401	0xE000E100.01	连接到 EXTI16 的 PVD 中断
2(0x48)	TAMPER	0xE000E402	0xE000E100.02	侵入检测中断
3(0x4C)	RTC	0xE000E403	0xE000E100.03	实时钟全局中断
4(0x50)	FLASH	0xE000E404	0xE000E100.04	闪存全局中断

中断号（地址）	名 称	优 先 级	使 能	说 明
5(0x54)	RCC	0xE000E405	0xE000E100.05	复位和时钟控制中断
6(0x58)	EXTI0	0xE000E406	0xE000E100.06	EXTI0 中断
7(0x5C)	EXTI1	0xE000E407	0xE000E100.07	EXTI1 中断
8(0x60)	EXTI2	0xE000E408	0xE000E100.08	EXTI2 中断
9(0x64)	EXTI3	0xE000E409	0xE000E100.09	EXTI3 中断
10(0x68)	EXTI4	0xE000E40A	0xE000E100.10	EXTI4 中断
11(0x6C)	DMA1_Channel1	0xE000E40B	0xE000E100.11	DMA1 通道 1 全局中断
12(0x70)	DMA1_Channel2	0xE000E40C	0xE000E100.12	DMA1 通道 2 全局中断
13(0x74)	DMA1_Channel3	0xE000E40D	0xE000E100.13	DMA1 通道 3 全局中断
14(0x78)	DMA1_Channel4	0xE000E40E	0xE000E100.14	DMA1 通道 4 全局中断
15(0x7C)	DMA1_Channel5	0xE000E40F	0xE000E100.15	DMA1 通道 5 全局中断
16(0x80)	DMA1_Channel6	0xE000E410	0xE000E100.16	DMA1 通道 6 全局中断
17(0x84)	DMA1_Channel7	0xE000E411	0xE000E100.17	DMA1 通道 7 全局中断
18(0x88)	ADC1_2	0xE000E412	0xE000E100.18	ADC1 和 ADC2 的全局中断
19(0x8C)	USB_HP_CAN_TX	0xE000E413	0xE000E100.19	USB 高优先级或 CAN 发送中断
20(0x90)	USB_LP_CAN_RX0	0xE000E414	0xE000E100.20	USB 低优先级或 CAN 接收 0 中断
21(0x94)	CAN_RX1	0xE000E415	0xE000E100.21	CAN 接收 1 中断
22(0x98)	CAN_SCE	0xE000E416	0xE000E100.22	CAN SCE 中断
23(0x9C)	EXTI9_5	0xE000E417	0xE000E100.23	EXTI9-5 中断
24(0xA0)	TIM1_BRK	0xE000E418	0xE000E100.24	TIM1 刹车中断
25(0xA4)	TIM1_UP	0xE000E419	0xE000E100.25	TIM1 更新中断
26(0xA8)	TIM1_TRG_COM	0xE000E41A	0xE000E100.26	TIM1 触发和通信中断
27(0xAC)	TIM1_CC	0xE000E41B	0xE000E100.27	TIM1 捕获比较中断
28(0xB0)	TIM2	0xE000E41C	0xE000E100.28	TIM2 全局中断
29(0xB4)	TIM3	0xE000E41D	0xE000E100.29	TIM3 全局中断
30(0xB8)	TIM4	0xE000E41E	0xE000E100.30	TIM4 全局中断
31(0xBC)	I2C1_EV	0xE000E41F	0xE000E100.31	I2C1 事件中断
32(0xC0)	I2C1_ER	0xE000E420	0xE000E104.00	I2C1 错误中断
33(0xC4)	I2C2_EV	0xE000E421	0xE000E104.01	I2C2 事件中断
34(0xC8)	I2C2_ER	0xE000E422	0xE000E104.02	I2C2 错误中断
35(0xCC)	SPI1	0xE000E423	0xE000E104.03	SPI1 全局中断
36(0xD0)	SPI2	0xE000E424	0xE000E104.04	SPI2 全局中断
37(0xD4)	USART1	0xE000E425	0xE000E104.05	USART1 全局中断
38(0xD8)	USART2	0xE000E426	0xE000E104.06	USART2 全局中断
39(0xDC)	USART3	0xE000E427	0xE000E104.07	USART3 全局中断
40(0xE0)	EXTI15_10	0xE000E428	0xE000E104.08	EXTI15-10 中断
41(0xE4)	RTCAlarm	0xE000E429	0xE000E104.09	连接到 EXTI17 的 RTC 闹钟中断
42(0xE8)	USB 唤醒	0xE000E42A	0xE000E104.10	连接到 EXTI18 的 USB 唤醒中断

Keil 中 NVIC 对话框如图 8.1 所示。

图 8.1　NVIC 对话框

NVIC 通过 6 种寄存器对中断进行管理，NVIC 寄存器如表 8.2 所示。

表 8.2　NVIC 寄存器

偏移地址	名　　称	类　　型	复　位　值	说　　　明
0x0000	ISER0	读/写	0x00000000	中断使能设置寄存器 0（中断号 31～0，1—允许中断）
0x0004	ISER1	读/写	0x00000000	中断使能设置寄存器 1（中断号 42～32，1—允许中断）
0x0080	ICER0	读/写 1 清除	0x00000000	中断使能清除寄存器 0（中断号 31～0，1—禁止中断）
0x0084	ICER1	读/写 1 清除	0x00000000	中断使能清除寄存器 1（中断号 42～32，1—禁止中断）
0x0100	ISPR0	读/写	0x00000000	中断悬起设置寄存器 0（中断号 31～0，1—悬起中断）
0x0104	ISPR1	读/写	0x00000000	中断悬起设置寄存器 1（中断号 42～32，1—悬起中断）
0x0180	ICPR0	读/写 1 清除	0x00000000	中断悬起清除寄存器 0（中断号 31～0，1—清除悬起）
0x0184	ICPR1	读/写 1 清除	0x00000000	中断悬起清除寄存器 1（中断号 42～32，1—清除悬起）
0x0200	IABR0	读	0x00000000	中断活动位寄存器 0（中断号 31～0，1—中断活动）
0x0204	IABR1	读	0x00000000	中断活动位寄存器 1（中断号 42～32，1—中断活动）
0x0300	IPR0-10	读/写	0x00000000	中断优先级寄存器 0～10（1 个中断号占 8 位）

STM32 支持 16 个中断优先级，使用 8 位中断优先级设置的高 4 位，并分为抢占优先级和响应优先级，抢占优先级在前，响应优先级在后，具体位数分配通过应用程序中断及复位控制寄存器 AIRCR 的优先级分组 PRIGROUP 位段（AIRCR[10:8]）设置，如表 8.3 所示（AIRCR 地址 0xE000 ED0C，写时高 16 位必须为 0x05FA，读时返回 0xFA05）。

表 8.3　中断优先级分组设置

组　号	AIRCR[10:8]	抢占优先级位段	响应优先级位段
0	111	无	[7:4]
1	110	[7:7]	[6:4]
2	101	[7:6]	[5:4]
3	100	[7:5]	[4:4]
4	011	[7:4]	无

抢占优先级高（数值小）的中断可以中断抢占优先级低（数值大）的中断，而响应优先级高的中断不能中断响应优先级低的中断。

常用的 NVIC 库函数在 stm32f10x_nvic.h 中声明如下：

```
void NVIC_SetVectorTable(u32 NVIC_VectTab, u32 Offset);
void NVIC_PriorityGroupConfig(u32 NVIC_PriorityGroup);
void NVIC_Init(NVIC_InitTypeDef* NVIC_InitStruct);
```

1）设置中断向量表

```
void NVIC_SetVectorTable(u32 NVIC_VectTab, u32 Offset);
```

参数说明：

★ NVIC_VectTab：中断向量表基地址，在 stm32f10x_nvic.h 中定义如下：

```
#define NVIC_VectTab_RAM          ((u32)0x20000000)
#define NVIC_VectTab_FLASH        ((u32)0x08000000)
```

★ Offset：中断向量表偏移地址，必须是 0x100 的整数倍，通常取值为 0

2）配置中断优先级分组

```
void NVIC_PriorityGroupConfig(u32 NVIC_PriorityGroup);
```

参数说明：

★ NVIC_PriorityGroup：中断优先级分组，在 stm32f10x_nvic.h 中定义如下：

```
#define NVIC_PriorityGroup_0    ((u32)0x700)
#define NVIC_PriorityGroup_1    ((u32)0x600)
#define NVIC_PriorityGroup_2    ((u32)0x500)
#define NVIC_PriorityGroup_3    ((u32)0x400)
#define NVIC_PriorityGroup_4    ((u32)0x300)
```

3）初始化 NVIC

```
void NVIC_Init(NVIC_InitTypeDef* NVIC_InitStruct);
```

参数说明：

★ NVIC_InitStruct：NVIC 初始化参数结构体指针，初始化参数结构体在 stm32f10x_ nvic.h 中定义如下：

```
typedef struct
{
  u8 NVIC_IRQChannel;                   // 中断号
```

```
    u8 NVIC_IRQChannelPreemptionPriority;           // 中断抢占优先级
    u8 NVIC_IRQChannelSubPriority;                   // 中断响应优先级
    FunctionalState NVIC_IRQChannelCmd;              // 中断状态（ENABLE 或 DISABLE）
} NVIC_InitTypeDef;
```

其中 NVIC_IRQChannel 在 stm32f10x_nvic.h 中定义如下：

```
#define WWDG_IRQChannel                 ((u8)0x00)
#define PVD_IRQChannel                  ((u8)0x01)
#define TAMPER_IRQChannel               ((u8)0x02)
#define RTC_IRQChannel                  ((u8)0x03)
#define FLASH_IRQChannel                ((u8)0x04)
#define RCC_IRQChannel                  ((u8)0x05)
#define EXTI0_IRQChannel                ((u8)0x06)
#define EXTI1_IRQChannel                ((u8)0x07)
#define EXTI2_IRQChannel                ((u8)0x08)
#define EXTI3_IRQChannel                ((u8)0x09)
#define EXTI4_IRQChannel                ((u8)0x0A)
#define DMA1_Channel1_IRQChannel        ((u8)0x0B)
#define DMA1_Channel2_IRQChannel        ((u8)0x0C)
#define DMA1_Channel3_IRQChannel        ((u8)0x0D)
#define DMA1_Channel4_IRQChannel        ((u8)0x0E)
#define DMA1_Channel5_IRQChannel        ((u8)0x0F)
#define DMA1_Channel6_IRQChannel        ((u8)0x10)
#define DMA1_Channel7_IRQChannel        ((u8)0x11)
#define ADC1_2_IRQChannel               ((u8)0x12)
#define USB_HP_CAN_TX_IRQChannel        ((u8)0x13)
#define USB_LP_CAN_RX0_IRQChannel       ((u8)0x14)
#define CAN_RX1_IRQChannel              ((u8)0x15)
#define CAN_SCE_IRQChannel              ((u8)0x16)
#define EXTI9_5_IRQChannel              ((u8)0x17)
#define TIM1_BRK_IRQChannel             ((u8)0x18)
#define TIM1_UP_IRQChannel              ((u8)0x19)
#define TIM1_TRG_COM_IRQChannel         ((u8)0x1A)
#define TIM1_CC_IRQChannel              ((u8)0x1B)
#define TIM2_IRQChannel                 ((u8)0x1C)
#define TIM3_IRQChannel                 ((u8)0x1D)
#define TIM4_IRQChannel                 ((u8)0x1E)
#define I2C1_EV_IRQChannel              ((u8)0x1F)
#define I2C1_ER_IRQChannel              ((u8)0x20)
#define I2C2_EV_IRQChannel              ((u8)0x21)
#define I2C2_ER_IRQChannel              ((u8)0x22)
#define SPI1_IRQChannel                 ((u8)0x23)
#define SPI2_IRQChannel                 ((u8)0x24)
#define USART1_IRQChannel               ((u8)0x25)
#define USART2_IRQChannel               ((u8)0x26)
#define USART3_IRQChannel               ((u8)0x27)
```

```
#define EXTI15_10_IRQChannel            ((u8)0x28)
#define RTCAlarm_IRQChannel             ((u8)0x29)
#define USBWakeUp_IRQChannel            ((u8)0x2A)
```

8.2　EXTI 中断

　　每个配置为输入方式的 GPIO 引脚都可以配置成外部中断/事件方式（EXTI），每个中断/事件都有独立的触发和屏蔽，触发请求可以是上升沿、下降沿或者双边沿触发。

　　每个外部中断都有对应的悬起标志，系统可以查询悬起标志响应触发请求，也可以在中断允许时以中断方式响应触发请求。

　　外部中断/事件控制器方框图如图 8.2 所示。

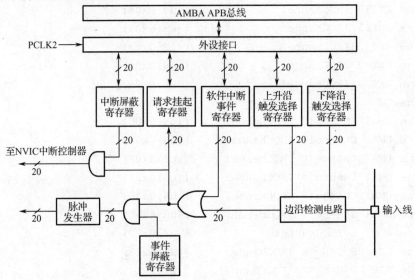

图 8.2　外部中断/事件控制器方框图

　　系统默认的外部中断输入线 EXTI0～15 是 PA0～15，可以通过 AFIO 的 EXTI 控制寄存器（AFIO_EXTICR1～4）配置成其他 GPIO 引脚，EXTI 控制寄存器及其配置如表 8.4 和表 8.5 所示（AFIO 的基地址为 0x4001 0000）。

　　另外 4 个 EXTI 线的连接方式如下：

● EXTI16 连接到 PVD 中断
● EXTI17 连接到 RTC 闹钟中断
● EXTI18 连接到 USB 唤醒中断
● EXTI19 连接到以太网唤醒中断

表 8.4　EXTI 控制寄存器[1]

偏移地址	名　　称	类　　型	复位值	说　　　　明
0x08	EXTICR1	读/写	0x0000	EXTI3～0[3:0]配置（详见表 8.5）
0x0C	EXTICR2	读/写	0x0000	EXTI7～4[3:0]配置（详见表 8.5）
0x10	EXTICR3	读/写	0x0000	EXTI11～8[3:0]配置（详见表 8.5）
0x14	EXTICR4	读/写	0x0000	EXTI15～12[3:0]配置（详见表 8.5）

注：（1）访问 EXTI 控制寄存器时必须先使能 AFIO 时钟。

表 8.5 EXTIx[3:0]配置

EXTIx[3:0]	引　　脚	EXTIx[3:0]	引　　脚
0000	PAx	0010	PCx
0001	PBx	0011	PDx

Keil 中 AFIO 对话框如图 8.3 所示。

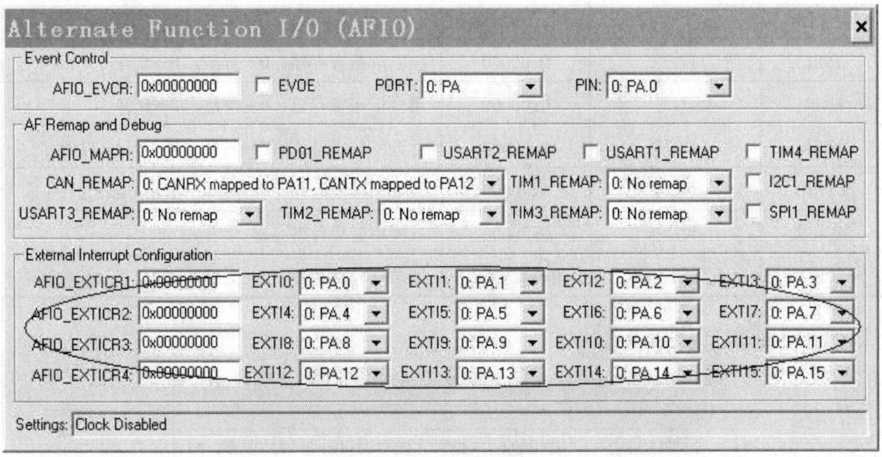

图 8.3　AFIO 对话框

相关的库函数在 stm32f10x_gpio.h 中声明如下：

```
void GPIO_EXTILineConfig(u8 GPIO_PortSource, u8 GPIO_PinSource);
```

功能：配置外部中断线
参数说明：

★ GPIO_PortSource：GPIO 端口，在 stm32f10x_gpio.h 中定义如下：

```
#define GPIO_PortSourceGPIOA        ((u8)0x00)
#define GPIO_PortSourceGPIOB        ((u8)0x01)
#define GPIO_PortSourceGPIOC        ((u8)0x02)
#define GPIO_PortSourceGPIOD        ((u8)0x03)
```

★ GPIO_PinSource：GPIO 引脚，在 stm32f10x_gpio.h 中定义如下：

```
#define GPIO_PinSource0             ((u8)0x00)
#define GPIO_PinSource1             ((u8)0x01)
#define GPIO_PinSource2             ((u8)0x02)
#define GPIO_PinSource3             ((u8)0x03)
#define GPIO_PinSource4             ((u8)0x04)
#define GPIO_PinSource5             ((u8)0x05)
#define GPIO_PinSource6             ((u8)0x06)
#define GPIO_PinSource7             ((u8)0x07)
#define GPIO_PinSource8             ((u8)0x08)
#define GPIO_PinSource9             ((u8)0x09)
#define GPIO_PinSource10            ((u8)0x0A)
#define GPIO_PinSource11            ((u8)0x0B)
```

```
#define GPIO_PinSource12                    ((u8)0x0C)
#define GPIO_PinSource13                    ((u8)0x0D)
#define GPIO_PinSource14                    ((u8)0x0E)
#define GPIO_PinSource15                    ((u8)0x0F)
```

EXTI 通过 6 个寄存器进行操作，如表 8.6 所示（EXTI 的基地址为 0x4001 0400）。

表 8.6　EXTI 寄存器

偏移地址	名　称	类　型	复　位　值	说　明
0x00	IMR	读/写	0x00000	中断屏蔽寄存器：0—屏蔽，1—允许
0x04	EMR	读/写	0x00000	事件屏蔽寄存器：0—屏蔽，1—允许
0x08	RTSR	读/写	0x00000	上升沿触发选择寄存器：0—禁止，1—允许
0x0C	FTSR	读/写	0x00000	下降沿触发选择寄存器：0—禁止，1—允许
0x10	SWIER	读/写	0x00000	软件中断事件寄存器
0x14	PR	读/写 1 清除	0xXXXXX	请求挂起寄存器：0—无触发请求，1—有触发请求

Keil 中 EXTI 对话框如图 8.4 所示。

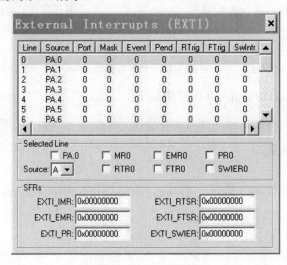

图 8.4　EXTI 对话框

常用的 EXTI 库函数在 stm32f10x_exti.h 中声明如下：

```
void EXTI_Init(EXTI_InitTypeDef* EXTI_InitStruct);
FlagStatus EXTI_GetFlagStatus(u32 EXTI_Line);
void EXTI_ClearFlag(u32 EXTI_Line);
```

1）初始化 EXTI

```
void EXTI_Init(EXTI_InitTypeDef* EXTI_InitStruct);
```

参数说明：

★ EXTI_InitStruct：EXTI 初始化参数结构体指针，初始化参数结构体在 stm32f10x_exti.h 中定义如下：

```
typedef struct
{
```

```
    u32 EXTI_Line;                              // 外部中断线
    EXTIMode_TypeDef EXTI_Mode;                 // 外部中断方式
    EXTITrigger_TypeDef EXTI_Trigger;           // 外部中断触发
    FunctionalState EXTI_LineCmd;               // 外部中断使能（ENABLE 或 DISABLE）
} EXTI_InitTypeDef;
```

其中各参数在 stm32f10x_exti.h 中定义如下：

```
#define EXTI_Line0                    ((u32)0x00001)
#define EXTI_Line1                    ((u32)0x00002)
#define EXTI_Line2                    ((u32)0x00004)
#define EXTI_Line3                    ((u32)0x00008)
#define EXTI_Line4                    ((u32)0x00010)
#define EXTI_Line5                    ((u32)0x00020)
#define EXTI_Line6                    ((u32)0x00040)
#define EXTI_Line7                    ((u32)0x00080)
#define EXTI_Line8                    ((u32)0x00100)
#define EXTI_Line9                    ((u32)0x00200)
#define EXTI_Line10                   ((u32)0x00400)
#define EXTI_Line11                   ((u32)0x00800)
#define EXTI_Line12                   ((u32)0x01000)
#define EXTI_Line13                   ((u32)0x02000)
#define EXTI_Line14                   ((u32)0x04000)
#define EXTI_Line15                   ((u32)0x08000)
#define EXTI_Line16                   ((u32)0x10000)
#define EXTI_Line17                   ((u32)0x20000)
#define EXTI_Line18                   ((u32)0x40000)


typedef enum
{
    EXTI_Mode_Interrupt = 0x00,           // 中断方式
    EXTI_Mode_Event = 0x04                // 事件方式
} EXTIMode_TypeDef;


typedef enum
{
    EXTI_Trigger_Rising = 0x08,           // 上升沿触发
    EXTI_Trigger_Falling = 0x0C,          // 下降沿触发
    EXTI_Trigger_Rising_Falling = 0x10    // 双边沿触发
} EXTITrigger_TypeDef;
```

2）获取 EXTI 标志状态

```
FlagStatus EXTI_GetFlagStatus(u32 EXTI_Line);
```

参数说明：

★ EXTI_Line：外部中断线

返回值：EXTI 标志状态，SET（1）—置位，RESET（0）—复位

3）清除 EXTI 标志

```
void EXTI_ClearFlag(u32 EXTI_Line);
```

★ EXTI_Line：外部中断线

EXTI 的 2 级中断控制如表 8.7 所示。

表 8.7　EXTI 中断控制

地　　址	名　　称	类　　型	复 位 值	说　　明
0xE000 E100	ISER0	读/写	0x00000000	位 6～10：EXTI0～4 中断使能 位 23：EXTI5～9 中断使能
0xE000 E104	ISER1	读/写	0x00000000	位 8：EXTI10～15 中断使能
0x4001 0400	IMR	读/写	0x00000	位 0～15：EXTI0～15 中断使能

注意：ISER 中 EXTI0～4 分别对应 1 个全局中断屏蔽位（ISER0.6～10），而 EXTI5～9 和 EXTI10～15 分别对应 1 个全局中断屏蔽位（ISER0.23 和 ISER1.8）；IMR 中 EXTI0～15 分别对应 1 个设备中断屏蔽位（IMR.0～15）。

相关的中断库函数声明如下：

```
void NVIC_Init(NVIC_InitTypeDef* NVIC_InitStruct);
void EXTI_Init(EXTI_InitTypeDef* EXTI_InitStruct);
FlagStatus EXTI_GetFlagStatus(u32 EXTI_Line);
void EXTI_ClearFlag(u32 EXTI_Line);
```

EXTI 中断程序的设计与实现在 GPIO 程序设计与实现的基础上修改完成。

（1）在 main.c 中的 GPIO_InitTypeDef GPIO_InitStruct 语句后添加下列语句：

```
EXTI_InitTypeDef EXTI_InitStruct;
NVIC_InitTypeDef NVIC_InitStruct;
```

（2）注释掉 while(1)中的下列语句：

```
// Key_Proc();
```

（3）在 Key_Init()中追加下列语句：

```
// 允许 EXTI0 中断
EXTI_InitStruct.EXTI_Line = EXTI_Line0;                          // 按键连接在 PA0
EXTI_InitStruct.EXTI_Mode = EXTI_Mode_Interrupt;                 // 中断方式
EXTI_InitStruct.EXTI_Trigger = EXTI_Trigger_Falling;            // 下降沿触发
EXTI_InitStruct.EXTI_LineCmd = ENABLE;
EXTI_Init(&EXTI_InitStruct);
// 允许 NVIC EXTI0 中断
NVIC_InitStruct.NVIC_IRQChannel = EXTI0_IRQChannel;             // 中断号
NVIC_InitStruct.NVIC_IRQChannelPreemptionPriority = 0;
NVIC_InitStruct.NVIC_IRQChannelSubPriority = 0;
NVIC_InitStruct.NVIC_IRQChannelCmd = ENABLE;
NVIC_Init(&NVIC_InitStruct);
/* 或
EXTI->FTSR |= 1;                                                 // EXTI0 下降沿触发
```

```
    EXTI->IMR |= 1;                                    // 允许 EXTI0 中断
    NVIC->ISER[0] |= 1<<6;                             // 允许 NVIC EXTI0 中断
    */
```

（4）将 Key_Proc()函数替换为下列按键中断处理子程序 EXTI0_IRQHandler()：

```
    // 按键中断处理子程序
    void EXTI0_IRQHandler(void)
    { // 按键按下
      if(EXTI_GetFlagStatus(EXTI_Line0))
      {
        Delay_ms(10);                                  // 延时 10ms 消抖
        if(!GPIO_ReadInputDataBit(GPIOA, GPIO_Pin_0))
        {
          dir = ~dir;                                  // 按键处理
        }
        EXTI_ClearFlag(EXTI_Line0);                    // 清除中断标志
      }
    }
```

（5）在 FWLib 中添加下列库文件：

- stm32f10x_exti.c
- stm32f10x_nvic.c
- cortexm3_macro.s

或删除所有源码库文件 stm32f10x_*.c，添加下列编译库文件：

- STM32F10xR.LIB

对比按键处理的查询和中断实现方法可以看出：

- 中断的初始化子程序增加了初始化 EXTI 和 NVIC，其核心内容是允许中断
- 查询处理 Key_Proc()出现在主程序中，中断处理 EXTI0_IRQHandler()出现在中断地址表中
- 查询处理 Key_Proc()判断的是 GPIOA→IDR（电平），而且必须设置按下标志（key）；中断处理 EXTI0_IRQHandler()判断的是 EXTI→PR（边沿），而且必须清除中断标志（EXTI→PR）

8.3　USART 中断

USART 的中断库函数在 stm32f103x_usart.h 中声明如下：

```
    void USART_ITConfig(USART_TypeDef* USARTx, u16 USART_IT,
      FunctionalState NewState);
```

功能：配置 USART 中断

★ USARTx：USART 名称，取值是 USART1 或 USART2 等
★ USART_IT：USART 中断类型，在 stm32f103x_usart.h 中定义如下：

```
    #define USART_IT_PE                 ((u16)0x0028)      // PE 中断
    #define USART_IT_TXE                ((u16)0x0727)      // TXE 中断
    #define USART_IT_TC                 ((u16)0x0626)      // TC 中断
    #define USART_IT_RXNE               ((u16)0x0525)      // RXNE 中断
```

```
#define USART_IT_IDLE          ((u16)0x0424)          // IDLE 中断
#define USART_IT_LBD           ((u16)0x0846)          // LBD 中断
#define USART_IT_CTS           ((u16)0x096A)          // CTS 中断
#define USART_IT_ERR           ((u16)0x0060)          // ERR 中断
```

★ NewState：USART 中断新状态，ENANLE—允许中断，DISABLE—禁止中断

USART 的 2 级中断控制如表 8.8 所示。

表 8.8　USART 的 2 级中断控制

地　　址	名　　称	类型	复 位 值	说　　明
0xE000 E104	ISER1	读/写	0x00000000	位 5～7：USART1～3 全局中断使能
0x4001 380C	USART1_CR1	读/写	0x0000	位 7—TXE 中断使能，位 5—RXNE 中断使能
0x4000 440C	USART2_CR1	读/写	0x0000	
0x4000 480C	USART3_CR1	读/写	0x0000	

相关的中断库函数声明如下：

```
void NVIC_Init(NVIC_InitTypeDef* NVIC_InitStruct);
void USART_ITConfig(USART_TypeDef* USARTx, u16 USART_IT,
     FunctionalState NewState);
```

USART 中断程序的设计与实现在 USART 程序设计与实现的基础上修改完成。

（1）在 uart.c 中的 USART_InitTypeDef USART_InitStruct 语句后添加下列语句：

```
NVIC_InitTypeDef NVIC_InitStruct;
```

（2）在 uart.c 的 USART2_Init()中追加下列语句：

```
// 允许 USART2 接收中断
USART_ITConfig(USART2, USART_IT_RXNE, ENABLE);
// 允许 NVIC USART2 中断
NVIC_InitStruct.NVIC_IRQChannel = USART2_IRQChannel;
NVIC_InitStruct.NVIC_IRQChannelPreemptionPriority = 0;
NVIC_InitStruct.NVIC_IRQChannelSubPriority = 0;
NVIC_InitStruct.NVIC_IRQChannelCmd = ENABLE;
NVIC_Init(&NVIC_InitStruct);
/* 或
USART2->CR1 |= 1<<5;                    // 允许 USART2 接收中断
NVIC->ISER[1] |= 1<<6;                  // 允许 NVIC USART2 中断
*/
```

（3）注释掉 main.c 中 while(1)的下列语句：

```
// USART_ReceiveTime(USART2);
```

（4）将 main.c 中下列函数名：

```
// void USART_ReceiveTime(USART_TypeDef* USARTx)
```

修改为 USART2 中断处理程序名：

```
void USART2_IRQHandler(void)
```

并将函数体中的 4 处 USARTx 修改为 USART2。

（5）在 FWLib 中添加下列库文件：

- stm32f10x_nvic.c
- cortexm3_macro.s

或删除所有源码库文件 stm32f10x_*.c，添加下列编译库文件：

- STM32F10xR.LIB

对比 USART 接收的查询和中断方式可以看出：两者的处理函数内容完全相同，不同的除了处理函数名称外，最本质的区别是调用处理函数的方式不同：查询方式通过执行 while(1)中的 USART_ReceiveTime()语句实现，中断方式在中断允许时通过 STM32F10x.s 中定义的中断向量表中的中断处理程序起始地址实现调用。

8.4　TIM 中断

TIM 的中断库函数在 stm32f103x_tim.h 中声明如下：

```
void TIM_ITConfig(TIM_TypeDef* TIMx, u16 TIM_IT, FunctionalState NewState);
```

功能：配置 TIM 中断

★ TIMx：TIM 名称，取值是 TIM1 或 TIM2 等

★ TIM_IT：TIM 中断类型，在 stm32f103x_tim.h 中定义如下：

```
#define TIM_IT_Update          ((u16)0x0001)        // 更新中断
#define TIM_IT_CC1             ((u16)0x0002)        // 捕捉/比较 1 中断
#define TIM_IT_CC2             ((u16)0x0004)        // 捕捉/比较 2 中断
#define TIM_IT_CC3             ((u16)0x0008)        // 捕捉/比较 3 中断
#define TIM_IT_CC4             ((u16)0x0010)        // 捕捉/比较 4 中断
#define TIM_IT_COM             ((u16)0x0020)        // 捕捉/比较中断
#define TIM_IT_Trigger         ((u16)0x0040)        // 触发中断
#define TIM_IT_Break           ((u16)0x0080)        // 刹车中断
```

★ NewState：TIM 中断新状态，ENANLE—允许中断，DISABLE—禁止中断

TIM 的 2 级中断控制如表 8.9 所示。

表 8.9　TIM 的 2 级中断控制

地　　址	名　　称	类型	复位值	说　　明
0xE000 E100	ISER0	读/写	0x00000000	位 25：TIM1 更新中断使能 位 26：TIM1 触发中断使能 位 27：TIM1 捕获/比较中断使能 位 28~30：TIM2~4 全局中断使能
0x4001 2C0C	TIM1_DIER	读/写	0x0000	
0x4000 000C	TIM2_DIER	读/写	0x0000	位 0：更新中断使能 位 1~4：捕获/比较 1~4 中断使能
0x4000 040C	TIM3_DIER	读/写	0x0000	
0x4000 080C	TIM4_DIER	读/写	0x0000	

注意：ISER 中 TIM1 对应 4 个全局中断屏蔽位（ISER0.24~27），而 TIM2~4 分别对应 1 个全局中断屏蔽位（ISER0.28~30）；TIM1_DIER~TIM4_DIER 中的相应位分别对应 TIM1~TIM4

的设备中断屏蔽位。

相关的中断库函数声明如下：

```
void NVIC_Init(NVIC_InitTypeDef* NVIC_InitStruct);
void TIM_ITConfig(TIM_TypeDef* TIMx, u16 TIM_IT, FunctionalState NewState);
```

TIM 中断程序的设计与实现在 TIM 程序设计与实现的基础上修改完成。

（1）在 tim.c 中 TIM1_Init()的 TIM_OCInitTypeDef TIM_OCInitStruct 后添加下列语句：

```
NVIC_InitTypeDef NVIC_InitStruct;
```

（2）在 tim.c 的 Tim1_Init()中追加下列语句：

```
TIM_ITConfig(TIM1, TIM_IT_Update, ENABLE);

NVIC_InitStruct.NVIC_IRQChannel = TIM1_UP_IRQChannel;
NVIC_InitStruct.NVIC_IRQChannelPreemptionPriority = 0;
NVIC_InitStruct.NVIC_IRQChannelSubPriority = 0;
NVIC_InitStruct.NVIC_IRQChannelCmd = ENABLE;
NVIC_Init(&NVIC_InitStruct);
/* 或
TIM1->DIER |= 1;                         // 允许 TIM1 更新中断
NVIC->ISER[0] |= 1<<25;                   // 允许 NVIC TIM1 更新中断
*/
```

（3）将 TIM1 处理子程序名：

```
// void TIM1_Proc(void)
```

修改为 TIM1 更新中断处理程序名：

```
void TIM1_UP_IRQHandler(void)
```

（4）注释掉 TIM1 处理子程序中的下列语句：

```
// if(TIM_GetFlagStatus(TIM1, TIM_FLAG_Update))
```

注意：在 TIM1 更新中断处理程序中，上列 if 语句是中断源查询语句，由于 TIM1 更新中断只有一个中断源，因此不需要再进行查询。而对于 EXTI5～9、EXTI10～15、USART1～3、TIM2～4 和 ADC 等全局中断，因为每个中断都有多个中断源，所以在中断处理程序中还必须对中断源进行查询。但如果只允许其中一个中断源，则通常也不需要再进行查询。

（5）注释掉 TIM1 处理子程序中的下列语句：

```
// printf("%4u\r\n", CCR1_Val);
```

注意：中断处理程序中不能使用像 printf()这样比较耗时的函数。如果需要输出 CCR1_Val 的值，可以在 main.c 中将 CCR1_Val 声明为全局变量，并将上述 printf 语句放在 while(1)中。

（6）注释掉 main.c 中 while(1)的下列语句：

```
// TIM1_Proc();
```

（7）在 FWLib 中添加下列库文件：

● stm32f10x_nvic.c

● cortexm3_macro.s

或删除所有源码库文件 stm32f10x_*.c，添加下列编译库文件：

● STM32F10xR.LIB

TIM2 中断方式的实现请读者参考 TIM1 的实现方法自行完成。

注意：运行程序时用导线连接 PA8 与 PA1。

8.5　ADC 中断

ADC 的中断库函数在 stm32f103x_adc.h 中声明如下：

```
void ADC_ITConfig(ADC_TypeDef* ADCx, u16 ADC_IT, FunctionalState NewState);
```

功能：配置 ADC 中断

★ ADCx：ADC 名称，取值是 ADC1 或 ADC2 等

★ ADC_IT：ADC 中断类型，在 stm32f103x_adc.h 中定义如下：

```
#define ADC_IT_EOC              ((u16)0x0220)        // 转换结束中断
#define ADC_IT_AWD              ((u16)0x0140)        // 模拟看门狗中断
#define ADC_IT_JEOC             ((u16)0x0480)        // 注入通道转换结束中断
```

★ NewState：TIM 中断新状态，ENANLE—允许中断，DISABLE—禁止中断

ADC 的 2 级中断控制如表 8.10 所示。

表 8.10　ADC 的 2 级中断控制

地　址	名　称	类型	复位值	说　明
0xE000 E100	ISER0	读/写	0x00000000	位 18：ADC1 和 ADC2 全局中断使能
0x4001 2404	ADC1_CR1	读/写	0x0000	位 7：注入通道转换结束中断使能
0x4001 2804	ADC2_CR1	读/写	0x0000	位 5：转换结束中断使能

相关的中断库函数声明如下：

```
void NVIC_Init(NVIC_InitTypeDef* NVIC_InitStruct);
void ADC_ITConfig(ADC_TypeDef* ADCx, u16 ADC_IT, FunctionalState NewState);
```

ADC 中断程序的设计与实现在 ADC 程序设计与实现的基础上修改完成。

（1）在 adc.c 中 ADC1_Init()的 ADC_InitTypeDef ADC_InitStruct 语句后添加下列语句：

```
NVIC_InitTypeDef NVIC_InitStruct;
```

（2）在 adc.c 的 ADC1_Init()中追加下列语句：

```
ADC_ITConfig(ADC1, ADC_IT_EOC, ENABLE);

NVIC_InitStruct.NVIC_IRQChannel = ADC1_2_IRQChannel;
NVIC_InitStruct.NVIC_IRQChannelPreemptionPriority = 0;
NVIC_InitStruct.NVIC_IRQChannelSubPriority = 0;
NVIC_InitStruct.NVIC_IRQChannelCmd = ENABLE;
NVIC_Init(&NVIC_InitStruct);
/* 或
```

```
ADC1->CR1 |= 1<<5;                          // 允许 ADC1 转换结束中断
NVIC->ISER[0] |= 1<<18;                      // 允许 ADC1 和 ADC2 全局中断
*/
```

（3）将 ADC1 处理子程序名：

```
// void ADC1_Proc(void)
```

修改为 ADC 中断处理程序名：

```
void ADC_IRQHandler(void)
```

（4）将 ADC1 处理子程序中的下列语句：

```
u16 adc_dat[2];
```

修改为：

```
extern u16 adc_dat[2];
```

（5）注释掉 ADC1 处理子程序中的下列语句：

```
// printf("%4.2fV ", adc_dat[0]*3.3/4095);                          // 输出电压值
// printf("%5.2f℃\r\n", 25+(5855.85-3.3*adc_dat[1])/17.6085);    // 输出温度值
```

注意：因为 ADC1 设置为连续转换模式，所以如果不把上列 printf() 语句注释掉，则在执行 printf() 语句时 ADC1 会再次产生中断，造成显示结果错误。

警告：中断服务程序中不要使用 printf() 等执行时间较长的语句。

（6）在 main.c 中定义下列全局变量：

```
u16 adc_dat[2];
```

（7）将 main.c 中 while(1) 的下列语句：

```
ADC1_Proc();
```

修改为：

```
printf("%4.2fV ", adc_dat[0]*3.3/4095);                          // 输出电压值
printf("%5.2f℃\r\n", 25+(5855.85-3.3*adc_dat[1])/17.6085);    // 输出温度值
```

（8）在 FWLib 中添加下列库文件：

- stm32f10x_nvic.c
- cortexm3_macro.s

或删除所有源码库文件 stm32f10x_*.c，添加下列编译库文件：

- STM32F10xR.LIB

第9章　直接存储器存取 DMA

直接存储器存取（DMA）用来提供外设和存储器之间或者存储器和存储器之间的批量数据传输。DMA 传送过程无须 CPU 干预，数据可以通过 DMA 快速地传送，这就节省了 CPU 的资源来做其他操作。

9.1　DMA 简介

STM32 的两个 DMA 控制器有 12 个通道（DMA1 有 7 个通道，DMA2 有 5 个通道），每个通道专门用来管理来自于一个或多个外设对存储器访问的请求，还有一个仲裁器来协调各个 DMA 请求的优先权。

DMA1 的通道请求源如表 9.1 所示。

表 9.1　DMA1 的通道请求源

外　设	通　道 1	通　道 2	通　道 3	通　道 4	通　道 5	通　道 6	通　道 7
ADC	ADC1						
SPI/I^{2}S		SPI1_RX	SPI1_TX	SPI/I^{2}S2_RX	SPI/I^{2}S2_TX		
USART		USART3_TX	USART3_RX	USART1_TX	USART1_RX	USART2_RX	USART2_TX
I^{2}C				I^{2}C2_TX	I^{2}C2_RX	I^{2}C1_TX	I^{2}C1_RX
TIM1		TIM1_CH1	TIM1_CH2	TIM1_CH4 TIM1_TRIG TIM1_COM	TIM1_UP	TIM1_CH3	
TIM2	TIM2_CH3	TIM2_UP			TIM2_CH1		TIM2_CH2 TIM2_CH4
TIM3		TIM3_CH3	TIM3_CH4 TIM3_UP			TIM3_CH1 TIM3_TRIG	
TIM4	TIM4_CH1			TIM4_CH2	TIM4_CH3		TIM4_UP

DMA1 通过 30（2+4×7）个寄存器进行操作，DMA 寄存器如表 9.2 所示（DMA1 的基地址是 0x4002 0000），其中 4 个中断状态位和 4 个中断标志清除位分别如表 9.3 和表 9.4 所示，通道配置寄存器（CCRx）如表 9.5 所示（7 个通道配置寄存器的偏移地址依次是 0x08、0x1C、0x30、0x44、0x58、0x6C 和 0x80）。

表 9.2　DMA 寄存器

偏移地址	名　　称	类　型	复　位　值	说　　明
0x00	ISR	读	0x000 0000	中断状态寄存器：1 个通道 4 位（详见表 9.3）
0x04	IFCR	读/写	0x000 0000	中断标志清除寄存器：1 个通道 4 位（详见表 9.4）
0x08	CCR1	读/写	0x0000	通道 1 配置寄存器（详见表 9.5）
0x0C	CNDTR1	读/写	0x0000	通道 1 传输数据数量寄存器（16 位）
0x10	CPAR1	读/写	0x00000000	通道 1 外设地址寄存器
0x14	CMAR1	读/写	0x00000000	通道 1 存储器地址寄存器

表 9.3　中断状态位

位	名　称	类　型	复位值	说　明
0	GIF1	读	0	通道 1 全局中断标志
1	TCIF1	读	0	通道 1 传输完成中断标志
2	HTIF1	读	0	通道 1 传输过半中断标志
3	TEIF1	读	0	通道 1 传输错误中断标志

表 9.4　中断标志清除位

位	名　称	类　型	复位值	说　明
0	CGIF1	读/写	0	清除通道 1 全局中断标志
1	CTCIF1	读/写	0	清除通道 1 传输完成中断标志
2	CHTIF1	读/写	0	清除通道 1 传输过半中断标志
3	CTEIF1	读/写	0	清除通道 1 传输错误中断标志

表 9.5　通道配置寄存器（CCRx）

位	名　称	类　型	复位值	说　明
0	EN	读/写	0	通道使能
1	TCIE	读/写	0	传输完成中断使能
2	HTIE	读/写	0	传输过半中断使能
3	TEIE	读/写	0	传输错误中断使能
4	DIR	读/写	0	数据传输方向：0—外设读，1—存储器读
5	CIRC	读/写	0	循环模式：0—不重装 CNDTR，1—重装 CNDTR
6	PINC	读/写	0	外设地址增量：0—无增量，1—有增量
7	MINC	读/写	0	存储器地址增量：0—无增量，1—有增量
9:8	PSIZE[1:0]	读/写	0	外设数据宽度：00—8 位，01—16 位，10—32 位
11:10	MSIZE[1:0]	读/写	0	存储器数据宽度：00—8 位，01—16 位，10—32 位
13:12	PL[1:0]	读/写	0	通道优先级：00—低，01—中，10—高，11—最高
14	MEM2MEM	读/写	0	存储器到存储器模式

Keil 中 DMA 对话框如图 9.1 所示。

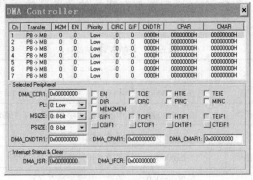

图 9.1　DMA 对话框

常用的 DMA 库函数在 stm32f10x_dma.h 中声明如下：

```
void DMA_Init(DMA_Channel_TypeDef* DMAy_Channelx,
  DMA_InitTypeDef* DMA_InitStruct);
void DMA_Cmd(DMA_Channel_TypeDef* DMAy_Channelx, FunctionalState NewState);
void DMA_ITConfig(DMA_Channel_TypeDef* DMAy_Channelx, u32 DMA_IT,
  FunctionalState NewState);
FlagStatus DMA_GetFlagStatus(u32 DMA_FLAG);
void DMA_ClearFlag(u32 DMA_FLAG);
```

1）初始化 DMA

```
void DMA_Init(DMA_Channel_TypeDef* DMAy_Channelx,
  DMA_InitTypeDef* DMA_InitStruct);
```

参数说明：

★ DMAy_Channelx：DMA 通道，y 的取值是 1 或 2，y 为 1 时 x 的取值是 1~7

★ DMA_InitStruct：DMA 初始化参数结构体指针，DMA 初始化参数结构体在 stm32f10x_dma.h 中定义如下：

```
typedef struct
{
  u32 DMA_PeripheralBaseAddr;          // 外设基地址
  u32 DMA_MemoryBaseAddr;              // 存储器基地址
  u32 DMA_DIR;                         // 数据传输方向
  u32 DMA_BufferSize;                  // 数据传输数量
  u32 DMA_PeripheralInc;               // 外设地址增量
  u32 DMA_MemoryInc;                   // 存储器地址增量
  u32 DMA_PeripheralDataSize;          // 外设数据宽度
  u32 DMA_MemoryDataSize;              // 存储器数据宽度
  u32 DMA_Mode;                        // 循环模式
  u32 DMA_Priority;                    // 通道优先级
  u32 DMA_M2M;                         // 存储器到存储器模式
} DMA_InitTypeDef;
```

其中各参数分别定义如下：

```
#define DMA_DIR_PeripheralDST              ((u32)0x00000010)
#define DMA_DIR_PeripheralSRC              ((u32)0x00000000)


#define DMA_PeripheralInc_Enable           ((u32)0x00000040)
#define DMA_PeripheralInc_Disable          ((u32)0x00000000)


#define DMA_MemoryInc_Enable               ((u32)0x00000080)
#define DMA_MemoryInc_Disable              ((u32)0x00000000)


#define DMA_PeripheralDataSize_Byte        ((u32)0x00000000)
#define DMA_PeripheralDataSize_HalfWord    ((u32)0x00000100)
#define DMA_PeripheralDataSize_Word        ((u32)0x00000200)
```

```
#define DMA_MemoryDataSize_Byte              ((u32)0x00000000)
#define DMA_MemoryDataSize_HalfWord          ((u32)0x00000400)
#define DMA_MemoryDataSize_Word              ((u32)0x00000800)

#define DMA_Mode_Circular                    ((u32)0x00000020)
#define DMA_Mode_Normal                      ((u32)0x00000000)

#define DMA_Priority_VeryHigh                ((u32)0x00003000)
#define DMA_Priority_High                    ((u32)0x00002000)
#define DMA_Priority_Medium                  ((u32)0x00001000)
#define DMA_Priority_Low                     ((u32)0x00000000)

#define DMA_M2M_Enable                       ((u32)0x00004000)
#define DMA_M2M_Disable                      ((u32)0x00000000)
```

2）使能 DMA

```
void DMA_Cmd(DMA_Channel_TypeDef* DMAy_Channelx, FunctionalState NewState);
```

参数说明：

★ DMAy_Channelx：DMA 通道，y 的取值是 1 或 2，y 为 1 时 x 的取值是 1~7

★ NewState：DMA 新状态，ENANLE（1）—允许，DISABLE（0）—禁止

3）配置 DMA 中断

```
void DMA_ITConfig(DMA_Channel_TypeDef* DMAy_Channelx, u32 DMA_IT,
  FunctionalState NewState);
```

参数说明：

★ DMAy_Channelx：DMA 通道，y 的取值是 1 或 2，y 为 1 时 x 的取值是 1~7

★ DMA_IT：DMA 中断类型，在 stm32f10x_dma.h 中定义如下：

```
#define DMA_IT_TC                  ((u32)0x00000002)        // 传输完成
#define DMA_IT_HT                  ((u32)0x00000004)        // 传输过半
#define DMA_IT_TE                  ((u32)0x00000008)        // 传输错误
```

★ NewState：DMA 中断新状态，ENANLE（1）—允许，DISABLE（0）—禁止

4）获取 DMA 标志状态

```
FlagStatus DMA_GetFlagStatus(u32 DMA_FLAG);
```

参数说明：

★ DMA_FLAG：DMA 标志，在 stm32f10x_dma.h 中定义如下：

```
#define DMA1_FLAG_GL1              ((u32)0x00000001)        // 通道 1 全局中断
#define DMA1_FLAG_TC1              ((u32)0x00000002)        // 通道 1 传输完成
#define DMA1_FLAG_HT1              ((u32)0x00000004)        // 通道 1 传输过半
#define DMA1_FLAG_TE1              ((u32)0x00000008)        // 通道 1 传输错误
```

返回值：DMA 标志状态，SET（1）—置位，RESET（0）—复位

5）清除 DMA 标志

```
void DMA_ClearFlag(u32 DMA_FLAG);
```

参数说明：

★ DMA_FLAG：DMA 标志

DMA1 的 2 级中断控制如表 9.6 所示。

表 9.6　DMA1 的 2 级中断控制

地　　址	名　　称	类型	复 位 值	说　　明
0xE000 E100	ISER0	读/写	0x00000000	位 11:17—DMA1_Channelx：DMA1 通道 1～7 全局中断使能
0x4002 0008	DMA1_CCR1	读/写	0x0000	
0x4002 001C	DMA1_CCR2	读/写	0x0000	
0x4002 0030	DMA1_CCR3	读/写	0x0000	位 1—TCIE：传输完成中断使能
0x4002 0044	DMA1_CCR4	读/写	0x0000	位 2—HTIE：传输过半中断使能
0x4002 0058	DMA1_CCR5	读/写	0x0000	位 3—TEIE：传输错误中断使能
0x4002 006C	DMA1_CCR6	读/写	0x0000	
0x4002 0080	DMA1_CCR7	读/写	0x0000	

9.2　USART 的 DMA 操作

与 DMA 操作有关的 USART 控制位如表 9.7 所示。

表 9.7　USART 控制寄存器 3（CR3）

位	名　　称	类　　型	复 位 值	说　　明
7	DMAT	读/写	0	DMA 发送请求使能
6	DMAR	读/写	0	DMA 接收请求使能

相关的库函数在 stm32f10x_usart.h 中声明如下：

```
void USART_DMACmd(USART_TypeDef* USARTx, u16 USART_DMAReq,
    FunctionalState NewState);
```

功能：使能 USART DMA

★ USARTx：USART 名称，取值是 USART1 或 USART2 等

★ USART_DMAReq：USART DMA 请求，在 stm32f103x_usart.h 中定义如下：

```
#define USART_DMAReq_Tx            ((u16)0x0080)
#define USART_DMAReq_Rx            ((u16)0x0040)
```

★ NewState：DMA 请求新状态，ENANLE（1）—允许，DISABLE（0）—禁止

USART DMA 程序的设计与实现在 USART 中断程序设计与实现的基础上修改完成。

（1）在 uart.h 中添加下列函数声明：

```
void DMA1_Ch6_Init(void);
```

（2）在 uart.c 中追加下列函数：

```
// DMA1 通道 6 初始化程序
void DMA1_Ch6_Init(void)
{
  extern u8 time[];

  NVIC_InitTypeDef NVIC_InitStruct;
  DMA_InitTypeDef DMA_InitStruct;

  RCC_AHBPeriphClockCmd(RCC_AHBPeriph_DMA1, ENABLE);       // 开启 DMA1 时钟

  DMA_InitStruct.DMA_PeripheralBaseAddr = 0x40004404;      // USART2->DR
  DMA_InitStruct.DMA_MemoryBaseAddr = (u32)time;           // 存储器地址
  DMA_InitStruct.DMA_DIR = DMA_DIR_PeripheralSRC;          // 外设到存储器
  DMA_InitStruct.DMA_BufferSize = 4;                       // 数据传输数量
  DMA_InitStruct.DMA_PeripheralInc = DMA_PeripheralInc_Disable;
  DMA_InitStruct.DMA_MemoryInc = DMA_MemoryInc_Enable;     // 存储器地址增量
  DMA_InitStruct.DMA_PeripheralDataSize = DMA_PeripheralDataSize_Byte;
  DMA_InitStruct.DMA_MemoryDataSize = DMA_MemoryDataSize_Byte;
  DMA_InitStruct.DMA_Mode = DMA_Mode_Circular;             // 循环模式
  DMA_InitStruct.DMA_Priority = DMA_Priority_Low;
  DMA_InitStruct.DMA_M2M = DMA_M2M_Disable;
  DMA_Init(DMA1_Channel6, &DMA_InitStruct);                // 初始化 DMA1 通道 6

  DMA_Cmd(DMA1_Channel6, ENABLE);                          // 允许 DMA1 通道 6

  DMA_ITConfig(DMA1_Channel6, DMA_IT_TC, ENABLE);          // 允许传输完成中断

  NVIC_InitStruct.NVIC_IRQChannel = DMA1_Channel6_IRQChannel;   // 中断号
  NVIC_InitStruct.NVIC_IRQChannelPreemptionPriority = 0;
  NVIC_InitStruct.NVIC_IRQChannelSubPriority = 0;
  NVIC_InitStruct.NVIC_IRQChannelCmd = ENABLE;             // 允许 NVIC 中断
  NVIC_Init(&NVIC_InitStruct);
  /* 或
  RCC->AHBENR |= 1;                                        // 开启 DMA1 时钟
  DMA1_Channel6->CPAR = 0x40004404;                        // USART2->DR
  DMA1_Channel6->CMAR = (u32)time;                         // 存储器地址
  DMA1_Channel6->CNDTR = 4;                                // 传输数据数量
  DMA1_Channel6->CCR |= 0xa3;                // 8 位，存储器地址增量，循环模式
                                             // 允许 DMA1 通道 6，允许传输完成中断
  NVIC->ISER[0] |= 1<<16;                    // 允许 DMA1 通道 6 中断
  */
}
```

（3）将 uart.c 中 USART2_Init() 的下列语句：

```
// 允许 USART2 接收中断
USART_ITConfig(USART2, USART_IT_RXNE, ENABLE);
```

```
// 允许 NVIC USART2 中断
NVIC_InitStruct.NVIC_IRQChannel = USART2_IRQChannel;
NVIC_InitStruct.NVIC_IRQChannelPreemptionPriority = 0;
NVIC_InitStruct.NVIC_IRQChannelSubPriority = 0;
NVIC_InitStruct.NVIC_IRQChannelCmd = ENABLE;
NVIC_Init(&NVIC_InitStruct);
```

替换为：

```
// 允许 USART2 DMA 接收
USART_DMACmd(USART2, USART_DMAReq_Rx,    ENABLE);
// 或 USART2->CR3 |= 1<<6;
```

（4）在 main()的初始化部分添加下列语句：

```
DMA1_Ch6_Init();
```

（5）注释掉 while(1)中的下列语句：

```
// USART_ReceiveTime(USART2);
```

（6）在 main.c 中追加下列函数：

```
// DMA1 通道 6 中断处理程序
void DMAChannel6_IRQHandler(void)
{ // 清除传输完成中断
  DMA_ClearFlag(DMA1_FLAG_TC6);
  // 或 DMA1->IFCR |= 0x200000;

  min = ((time[0]-0x30)<<4) + time[1]-0x30;              // 设置分值
  sec = ((time[2]-0x30)<<4) + time[3]-0x30;              // 设置秒值
}
```

重新生成并运行目标程序，在 PC 终端中输入 4 个数字，显示值从设置值开始计时。

9.3　ADC 的 DMA 操作

与 DMA 操作有关的 ADC 控制位如表 9.8 所示。

表 9.8　ADC 控制寄存器 2（CR2）

位	名　称	类　型	复　位　值	说　明
8	DMA	读/写	0	DMA 模式

相关的库函数在 stm32f10x_adc.h 中声明如下：

```
void ADC_DMACmd(ADC_TypeDef* ADCx, FunctionalState NewState);
```

功能：使能 ADC DMA

★ ADCx：ADC 名称，取值是 ADC1 或 ADC2 等

★ NewState：DMA 新状态，ENANLE（1）—允许，DISABLE（0）—禁止

用 ADC DMA 实现两个规则通道模数转换的程序设计在 ADC 中断程序设计的基础上修改完

成。

（1）在 adc.h 中添加下列函数声明：

```
void DMA1_Ch1_Init(void);
```

（2）在 adc.c 中追加下列函数：

```
// DMA1 通道 1 初始化程序
void DMA1_Ch1_Init(void)
{
  extern u16 adc_dat[2];

  DMA_InitTypeDef DMA_InitStruct;

  RCC_AHBPeriphClockCmd(RCC_AHBPeriph_DMA1, ENABLE);                // 开启 DMA1 时钟

  DMA_InitStruct.DMA_PeripheralBaseAddr = 0x4001244C;              // ADC1->DR
  DMA_InitStruct.DMA_MemoryBaseAddr = (u32)adc_dat;               // 存储器地址
  DMA_InitStruct.DMA_DIR = DMA_DIR_PeripheralSRC;                // 外设到存储器
  DMA_InitStruct.DMA_BufferSize = 2;                            // 数据传输数量
  DMA_InitStruct.DMA_PeripheralInc = DMA_PeripheralInc_Disable;
  DMA_InitStruct.DMA_MemoryInc = DMA_MemoryInc_Enable;          // 存储器地址增量
  DMA_InitStruct.DMA_PeripheralDataSize = DMA_PeripheralDataSize_HalfWord;
  DMA_InitStruct.DMA_MemoryDataSize = DMA_MemoryDataSize_HalfWord;
  DMA_InitStruct.DMA_Mode = DMA_Mode_Circular;                 // 循环模式
  DMA_InitStruct.DMA_Priority = DMA_Priority_Low;
  DMA_InitStruct.DMA_M2M = DMA_M2M_Disable;
  DMA_Init(DMA1_Channel1, &DMA_InitStruct);                   // 初始化 DMA1 通道 1

  DMA_Cmd(DMA1_Channel1, ENABLE);                            // 允许 DMA1 通道 1
  /* 或
  RCC->AHBENR |= 1;                                         // 开启 DMA1 时钟
  DMA1_Channel1->CPAR = 0x4001244C;                        // ADC1->DR
  DMA1_Channel1->CMAR = (u32)adc_dat;                     // 存储器地址
  DMA1_Channel1->CNDTR = 2;                               // 传输数据数量
  DMA1_Channel1->CCR |= 0x5a1;                            // 16 位，存储器地址增量，循环模式
                                                          // 允许 DMA1 通道 1

  */
}
```

（3）将 ADC1_Init()中的下列语句：

```
ADC_InitStruct.ADC_ScanConvMode = DISABLE;                 // 默认值
ADC_InitStruct.ADC_NbrOfChannel = 1;                      // 默认值
```

修改为：

```
ADC_InitStruct.ADC_ScanConvMode = ENABLE;                  // 扫描模式
ADC_InitStruct.ADC_NbrOfChannel = 2;                      // 通道数
```

（4）注释掉 ADC1_Init()中的下列语句：

```
// ADC_AutoInjectedConvCmd(ADC1, ENABLE);              // 注入通道自动转换
```

（5）将 ADC1_Init()中的下列语句：

```
ADC_InjectedChannelConfig(ADC1, ADC_Channel_16, 1,
  ADC_SampleTime_55Cycles5);                            // 配置通道16（注入通道）
```

修改为：

```
ADC_RegularChannelConfig(ADC1, ADC_Channel_16, 2,
  ADC_SampleTime_55Cycles5);                            // 配置通道16（规则通道）
```

（6）将 ADC1_Init()中的下列语句：

```
ADC_ITConfig(ADC1, ADC_IT_EOC, ENABLE);

NVIC_InitStruct.NVIC_IRQChannel = ADC1_2_IRQChannel;
NVIC_InitStruct.NVIC_IRQChannelPreemptionPriority = 0;
NVIC_InitStruct.NVIC_IRQChannelSubPriority = 0;
NVIC_InitStruct.NVIC_IRQChannelCmd = ENABLE;
NVIC_Init(&NVIC_InitStruct);
```

替换为：

```
// 允许 DMA 模式
ADC_DMACmd(ADC1, ENABLE);
// 或 ADC1->CR2 |= 1<<8;
```

（7）在 main()的初始化部分添加下列语句：

```
DMA1_Ch1_Init();
```

第 10 章　竞赛扩展板的使用

竞赛扩展板由以下功能模块组成（参见附录 D）：

- 3 位八段数码管（共阴极静态显示）
- 8 个 ADC 按键
- 湿度传感器：DHT11
- 温度传感器：DS18B20
- 三轴加速度传感器：LIS302DL
- 2 路模拟电压输出：输出电压范围为 0 ~ 3.3V
- 2 路脉冲信号输出：频率可调范围为 100Hz ~ 20kHz
- 2 路 PWM 信号输出：固定频率，占空比可调范围为 1% ~ 99%
- 光敏电阻：10kΩ，模拟和数字输出

本章介绍竞赛扩展板各功能模块的使用。

10.1　数码管的使用

数码管由 8 个 LED 构成，其中 7 个 LED 组成数码显示，1 个 LED 作为小数点显示。通常将 8 个 LED 的其中一端连接在一起，根据连接在一起的引脚不同，数码管分为共阴极和共阳极两种。

数码管的显示方法有静态显示和动态显示两种。静态显示时每个数码管都一直显示，显示稳定，但硬件开销大；动态显示时每个数码管轮流显示，当每个数码管的显示时间小于一定值时，所有数码管看起来"同时"显示。动态显示硬件开销小，但操作较复杂。

下面以嵌入式竞赛扩展板使用的 3 位数码管（共阴极静态显示）为例介绍数码管的使用。扩展板上的数码管使用带输出锁存的 8 位移位寄存器 74LS595 驱动，74LS595 的引脚功能如表 10.1 所示。

表 10.1　74LS595 引脚功能

引脚名称	引脚方向	引脚功能	引脚名称	引脚方向	引脚功能
SER	输入	串行数据	/OE	输入	锁存输出允许
SRCLK	输入	移位寄存器时钟	QA~QH	输出	8 位并行数据
/SRCLR	输入	移位寄存器清零	QH′	输出	串行数据（级联用）
RCLK	输入	输出锁存时钟			

通过 GPIO 接口输出显示数据的硬件连接如下：

- P4.1（PA1）—P3.1（SER）
- P4.3（PA3）—P3.3（SCK）
- P4.2（PA2）—P3.2（RCK）

同时断开训练板上的下列连接：

- J1.3（PA3）—J2.3（RXD2）
- J1.4（PA2）—J2.4（TXD2）

通过 GPIO 接口输出显示数据的程序设计包括 GPIO 初始化和 GPIO 输出显示数据等。

1）GPIO 初始化程序设计

GPIO 初始化主要是对 74LS595 连接的 GPIO 引脚进行初始化，程序设计如下：

```
void SEG_Init(void)
{
  GPIO_InitTypeDef GPIO_InitStruct;
  // 允许 GPIOA
  RCC_APB2PeriphClockCmd(RCC_APB2Periph_GPIOA, ENABLE);
  // PA1-SER、PA2-RCK 和 PA3-SCK 通用推挽输出
  GPIO_InitStruct.GPIO_Pin = GPIO_Pin_1 | GPIO_Pin_2 | GPIO_Pin_3;
  GPIO_InitStruct.GPIO_Speed = GPIO_Speed_50MHz;
  GPIO_InitStruct.GPIO_Mode = GPIO_Mode_Out_PP;
  GPIO_Init(GPIOA, &GPIO_InitStruct);
}
```

2）GPIO 输出显示数据程序设计

GPIO 输出显示数据程序设计如下：

```
// 入口参数：data1、data2 和 data3-3 个显示数据，dot-3 个小数点
void SEG_Disp(u8 data1, u8data2, u8 data3, u8 dot)
{
  u8 m;
  u8 code[17]={0x3f, 0x06, 0x5b, 0x4f, 0x66, 0x6d, 0x7d, 0x07, 0x7f, 0x6f,
    0x77, 0x7c, 0x39, 0x5e, 0x79, 0x71, 0x00};
  u32 data = (code[data3] << 16) + (code[data2] << 8) + code[data1];
  data += (dot&1)<<23;
  data += (dot&2)<<14;
  data += (dot&4)<<5;
  for(m=0; m<24; m++)
  {
    if(data & 0x800000)                      // 从高位开始发送
      GPIO_SetBits(GPIOA, GPIO_Pin_1);       // PA1(SER)=1
    else
      GPIO_ResetBits(GPIOA, GPIO_Pin_1);     // PA1(SER)=0
    data <<= 1;
    GPIO_SetBits(GPIOA, GPIO_Pin_3);         // PA3(SCK)=1
    GPIO_ResetBits(GPIOA, GPIO_Pin_3);       // PA3(SCK)=0
  }
  GPIO_SetBits(GPIOA, GPIO_Pin_2);           // PA2(RCK)=1
  GPIO_ResetBits(GPIOA, GPIO_Pin_2);         // PA2(RCK)=0
}
```

10.2 ADC 按键的使用

竞赛扩展板上的按键通过电阻分压 ADC 转换进行识别，各按键对应的电阻值和转换值如

表 10.2 所示（转换值=4095×电阻值/(10000+电阻值)）。

表 10.2　各按键对应的电阻值和转换值

按键	电阻值	转换值	按键	电阻值	转换值	按键	电阻值	转换值	按键	电阻值	转换值
S1	0	0x000	S2	510	0x0C6	S3	1710	0x255	S4	3310	0x3FA
S5	5110	0x568	S6	8110	0x729	S7	12810	0x8FB	S8	22810	0xB1E

通过 ADC 识别按键的硬件连接如下：

● P4.5（PA5）—P5.5（AKEY）

通过 ADC 识别按键的程序设计包括 ADC 初始化、ADC 转换和按键读取等。

1）ADC 初始化程序设计

```
void BTN_Init(void)
{
  GPIO_InitTypeDef GPIO_InitStruct;
  ADC_InitTypeDef ADC_InitStruct;
  // 允许 GPIOA 和 ADC1
  RCC_APB2PeriphClockCmd(RCC_APB2Periph_GPIOA,ENABLE);
  RCC_APB2PeriphClockCmd(RCC_APB2Periph_ADC1,ENABLE);
  // PA5-IN5 模拟输入
  GPIO_InitStruct.GPIO_Pin = GPIO_Pin_5;
  GPIO_InitStruct.GPIO_Mode = GPIO_Mode_AIN;
  GPIO_Init(GPIOA, &GPIO_InitStruct);
  // 初始化 ADC1 通道 5
  ADC_InitStruct.ADC_Mode = ADC_Mode_Independent;
  ADC_InitStruct.ADC_ScanConvMode = DISABLE;
  ADC_InitStruct.ADC_ContinuousConvMode = DISABLE;
  ADC_InitStruct.ADC_ExternalTrigConv = ADC_ExternalTrigConv_None;
  ADC_InitStruct.ADC_DataAlign = ADC_DataAlign_Right;
  ADC_InitStruct.ADC_NbrOfChannel = 5;
  ADC_Init(ADC1, &ADC_InitStruct);
  // 配置通道 5
  ADC_RegularChannelConfig(ADC1, ADC_Channel_5, 1,
    ADC_SampleTime_13Cycles5);
  // 启动 ADC1
  ADC_Cmd(ADC1, ENABLE);
  // 校准 ADC1
  ADC_StartCalibration(ADC1);
  while(ADC_GetCalibrationStatus(ADC1));
}
```

2）ADC 转换程序设计

ADC 转换用软件发送启动，等待转换完成后返回转换值，程序设计如下：

```
u16 BTN_Conv(void)
{
```

```
    ADC_SoftwareStartConvCmd(ADC1, ENABLE);
    while(!ADC_GetFlagStatus(ADC1, ADC_FLAG_EOC));
    Return ADC_GetConversionValue(ADC1);
  }
```

3）按键读取程序设计

```
  u8 BTN_Read(void)
  {
    u8 btn_val = 0;
    u16 adc_val = BTN_Conv();
    if(adc_val < 0xf00)
    {                                    // 按键按下
      Delay_ms(10);                      // 延时 10ms 消抖
      adc_val = BTN_Conv();
      if((adc_val < 0xf00) && (btn == 0))
      {
        btn = 1;                         // 设置按下标志
        if(adc_val > 0xa00)
          btn_val = 8;
        else if(adc_val > 0x800)
          btn_val = 7;
        else if(adc_val > 0x680)
          btn_val = 6;
        else if(adc_val > 0x500)
          btn_val = 5;
        else if(adc_val > 0x300)
          btn_val = 4;
        else if(adc_val > 0x200)
          btn_val = 3;
        else if(adc_val > 0x60)
          btn_val = 2;
        else
          btn_val = 1;
      }
    }
    else                                 // 按键松开
      btn = 0;                           // 清除按下标志
    return btn_val;
  }
```

键值的显示程序如下：

```
  u8 btn_val;

  btn_val = BTN_Read();
  if(btn_val)
  {
```

```
    seg = (seg << 4) + btn_val;
    SEG_Disp((seg & 0xf00) >> 8, (seg & 0xf0) >> 4, seg & 0xf, 0);
}
```

10.3　湿度传感器 DHT11 的使用

DHT11 是单线接口数字温湿度传感器，温度测量范围是 0～50℃，湿度测量范围是 20～90%RH，温度测量精度是±2℃，湿度测量精度是±5%RH。

DHT11 包含一个电阻式感湿元件和一个 NTC（负温度系数）测温元件，通过双向单线输出温湿度数据，一次数据输出为 40 位（高位在前，大约需要 4ms），数据格式为：

8 位湿度整数 +8 位湿度小数（0）+8 位温度整数 +8 位温度小数（0）+8 位校验和

其中校验和是前 4 个 8 位数据之和的后 8 位。

MCU 通过单线读取 DHT11 输出数据的过程如图 10.1 所示。

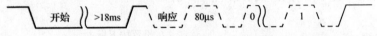

图 10.1　MCU 通过单线读取 DHT11 输出数据的过程

单线空闲时为高电平，MCU 读取数据时首先发送开始信号（输出低电平，持续时间必须大于 18ms，以保证 DHT11 能检测到开始信号），然后切换到输入模式（单线由上拉电阻拉为高电平）等待 DHT11 响应。

DHT11 检测到开始信号后触发一次数据采集，并等待单线变为高电平后输出响应信号（低电平，持续时间 80μs），然后输出高电平（持续时间 80μs）准备输出 40 位数据。每位数据都以低电平（持续时间 50μs）开始，输出 0 时高电平持续时间为 26～28μs，输出 1 时高电平持续时间为 70μs。最后一位数据输出后输出低电平（持续时间 50μs），单线由上拉电阻拉为高电平进入空闲状态。

MCU 检测到响应信号后从单线读取 40 位数据，并判断校验和是否正确，如果正确则数据有效，否则丢弃数据。

使用湿度传感器的硬件连接如下：

● P4.7（PA7）—P3.7（HDQ）

湿度传感器程序设计包括微秒延时、DHT 初始化、DHT 输入、DHT 输出、DHT 读取和 DHT 显示等。

1）微秒延时

微秒延时程序如下（主频 8MHz，最小延迟时间 26μs）：

```
void Delay_us(u32 delay)
{
    delay <<= 1;
    while(delay--);
}
```

2）DHT 初始化

DHT 初始化程序如下：

```
void DHT_Init(void)
{
```

```
RCC_APB2PeriphClockCmd(RCC_APB2Periph_GPIOA, ENABLE);
}
```

3）DHT 输入

DHT 输入程序如下：

```
void DHT_Input(void)
{
  GPIO_InitTypeDef GPIO_InitStruct;
  // 配置 PA7 为浮空输入
  GPIO_InitStruct.GPIO_Pin = GPIO_Pin_7;
  GPIO_InitStruct.GPIO_Mode = GPIO_Mode_IN_FLOATING;
  GPIO_Init(GPIOA, &GPIO_InitStruct);
}
```

4）DHT 输出

DHT 输出程序如下：

```
void DHT_Output(void)
{
  GPIO_InitTypeDef GPIO_InitStruct;
  // 配置 PA7 为通用开漏输出
  GPIO_InitStruct.GPIO_Pin = GPIO_Pin_7;
  GPIO_InitStruct.GPIO_Mode = GPIO_Mode_Out_OD;
  GPIO_InitStruct.GPIO_Speed = GPIO_Speed_2MHz;
  GPIO_Init(GPIOA, &GPIO_InitStruct);
}
```

5）DHT 读取

DHT 读取程序如下：

```
u16 DHT_Read(void)
{
  u8 i, j, dht_val[6];
  u16 timeout;
  // 发送开始信号
  DHT_Output();
  GPIO_ResetBits(GPIOA, GPIO_Pin_7);
  // 延时 18ms
  Delay_us(18000);
  // 切换为输入模式
  DHT_Input();
  // 等待 DHT 响应
  timeout = 5000;
  while(GPIO_ReadInputDataBit(GPIOA, GPIO_Pin_7) && (timeout > 0))
    timeout--;
  // 等待高电平
  timeout = 5000;
```

```
    while(!GPIO_ReadInputDataBit(GPIOA, GPIO_Pin_7) && (timeout > 0))
      timeout--;
    // 读取40位数据（5个字节）
    for(i=0; i<5; i++)
    {
      for(j=0; j<8; j++)
      {
        // 等待低电平
        timeout = 5000;
        while(GPIO_ReadInputDataBit(GPIOA, GPIO_Pin_7) && (timeout > 0))
          timeout--;
        // 等待高电平
        timeout = 5000;
        while(!GPIO_ReadInputDataBit(GPIOA, GPIO_Pin_7) && (timeout > 0))
          timeout--;
        // 延时（大于0的高电平持续时间28μs，小于1的高电平持续时间70μs）
        Delay_us(50);
        dht_val[i] <<= 1;
        if(GPIO_ReadInputDataBit(GPIOA, GPIO_Pin_7))
          dht_val[i] += 1;
      }
      dht_val[5] += dht_val[i];
    }
    // 返回结果（高8位—湿度，低8位—温度）
    if(dht_val[4] == ((dht_val[5] - dht_val[4]) & 0xff))
      return (dht_val[0]<<8) + dht_val[2];
    else
      return 0;
}
```

6）DHT 显示

DHT 显示程序如下：

```
u8 lcd_str[20];
u16 dht_val;

dht_val = DHT_Read();
SEG_Disp((dht_val&0xff)/10, (dht_val&0xff)%10, 12, 0);
sprintf((char *)lcd_str, " Humidity:    %2d%%", dht_val>>8);
LCD_DisplayStringLine(Line4, lcd_str);
sprintf((char *)lcd_str, " Temperature: %2dC", dht_val&0xff);
LCD_DisplayStringLine(Line5, lcd_str);
```

10.4　温度传感器 DS18B20 的使用

DS18B20 是单线接口数字温度传感器，测量范围是-55～+125℃，-10～+85℃范围内精度是

±0.5℃，测量分辨率为 9～12 位（复位值为 12 位，最大转换时间为 750ms）。

DS18B20 包括寄生电源电路、64 位 ROM 和单线接口电路、暂存器、EEPROM、8 位 CRC 生成器和温度传感器等。寄生电源电路可以实现外部电源供电和单线寄生供电，64 位 ROM 中存放的 48 位序列号用于识别同一单线上连接的多个 DS18B20，以实现多点测温。

64 位 ROM 代码的格式为：

8 位 CRC 校验码 ＋48 位序列号 ＋8 位系列码（0x28）

其中 8 位 CRC 校验码是 48 位序列号和 8 位系列码的 CRC 校验码。

DS18B20 的暂存器如表 10.3 所示。

表 10.3　DS18B20 的暂存器

地址	名　　称	类　型	复 位 值	说　　明
0	温度值低 8 位	只读	0x0550	b15～b11：符号位，b10～b4：7 位整数
1	温度值高 8 位	只读	（85℃）	b3～b0：4 位小数（补码）
2	TH 或用户字节 1	读写	EEPROM	b7：符号位，b6～b0：7 位温度报警高值（补码）
3	TL 或用户字节 2	读写	EEPROM	b7：符号位，b6～b0：7 位温度报警低值（补码）
4	配置寄存器 CR	读写	EEPROM	b6～b5：分辨率，00～11：9～12 位
5	保留	只读	0xFF	
6	保留	只读	0x0C	
7	保留	只读	0x10	
8	CRC	只读	EEPROM	暂存器 0～7 数据 CRC 校验码

DS18B20 的操作包括下列 3 步：

● 复位
● ROM 命令
● 功能命令

ROM 命令和功能命令分别如表 10.4 和表 10.5 所示。

表 10.4　ROM 命令

命　　令	代　　码	参数或返回值	说　　明
搜索 ROM	0xF0	—	搜索单线上连接的多个 DS18B20，搜索后重新初始化
读取 ROM	0x33	ROM 代码	读取单个 DS18B20 的 64 位 ROM 代码
匹配 ROM	0x55	ROM 代码	寻址指定 ROM 代码的 DS18B20
跳过 ROM	0xCC	—	寻址所有单线上连接的多个 DS18B20
搜索报警	0xEC	—	搜索单线上连接的有报警标志的 DS18B20

表 10.5　功能命令

命　　令	代　　码	参数或返回值	说　　明
转换温度	0x44	0—转换，1—完成	启动温度转换，转换结果存放在暂存器的 0～1 字节
读暂存器	0xBE	9 字节数据	读取暂存器的 0～8 字节
写暂存器	0x4E	TH TL CR	将 TH、TL 和 CR 值写入暂存器的 2～4 字节
复制暂存器	0x48	—	将暂存器的 2～4 字节复制到 EEPROM
调回 EEPROM	0xB8	0—调回，1—完成	将 EEPROM 的值调回到暂存器的 2～4 字节
读电源模式	0xB4	—	确定 DS18B20 是否使用寄生供电模式

复位时序如图 10.2 所示。

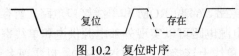

图 10.2 复位时序

单线空闲时为高电平，复位时 MCU 发送复位信号（低电平，持续时间为 480～960μs），然后切换到输入模式（单线由上拉电阻拉为高电平）等待 DS18B20 响应。DS18B20 检测到单线上升沿 15～60μs 后发出存在信号（低电平，持续时间为 60～240μs），然后释放单线（单线由上拉电阻拉为高电平）。

写时序如图 10.3 所示。

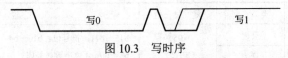

图 10.3 写时序

写时序以 MCU 输出低电平开始，写 0 时低电平持续时间为 60～120μs，写 1 时低电平持续时间为 1～15μs，然后切换到输入模式（单线由上拉电阻拉为高电平）。DS18B20 检测到单线下降沿 15～60μs 内采样单线读取数据。写 1 位数据的持续时间必须大于 60μs，两位数据的间隔必须大于 1μs。

读时序如图 10.4 所示。

图 10.4 读时序

读时序以 MCU 发送读命令后输出低电平开始（低电平的持续时间必须大于 1μs），然后切换为输入模式；DS18B20 检测到单线下降沿后发送数据：发 0 时输出低电平，发 1 时保持高电平，发送数据在下降沿后 15μs 内有效；因此 MCU 必须在下降沿后 15μs 内采样单线读取数据。读 1 位数据的持续时间必须大于 60μs，两位数据的间隔必须大于 1μs。

对比图 10.4 和图 10.3 可以看出：读时序和写时序都是以低电平开始的，主要差别是 0 的操作：写 0 时由 MCU 控制单线，读 0 时则由 DS18B20 控制单线。而写 1 和读 1 时 MCU 和 DS18B20 都释放单线（单线由上拉电阻拉为高电平）。

因此读/写操作可同时完成，除写 0 操作外，其他操作都可以在 1μs 后切换为输入模式，并在下降沿后 15μs 内采样单线：对于写 1 操作，读入的是写出的 1，而对于读 0 和读 1 操作，读入的则是 DS18B20 发送的数据。为了正常读出数据，在读操作前应当写 1。

使用温度传感器的硬件连接如下：

● P4.6（PA6）—P3.6（TDQ）

温度传感器程序设计包括微秒延时、DSB 初始化、DSB 输入、DSB 输出、DSB 复位、DSB 位读/写、DSB 字节读/写、DSB 温度读取和 DSB 温度显示等。

1）微秒延时

微秒延时程序如下（主频 72MHz，最小延迟时间 4μs）：

```
void Delay_us(u32 delay)
{
  delay *= 10;
  while(delay--);
}
```

2）DSB 初始化

DSB 初始化程序如下：

```
void DSB_Init(void)
{
    RCC_APB2PeriphClockCmd(RCC_APB2Periph_GPIOA, ENABLE);
}
```

3）DSB 输入

DSB 输入程序如下：

```
void DSB_Input(void)
{
    GPIO_InitTypeDef GPIO_InitStruct;
    // 配置 PA6 为浮空输入
    GPIO_InitStruct.GPIO_Pin = GPIO_Pin_6;
    GPIO_InitStruct.GPIO_Mode = GPIO_Mode_IN_FLOATING;
    GPIO_Init(GPIOA, &GPIO_InitStruct);
}
```

4）DSB 输出

DSB 输出程序如下：

```
void DSB_Output(void)
{
    GPIO_InitTypeDef GPIO_InitStruct;
    // 配置 PA6 为通用开漏输出
    GPIO_InitStruct.GPIO_Pin = GPIO_Pin_6;
    GPIO_InitStruct.GPIO_Mode = GPIO_Mode_Out_OD;
    GPIO_InitStruct.GPIO_Speed = GPIO_Speed_2MHz;
    GPIO_Init(GPIOA, &GPIO_InitStruct);
}
```

5）DSB 复位

DSB 复位程序如下：

```
void DSB_Reset(void)
{
    u16 timeout;
    // 发送复位信号
    DSB_Output();
    GPIO_ResetBits(GPIOA, GPIO_Pin_6);
    // 延时 480μs（用 SysTick 实现）
    Delay_us(480);
    // 切换为输入模式
    DSB_Input();
    // 等待 DSB 响应
    timeout = 5000;
```

```
    while(GPIO_ReadInputDataBit(GPIOA, GPIO_Pin_6) && (timeout > 0))
      timeout--;
    // 等待高电平
    timeout = 5000;
    while(!GPIO_ReadInputDataBit(GPIOA, GPIO_Pin_6) && (timeout > 0))
    // 切换为输出模式
}
```

6）DSB 位读/写

DSB 位读/写程序如下：

```
u8 DSB_bit_wr(u8 bit)
{
    // 发送开始信号
    DSB_Output();
    GPIO_ResetBits(GPIOA, GPIO_Pin_6);
    Delay_us(1);
    // 如果 bit 为 1 切换为输入模式，单线由上拉电阻拉为高电平输出 1，同时准备输入
    if(bit) DSB_Input();
    // 延时（大于 1μs，小于 14μs）
    Delay_us(9);
    bit = GPIO_ReadInputDataBit(GPIOA, GPIO_Pin_6);
    Delay_us(50);
    DSB_Input();
    return bit;
}
```

7）DSB 字节读/写

DSB 字节读/写程序如下：

```
u8 DSB_Byte_wr(u8 byte)
{
  u8 i, bit;
  for(i=0; i<8; i++)
  {
    bit = DSB_bit_wr(byte & 1);
    byte >>= 1;
    if(bit) byte |= 0x80;
    Delay_us(1);
  }
  return byte;
}
```

8）DSB 温度读取

DSB 温度读取程序如下：

```
s16 DSB_Read(void)
{
```

```
    u8 dsb_val[2];

    DSB_Reset();
    DSB_Byte_wr(0xCC);
    DSB_Byte_wr(0x44);
    Delay_us(750000);

    DSB_Reset();
    DSB_Byte_wr(0xCC);
    DSB_Byte_wr(0xBE);

    dsb_val[0] = DSB_Byte_wr(0xFF);
    dsb_val[1] = DSB_Byte_wr(0xFF);
    return (dsb_val[1]<<8) + dsb_val[0];
}
```

9) DSB 温度显示

DSB 温度显示程序如下：

```
    u8 lcd_str[20];
    s16 dsb_val;

    dsb_val = DSB_Read();
    SEG_Disp((dsb_val>>4)/10, (dsb_val>>4)%10, 12, 0);
    sprintf((char *)lcd_str, " Temperature:%2.2fC", dsb_val/16.);
    LCD_DisplayStringLine(Line5, lcd_str);
```

注意： 主频 8MHz 时微秒延时程序的最小延迟时间为 26μs，无法满足 DS18B20 最小延时的要求，因此必须将主频设置为 72MHz，设置程序如下：

```
void SetSysClockTo72(void)
{
    RCC_DeInit();

    /* Enable HSE */
    RCC_HSEConfig(RCC_HSE_ON);
    /* Wait till HSE is ready */
    HSEStartUpStatus = RCC_WaitForHSEStartUp();

    if (HSEStartUpStatus == SUCCESS)
    {
        /* Enable Prefetch Buffer */
        FLASH_PrefetchBufferCmd(FLASH_PrefetchBuffer_Enable);
        /* Flash 2 wait state */
        FLASH_SetLatency(FLASH_Latency_2);

        /* HCLK = SYSCLK */
```

```
    RCC_HCLKConfig(RCC_SYSCLK_Div1);
    /* PCLK2 = HCLK */
    RCC_PCLK2Config(RCC_HCLK_Div1);
    /* PCLK1 = HCLK/2 */
    RCC_PCLK1Config(RCC_HCLK_Div2);

    /* PLLCLK = 8MHz * 9 = 72 MHz */
    RCC_PLLConfig(RCC_PLLSource_HSE_Div1, RCC_PLLMul_9);
    /* Enable PLL */
    RCC_PLLCmd(ENABLE);

    /* Wait till PLL is ready */
    while (RCC_GetFlagStatus(RCC_FLAG_PLLRDY) == RESET);

    /* Select PLL as system clock source */
    RCC_SYSCLKConfig(RCC_SYSCLKSource_PLLCLK);

    /* Wait till PLL is used as system clock source */
    while(RCC_GetSYSCLKSource() != 0x08);
  }
  else
    while (1);
}
```

10.5 加速度传感器 LIS302DL 的使用

LIS302DL 是三轴±2g/±8g 智能数字输出加速度传感器，提供 I²C/SPI 接口，竞赛扩展板使用的是 I²C 接口，器件地址是 0x38。

LIS302DL 主要内部寄存器如表 10.6 所示。

表 10.6　LIS302DL 主要内部寄存器

地　　址	名　　称	类　　型	复 位 值	说　　明
0x0F	ID	只读	0x3B	标识寄存器
0x20	Ctrl_Reg1	读写	0x07	控制寄存器 1（b6—PD：掉电控制，1—正常模式）
0x21	Ctrl_Reg2	读写	0x00	控制寄存器 2
0x22	Ctrl_Reg3	读写	0x00	控制寄存器 3（中断控制寄存器）
0x27	Status_Reg	只读	0x00	状态寄存器（b7~b4：溢出标志，b3~b0：更新标志）
0x29	OutX	只读	—	X 轴输出寄存器
0x2B	OutY	只读	—	Y 轴输出寄存器
0x2D	OutZ	只读	—	Z 轴输出寄存器

使用加速度传感器的硬件连接如下：

● P2.1（PA4）—P2.2（SCL）

● P2.3（PA5）—P2.4（SDA）

同时断开下列连接:

● P4.4（PA4）—P3.4（AO1）或 P5.4（TRAO）

● P4.5（PA5）—P3.5（AO2）或 P5.5（AKEY）

加速度传感器程序设计可以在 5.3.4 节 GPIO 仿真 I²C 库函数程序设计的基础上修改实现，包括引脚修改、LIS 写、LIS 读、LIS 初始化和 LIS 数据读取显示等。

1）引脚修改

将 i2c.c 中的下列引脚定义：

```
#define I2C_PORT GPIOB
#define SDA_Pin GPIO_Pin_7
#define SCL_Pin GPIO_Pin_6
```

修改为

```
#define I2C_PORT GPIOA
#define SDA_PinGPIO_Pin_5
#define SCL_PinGPIO_Pin_4
```

2）LIS 写

LIS 写程序如下：

```
void LIS_Write(u8 addr, u8 data)
{
  I2CStart();
  I2CSendByte(0x38);          // 器件地址，写操作
  I2CWaitAck();
  I2CSendByte(addr);          // 写数据地址
  I2CWaitAck();
  I2CSendByte(data);          // 写数据
  I2CWaitAck();
  I2CStop();
}
```

3）LIS 读

LIS 读程序如下：

```
u8 LIS_Read(u8 addr)
{
  u8 data;
  I2CStart();
  I2CSendByte(0x38);          // 器件地址，写操作
  I2CWaitAck();
  I2CSendByte(addr);          // 写数据地址
  I2CWaitAck();

  I2CStart();
  I2CSendByte(0x39);          // 器件地址，读操作
```

```
        I2CWaitAck();
        data = I2CReceiveByte();                        // 读数据
        I2CSendNotAck();
        I2CStop();
        return data;
    }
```

4）LIS 初始化

LIS 初始化比较简单，只要将控制寄存器 1 的 b6 位（PD）置 1（正常模式）即可：

```
    LIS_Write(0x20,0x47);
```

5）LIS 数据读取显示

LIS 数据读取显示首先通过 LIS_Read()读取加速度值，然后通过 sprintf()将加速度值转换成字符串，最后通过 LCD_DisplayStringLine()将字符串显示在 LCD 上：

```
    void LIS_Data(void)
    {
        u8 lis_val, lcd_str[20];
        lis_val = LIS_Read(0x29);
        sprintf((char *)lcd_str, "    OutX:%d ", lis_val);
        LCD_DisplayStringLine(Line4, lcd_str);
        lis_val = LIS_Read(0x2B);
        sprintf((char *)lcd_str, "    OutY:%d ", lis_val);
        LCD_DisplayStringLine(Line5, lcd_str);
        lis_val = LIS_Read(0x2D);
        sprintf((char *)lcd_str, "    OutZ:%d ", lis_val);
        LCD_DisplayStringLine(Line6, lcd_str);
    }
```

附录 A　STM32 库函数

STM32 库函数如表 A.1～表 A.12 所示。

表 A.1　RCC 库函数

序号	返 回 值	函 数 名	参 数	章节及页码
1	void	RCC_DeInit	void	
2	void	RCC_HSEConfig	u32 RCC_HSE	1.3(6) 10.4(193)
3	ErrorStatus	RCC_WaitForHSEStartUp	void	1.3(6) 10.4(193)
4	void	RCC_AdjustHSICalibrationValue	u8 HSICalibrationValue	
5	void	RCC_HSICmd	FunctionalState NewState	1.3(7)
6	void	RCC_PLLConfig	u32 RCC_PLLSource, u32 RCC_PLLMul	1.3(8) 10.4(194)
7	void	RCC_PLLCmd	FunctionalState NewState	1.3(7) 10.4(194)
8	void	RCC_SYSCLKConfig	u32 RCC_SYSCLKSource	1.3(8) 10.4(194)
9	u8	RCC_GetSYSCLKSource	void	1.3(9) 10.4(194)
10	void	RCC_HCLKConfig	u32 RCC_SYSCLK	1.3(9) 10.4(194)
11	void	RCC_PCLK1Config	u32 RCC_HCLK	1.3(9) 10.4(194)
12	void	RCC_PCLK2Config	u32 RCC_HCLK	1.3(10) 10.4(194)
13	void	RCC_ITConfig	u8 RCC_IT, FunctionalState NewState	
14	void	RCC_USBCLKConfig	u32 RCC_USBCLKSource	
15	void	RCC_ADCCLKConfig	u32 RCC_PCLK2	1.3(10)
16	void	RCC_LSEConfig	u8 RCC_LSE	1.3(14)
17	void	RCC_LSICmd	FunctionalState NewState	1.3(15) 6.4(137)
18	void	RCC_RTCCLKConfig	u32 RCC_RTCCLKSource	1.3(14) 6.4(137)
19	void	RCC_RTCCLKCmd	FunctionalState NewState	1.3(14) 6.4(137)
20	void	RCC_GetClocksFreq	RCC_ClocksTypeDef* RCC_Clocks	1.3(10)
21	void	RCC_AHBPeriphClockCmd	u32 RCC_AHBPeriph, FunctionalState NewState	9.2(178)
22	void	RCC_APB2PeriphClockCmd	u32 RCC_APB2Periph, FunctionalState NewState	1.3(11) 2.3(29)

序号	返 回 值	函 数 名	参 数	章节及页码
23	void	RCC_APB1PeriphClockCmd	u32 RCC_APB1Periph, FunctionalState NewState	1.3(13) 3.4(57)
24	void	RCC_APB2PeriphResetCmd	u32 RCC_APB2Periph, FunctionalState NewState	
25	void	RCC_APB1PeriphResetCmd	u32 RCC_APB1Periph, FunctionalState NewState	
26	void	RCC_BackupResetCmd	FunctionalState NewState	1.3(14)
27	void	RCC_ClockSecuritySystemCmd	FunctionalState NewState	
28	void	RCC_MCOConfig	u8 RCC_MCO	1.3(10)
29	FlagStatus	RCC_GetFlagStatus	u8 RCC_FLAG	1.3(15) 6.4(137)
30	void	RCC_ClearFlag	void	1.3(16)
31	ITStatus	RCC_GetITStatus	u8 RCC_IT	
32	void	RCC_ClearITPendingBit	u8 RCC_IT	

表 A.2 SysTick 库函数

序号	返 回 值	函 数 名	参 数	章节及页码
1	void	SysTick_CLKSourceConfig	u32 SysTick_CLKSource	1.4(18)
2	void	SysTick_SetReload	u32 Reload	1.4(19) 2.3(28)
3	void	SysTick_CounterCmd	u32 SysTick_Counter	1.4(19) 2.3(28)
4	void	SysTick_ITConfig	FunctionalState NewState	1.4(19)
5	u32	SysTick_GetCounter	void	1.4(19) 2.3(30)
6	FlagStatus	SysTick_GetFlagStatus	u8 SysTick_FLAG	1.4(19) 2.3(28)

表 A.3 GPIO 库函数

序号	返 回 值	函 数 名	参 数	章节及页码
1	void	GPIO_DeInit	GPIO_TypeDef* GPIOx	
2	void	GPIO_AFIODeInit	void	
3	void	GPIO_Init	GPIO_TypeDef* GPIOx, GPIO_InitTypeDef* GPIO_InitStruct	2.2(23) 2.3(29)
4	void	GPIO_StructInit	GPIO_InitTypeDef* GPIO_InitStruct	
5	u8	GPIO_ReadInputDataBit	GPIO_TypeDef* GPIOx, u16 GPIO_Pin	2.2(24) 2.3(29)
6	u16	GPIO_ReadInputData	GPIO_TypeDef* GPIOx	2.2(24)
7	u8	GPIO_ReadOutputDataBit	GPIO_TypeDef* GPIOx, u16 GPIO_Pin	2.2(25)
8	u16	GPIO_ReadOutputData	GPIO_TypeDef* GPIOx	2.2(25)

序号	返回值	函数名	参数	章节及页码
9	void	GPIO_ResetBits	GPIO_TypeDef* GPIOx, u16 GPIO_Pin	2.2(25) 2.3(30)
10	void	GPIO_SetBits	GPIO_TypeDef* GPIOx, u16 GPIO_Pin	2.2(25) 2.3(30)
11	void	GPIO_WriteBit	GPIO_TypeDef* GPIOx, u16 GPIO_Pin, BitActionBitVal	2.2(25)
12	void	GPIO_Write	GPIO_TypeDef* GPIOx, u16 PortVal	2.2(26) 2.3(30)
13	void	GPIO_PinLockConfig	GPIO_TypeDef* GPIOx, u16 GPIO_Pin	
14	void	GPIO_EventOutputConfig	u8 GPIO_PortSource, u8 GPIO_PinSource	
15	void	GPIO_EventOutputCmd	FunctionalState NewState	
16	void	GPIO_PinRemapConfig	u32 GPIO_Remap, FunctionalState NewState	2.2(26) 2.3(30)
17	void	GPIO_EXTILineConfig	u8 GPIO_PortSource, u8 GPIO_PinSource	8.2(163)

表 A.4　USART 库函数

序号	返回值	函数名	参数	章节及页码
1	void	USART_DeInit	USART_TypeDef* USARTx	
2	void	USART_Init	USART_TypeDef* USARTx, USART_InitTypeDef* USART_InitStruct	3.3(54) 3.4(57)
3	void	USART_StructInit	USART_InitTypeDef* USART_InitStruct	
4	void	USART_ClockInit	USART_TypeDef* USARTx, USART_ClockInitTypeDef* USART_ClockInitStruct	
5	void	USART_ClockStructInit	USART_ClockInitTypeDef* USART_ClockInitStruct	
6	void	USART_Cmd	USART_TypeDef* USARTx, FunctionalState NewState	3.3(55) 3.4(57)
7	void	USART_ITConfig	USART_TypeDef* USARTx, u16 USART_IT, FunctionalState NewState	8.3(167) 8.3(168)
8	void	USART_DMACmd	USART_TypeDef* USARTx, u16 USART_DMAReq, FunctionalState NewState	9.2(177) 9.2(179)
9	void	USART_SetAddress	USART_TypeDef* USARTx, u8 USART_Address	
10	void	USART_WakeUpConfig	USART_TypeDef* USARTx, u16 USART_WakeUp	
11	void	USART_ReceiverWakeUpCmd	USART_TypeDef* USARTx, FunctionalState NewState	
12	void	USART_LINBreakDetectLengthConfig	USART_TypeDef* USARTx, u16 USART_LINBreakDetectLength	

序号	返回值	函数名	参数	章节及页码
13	void	USART_LINCmd	USART_TypeDef* USARTx, FunctionalState NewState	
14	void	USART_SendData	USART_TypeDef* USARTx, u16 Data	3.3(56) 3.4(58)
15	u16	USART_ReceiveData	USART_TypeDef* USARTx	3.3(56) 3.4(59)
16	void	USART_SendBreak	USART_TypeDef* USARTx	
17	void	USART_SetGuardTime	USART_TypeDef* USARTx, u8 USART_GuardTime	
18	void	USART_SetPrescaler	USART_TypeDef* USARTx, u8 USART_Prescaler	
19	void	USART_SmartCardCmd	USART_TypeDef* USARTx, FunctionalState NewState	
20	void	USART_SmartCardNACKCmd	USART_TypeDef* USARTx, FunctionalState NewState	
21	void	USART_HalfDuplexCmd	USART_TypeDef* USARTx, FunctionalState NewState	
22	void	USART_IrDAConfig	USART_TypeDef* USARTx, u16 USART_IrDAMode	
23	void	USART_IrDACmd	USART_TypeDef* USARTx, FunctionalState NewState	
24	FlagStatus	USART_GetFlagStatus	USART_TypeDef* USARTx, u16 USART_FLAG	3.3(56) 3.4(58)
25	void	USART_ClearFlag	USART_TypeDef* USARTx, u16 USART_FLAG	
26	ITStatus	USART_GetITStatus	USART_TypeDef* USARTx, u16 USART_IT	
27	void	USART_ClearITPendingBit	USART_TypeDef* USARTx, u16 USART_IT	

表 A.5 SPI 库函数

序号	返回值	函数名	参数	章节及页码
1	void	SPI_I2S_DeInit	SPI_TypeDef* SPIx	
2	void	SPI_Init	SPI_TypeDef* SPIx, SPI_InitTypeDef* SPI_InitStruct	4.2(74) 4.3(77)
3	void	I2S_Init	SPI_TypeDef* SPIx, I2S_InitTypeDef* I2S_InitStruct	
4	void	SPI_StructInit	SPI_InitTypeDef* SPI_InitStruct	
5	void	I2S_StructInit	I2S_InitTypeDef* I2S_InitStruct	
6	void	SPI_Cmd	SPI_TypeDef* SPIx, FunctionalState NewState	4.2(75) 4.3(77)
7	void	I2S_Cmd	SPI_TypeDef* SPIx, FunctionalState NewState	

序号	返 回 值	函 数 名	参 数	章节及页码
8	void	SPI_I2S_ITConfig	SPI_TypeDef* SPIx, u8 SPI_I2S_IT, FunctionalState NewState	
9	void	SPI_I2S_DMACmd	SPI_TypeDef* SPIx, u16 SPI_I2S_DMAReq, FunctionalState NewState	
10	void	SPI_I2S_SendData	SPI_TypeDef* SPIx, u16 Data	4.2(75) 4.3(77)
11	u16	SPI_I2S_ReceiveData	SPI_TypeDef* SPIx	4.2(76) 4.3(78)
12	void	SPI_NSSInternalSoftwareConfig	SPI_TypeDef* SPIx, u16 SPI_NSSInternalSoft	
13	void	SPI_SSOutputCmd	SPI_TypeDef* SPIx, FunctionalState NewState	4.2(75)
14	void	SPI_DataSizeConfig	SPI_TypeDef* SPIx, u16 SPI_DataSize	
15	void	SPI_TransmitCRC	SPI_TypeDef* SPIx	
16	void	SPI_CalculateCRC	SPI_TypeDef* SPIx, FunctionalState NewState	
17	u16	SPI_GetCRC	SPI_TypeDef* SPIx, u8 SPI_CRC	
18	u16	SPI_GetCRCPolynomial	SPI_TypeDef* SPIx	
19	void	SPI_BiDirectionalLineConfig	SPI_TypeDef* SPIx, u16 SPI_Direction	
20	FlagStatus	SPI_I2S_GetFlagStatus	SPI_TypeDef* SPIx, u16 SPI_I2S_FLAG	4.2(76) 4.3(77)
21	void	SPI_I2S_ClearFlag	SPI_TypeDef* SPIx, u16 SPI_I2S_FLAG	
22	ITStatus	SPI_I2S_GetITStatus	SPI_TypeDef* SPIx, u8 SPI_I2S_IT	
23	void	SPI_I2S_ClearITPendingBit	SPI_TypeDef* SPIx, u8 SPI_I2S_IT	

表 A.6 I^{2}C 库函数

序号	返 回 值	函 数 名	参 数	章节及页码
1	void	I2C_DeInit	I2C_TypeDef* I2Cx	
2	void	I2C_Init	I2C_TypeDef* I2Cx, I2C_InitTypeDef* I2C_InitStruct	5.2(88)
3	void	I2C_StructInit	I2C_InitTypeDef* I2C_InitStruct	
4	void	I2C_Cmd	I2C_TypeDef* I2Cx, FunctionalState NewState	5.2(89)
5	void	I2C_DMACmd	I2C_TypeDef* I2Cx, FunctionalState NewState	

序号	返回值	函数名	参数	章节及页码
6	void	I2C_DMALastTransferCmd	I2C_TypeDef* I2Cx, FunctionalState NewState	
7	void	I2C_GenerateSTART	I2C_TypeDef* I2Cx, FunctionalState NewState	5.2(89)
8	void	I2C_GenerateSTOP	I2C_TypeDef* I2Cx, FunctionalState NewState	5.2(89)
9	void	I2C_AcknowledgeConfig	I2C_TypeDef* I2Cx, FunctionalState NewState	5.2(89)
10	void	I2C_OwnAddress2Config	I2C_TypeDef* I2Cx, u8 Address	5.2(90)
11	void	I2C_DualAddressCmd	I2C_TypeDef* I2Cx, FunctionalState NewState	
12	void	I2C_GeneralCallCmd	I2C_TypeDef* I2Cx, FunctionalState NewState	
13	void	I2C_ITConfig	I2C_TypeDef* I2Cx, u16 I2C_IT, FunctionalState NewState	
14	void	I2C_SendData	I2C_TypeDef* I2Cx, u8 Data	5.2(90)
15	u8	I2C_ReceiveData	I2C_TypeDef* I2Cx	5.2(90)
16	void	I2C_Send7bitAddress	I2C_TypeDef* I2Cx, u8 Address, u8 I2C_Direction	5.2(90)
17	u16	I2C_ReadRegister	I2C_TypeDef* I2Cx, u8 I2C_Register	5.2(90)
18	void	I2C_SoftwareResetCmd	I2C_TypeDef* I2Cx, FunctionalState NewState	5.2(91)
19	void	I2C_SMBusAlertConfig	I2C_TypeDef* I2Cx, u16 I2C_SMBusAlert	
20	void	I2C_TransmitPEC	I2C_TypeDef* I2Cx, FunctionalState NewState	
21	void	I2C_PECPositionConfig	I2C_TypeDef* I2Cx, u16 I2C_PECPosition	
22	void	I2C_CalculatePEC	I2C_TypeDef* I2Cx, FunctionalState NewState	
23	u8	I2C_GetPEC	I2C_TypeDef* I2Cx	
24	void	I2C_ARPCmd	I2C_TypeDef* I2Cx, FunctionalState NewState	
25	void	I2C_StretchClockCmd	I2C_TypeDef* I2Cx, FunctionalState NewState	
26	void	I2C_FastModeDutyCycleConfig	I2C_TypeDef* I2Cx, u16 I2C_DutyCycle	
27	u32	I2C_GetLastEvent	I2C_TypeDef* I2Cx	5.2(91)
28	ErrorStatus	I2C_CheckEvent	I2C_TypeDef* I2Cx, u32 I2C_EVENT	5.2(91)

序号	返 回 值	函 数 名	参　　数	章节及页码
29	FlagStatus	I2C_GetFlagStatus	I2C_TypeDef* I2Cx, u32 I2C_FLAG	5.2(91)
30	void	I2C_ClearFlag	I2C_TypeDef* I2Cx, u32 I2C_FLAG	5.2(92)
31	ITStatus	I2C_GetITStatus	I2C_TypeDef* I2Cx, u32 I2C_IT	
32	void	I2C_ClearITPendingBit	I2C_TypeDef* I2Cx, u32 I2C_IT	

表 A.7　TIM 库函数

序号	返 回 值	函 数 名	参　　数	章节及页码
1	void	TIM_DeInit	TIM_TypeDef* TIMx	
2	void	TIM_TimeBaseInit	TIM_TypeDef* TIMx, TIM_TimeBaseInitTypeDef* TIM_TimeBaseInitStruct	6.2(115) 6.3(125)
3	void	TIM_OC1Init	TIM_TypeDef* TIMx, TIM_OCInitTypeDef* TIM_OCInitStruct	6.2(116) 6.3(127)
4	void	TIM_OC2Init	TIM_TypeDef* TIMx, TIM_OCInitTypeDef* TIM_OCInitStruct	6.2(117)
5	void	TIM_OC3Init	TIM_TypeDef* TIMx, TIM_OCInitTypeDef* TIM_OCInitStruct	6.2(117)
6	void	TIM_OC4Init	TIM_TypeDef* TIMx, TIM_OCInitTypeDef* TIM_OCInitStruct	6.2(118)
7	void	TIM_ICInit	TIM_TypeDef* TIMx, TIM_ICInitTypeDef* TIM_ICInitStruct	6.2(118) 6.3(130)
8	void	TIM_PWMIConfig	TIM_TypeDef* TIMx, TIM_ICInitTypeDef* TIM_ICInitStruct	6.2(119) 6.3(130)
9	void	TIM_BDTRConfig	TIM_TypeDef* TIMx, TIM_BDTRInitTypeDef *TIM_BDTRInitStruct	
10	void	TIM_TimeBaseStructInit	TIM_TimeBaseInitTypeDef* TIM_TimeBaseInitStruct	
11	void	TIM_OCStructInit	TIM_OCInitTypeDef* TIM_OCInitStruct	
12	void	TIM_ICStructInit	TIM_ICInitTypeDef* TIM_ICInitStruct	
13	void	TIM_BDTRStructInit	TIM_BDTRInitTypeDef* TIM_BDTRInitStruct	
14	void	TIM_Cmd	TIM_TypeDef* TIMx, FunctionalState NewState	6.2(121) 6.3(125)
15	void	TIM_CtrlPWMOutputs	TIM_TypeDef* TIMx, FunctionalState NewState	6.2(121) 6.3(127)
16	void	TIM_ITConfig	TIM_TypeDef* TIMx, u16 TIM_IT, FunctionalState NewState	8.4(169) 8.4(170)
17	void	TIM_GenerateEvent	TIM_TypeDef* TIMx, u16 TIM_EventSource	
18	void	TIM_DMAConfig	TIM_TypeDef* TIMx, u16 TIM_DMABase, u16 TIM_DMABurstLength	

序号	返回值	函数名	参数	章节及页码
19	void	TIM_DMACmd	TIM_TypeDef* TIMx, u16 TIM_DMASource, FunctionalState NewState	
20	void	TIM_InternalClockConfig	TIM_TypeDef* TIMx	
21	void	TIM_ITRxExternalClockConfig	TIM_TypeDef* TIMx, u16 TIM_InputTriggerSource	
22	void	TIM_TIxExternalClockConfig	TIM_TypeDef* TIMx, u16 TIM_TIxExternalCLKSource, u16 TIM_ICPolarity, u16 ICFilter	
23	void	TIM_ETRClockMode1Config	TIM_TypeDef* TIMx, u16 TIM_ExtTRGPrescaler, u16 TIM_ExtTRGPolarity, u16 ExtTRGFilter	
24	void	TIM_ETRClockMode2Config	TIM_TypeDef* TIMx, u16 TIM_ExtTRGPrescaler, u16 TIM_ExtTRGPolarity, u16 ExtTRGFilter	
25	void	TIM_ETRConfig	TIM_TypeDef* TIMx, u16 TIM_ExtTRGPrescaler, u16 TIM_ExtTRGPolarity, u16 ExtTRGFilter	
26	void	TIM_PrescalerConfig	TIM_TypeDef* TIMx, u16 Prescaler, u16 TIM_PSCReloadMode	
27	void	TIM_CounterModeConfig	TIM_TypeDef* TIMx, u16 TIM_CounterMode	
26	void	TIM_SelectInputTrigger	TIM_TypeDef* TIMx, u16 TIM_InputTriggerSource	6.2(120) 6.3(131)
29	void	TIM_EncoderInterfaceConfig	TIM_TypeDef* TIMx, u16 TIM_EncoderMode, u16 TIM_IC1Polarity, u16 TIM_IC2Polarity	
30	void	TIM_ForcedOC1Config	TIM_TypeDef* TIMx, u16 TIM_ForcedAction	
31	void	TIM_ForcedOC2Config	TIM_TypeDef* TIMx, u16 TIM_ForcedAction	
32	void	TIM_ForcedOC3Config	TIM_TypeDef* TIMx, u16 TIM_ForcedAction	
33	void	TIM_ForcedOC4Config	TIM_TypeDef* TIMx, u16 TIM_ForcedAction	
34	void	TIM_ARRPreloadConfig	TIM_TypeDef* TIMx, FunctionalState NewState	
35	void	TIM_SelectCOM	TIM_TypeDef* TIMx, FunctionalState NewState	

序号	返回值	函　数　名	参　数	章节及页码
36	void	TIM_SelectCCDMA	TIM_TypeDef* TIMx, FunctionalState NewState	
37	void	TIM_CCPreloadControl	TIM_TypeDef* TIMx, FunctionalState NewState	
38	void	TIM_OC1PreloadConfig	TIM_TypeDef* TIMx, u16 TIM_OCPreload	
39	void	TIM_OC2PreloadConfig	TIM_TypeDef* TIMx, u16 TIM_OCPreload	
40	void	TIM_OC3PreloadConfig	TIM_TypeDef* TIMx, u16 TIM_OCPreload	
41	void	TIM_OC4PreloadConfig	TIM_TypeDef* TIMx, u16 TIM_OCPreload	
42	void	TIM_OC1FastConfig	TIM_TypeDef* TIMx, u16 TIM_OCFast	
43	void	TIM_OC2FastConfig	TIM_TypeDef* TIMx, u16 TIM_OCFast	
44	void	TIM_OC3FastConfig	TIM_TypeDef* TIMx, u16 TIM_OCFast	
45	void	TIM_OC4FastConfig	TIM_TypeDef* TIMx, u16 TIM_OCFast	
46	void	TIM_ClearOC1Ref	TIM_TypeDef* TIMx, u16 TIM_OCClear	
47	void	TIM_ClearOC2Ref	TIM_TypeDef* TIMx, u16 TIM_OCClear	
48	void	TIM_ClearOC3Ref	TIM_TypeDef* TIMx, u16 TIM_OCClear	
49	void	TIM_ClearOC4Ref	TIM_TypeDef* TIMx, u16 TIM_OCClear	
50	void	TIM_OC1PolarityConfig	TIM_TypeDef* TIMx, u16 TIM_OCPolarity	
51	void	TIM_OC1NPolarityConfig	TIM_TypeDef* TIMx, u16 TIM_OCNPolarity	
52	void	TIM_OC2PolarityConfig	TIM_TypeDef* TIMx, u16 TIM_OCPolarity	
53	void	TIM_OC2NPolarityConfig	TIM_TypeDef* TIMx, u16 TIM_OCNPolarity	
54	void	TIM_OC3PolarityConfig	TIM_TypeDef* TIMx, u16 TIM_OCPolarity	
55	void	TIM_OC3NPolarityConfig	TIM_TypeDef* TIMx, u16 TIM_OCNPolarity	
56	void	TIM_OC4PolarityConfig	TIM_TypeDef* TIMx, u16 TIM_OCPolarity	
57	void	TIM_CCxCmd	TIM_TypeDef* TIMx, u16 TIM_Channel, u16 TIM_CCx	

序号	返回值	函数名	参数	章节及页码
58	void	TIM_CCxNCmd	TIM_TypeDef* TIMx, u16 TIM_Channel, u16 TIM_CCxN	
59	void	TIM_SelectOCxM	TIM_TypeDef* TIMx, u16 TIM_Channel, u16 TIM_OCMode	
60	void	TIM_UpdateDisableConfig	TIM_TypeDef* TIMx, FunctionalState NewState	
61	void	TIM_UpdateRequestConfig	TIM_TypeDef* TIMx, u16 TIM_UpdateSource	
62	void	TIM_SelectHallSensor	TIM_TypeDef* TIMx, FunctionalState NewState	
63	void	TIM_SelectOnePulseMode	TIM_TypeDef* TIMx, u16 TIM_OPMode	
64	void	TIM_SelectOutputTrigger	TIM_TypeDef* TIMx, u16 TIM_TRGOSource	
65	void	TIM_SelectSlaveMode	TIM_TypeDef* TIMx, u16 TIM_SlaveMode	6.2(120) 6.3(131)
66	void	TIM_SelectMasterSlaveMode	TIM_TypeDef* TIMx, u16 TIM_MasterSlaveMode	
67	void	TIM_SetCounter	TIM_TypeDef* TIMx, u16 Counter	
68	void	TIM_SetAutoreload	TIM_TypeDef* TIMx, u16 Autoreload	6.2(121)
69	void	TIM_SetCompare1	TIM_TypeDef* TIMx, u16 Compare1	6.2(122) 6.3(128)
70	void	TIM_SetCompare2	TIM_TypeDef* TIMx, u16 Compare2	6.2(122)
71	void	TIM_SetCompare3	TIM_TypeDef* TIMx, u16 Compare3	6.2(122)
72	void	TIM_SetCompare4	TIM_TypeDef*TIMx, u16 Compare4	6.2(122)
73	void	TIM_SetIC1Prescaler	TIM_TypeDef* TIMx, u16 TIM_ICPSC	
74	void	TIM_SetIC2Prescaler	TIM_TypeDef* TIMx, u16 TIM_ICPSC	
75	void	TIM_SetIC3Prescaler	TIM_TypeDef* TIMx, u16 TIM_ICPSC	
76	void	TIM_SetIC4Prescaler	TIM_TypeDef* TIMx, u16 TIM_ICPSC	
77	void	TIM_SetClockDivision	TIM_TypeDef* TIMx, u16 TIM_CKD	
78	u16	TIM_GetCapture1	TIM_TypeDef* TIMx	6.2(122) 6.3(128)

序号	返 回 值	函 数 名	参 数	章节及页码
79	u16	TIM_GetCapture2	TIM_TypeDef* TIMx	6.2(123) 6.3(131)
80	u16	TIM_GetCapture3	TIM_TypeDef* TIMx	6.2(123)
81	u16	TIM_GetCapture4	TIM_TypeDef* TIMx	6.2(123)
82	u16	TIM_GetCounter	TIM_TypeDef* TIMx	
83	u16	TIM_GetPrescaler	TIM_TypeDef* TIMx	
84	FlagStatus	TIM_GetFlagStatus	TIM_TypeDef* TIMx, u16 TIM_FLAG	6.2(123) 6.3(125)
85	void	TIM_ClearFlag	TIM_TypeDef* TIMx, u16 TIM_FLAG	6.2(124) 6.3(125)
86	ITStatus	TIM_GetITStatus	TIM_TypeDef* TIMx, u16 TIM_IT	
87	void	TIM_ClearITPendingBit	TIM_TypeDef* TIMx, u16 TIM_IT	

表 A.8　RTC 库函数

序号	返 回 值	函 数 名	参 数	章节及页码
1	void	RTC_EnterConfigMode	void	6.4(134)
2	void	RTC_ExitConfigMode	void	6.4(134)
3	u32	RTC_GetCounter	void	6.4(134) 6.4(138)
4	void	RTC_SetCounter	u32 CounterValue	6.4(134) 6.4(137)
5	void	RTC_SetPrescaler	u32 PrescalerValue	6.4(134) 6.4(137)
6	void	RTC_SetAlarm	u32 AlarmValue	6.4(135)
7	u32	RTC_GetDivider	void	6.4(135) 6.4(138)
8	void	RTC_WaitForLastTask	void	6.4(135) 6.4(137)
9	void	RTC_WaitForSynchro	void	6.4(135) 6.4(137)
10	FlagStatus	RTC_GetFlagStatus	u16 RTC_FLAG	6.4(135) 6.4(138)
11	void	RTC_ClearFlag	u16 RTC_FLAG	6.4(135) 6.4(138)
12	void	RTC_ITConfig	u16 RTC_IT, FunctionalState NewState	6.4(135)
13	ITStatus	RTC_GetITStatus	u16 RTC_IT	6.4(136)
14	void	RTC_ClearITPendingBit	u16 RTC_IT	6.4(136)

表 A.9 ADC 库函数

序号	返回值	函数名	参数	章节及页码
1	void	ADC_DeInit	ADC_TypeDef* ADCx	
2	void	ADC_Init	ADC_TypeDef* ADCx, ADC_InitTypeDef* ADC_InitStruct	7.2(146) 7.3(152)
3	void	ADC_StructInit	ADC_InitTypeDef* ADC_InitStruct	
4	void	ADC_Cmd	ADC_TypeDef* ADCx, FunctionalState NewState	7.2(147) 7.3(152)
5	void	ADC_DMACmd	ADC_TypeDef* ADCx, FunctionalState NewState	9.3(179) 9.3(181)
6	void	ADC_ITConfig	ADC_TypeDef* ADCx, u16 ADC_IT, FunctionalState NewState	8.5(171) 8.5(171)
7	void	ADC_ResetCalibration	ADC_TypeDef* ADCx	7.2(147)
8	FlagStatus	ADC_GetResetCalibrationStatus	ADC_TypeDef* ADCx	7.2(147)
9	void	ADC_StartCalibration	ADC_TypeDef* ADCx	7.2(147) 7.3(152)
10	FlagStatus	ADC_GetCalibrationStatus	ADC_TypeDef* ADCx	7.2(147) 7.3(152)
11	void	ADC_SoftwareStartConvCmd	ADC_TypeDef* ADCx, FunctionalState NewState	7.2(147)
12	FlagStatus	ADC_GetSoftwareStartConvStatus	ADC_TypeDef* ADCx	7.2(148)
13	void	ADC_DiscModeChannelCountConfig	ADC_TypeDef* ADCx, u8 Number	
14	void	ADC_DiscModeCmd	ADC_TypeDef* ADCx, FunctionalState NewState	
15	void	ADC_RegularChannelConfig	ADC_TypeDef* ADCx, u8 ADC_Channel, u8 Rank, u8 ADC_SampleTime	7.2(148) 7.3(152)
16	void	ADC_ExternalTrigConvCmd	ADC_TypeDef* ADCx, FunctionalState NewState	7.2(149)
17	u16	ADC_GetConversionValue	ADC_TypeDef* ADCx	7.2(149) 7.3(153)
18	u32	ADC_GetDualModeConversionValue	void	
19	void	ADC_AutoInjectedConvCmd	ADC_TypeDef* ADCx, FunctionalState NewState	7.2(149) 7.3(155)
20	void	ADC_InjectedDiscModeCmd	ADC_TypeDef* ADCx, FunctionalState NewState	
21	void	ADC_ExternalTrigInjectedConv Config	ADC_TypeDef* ADCx, u32 ADC_ExternalTrigInjecConv	7.2(149)
22	void	ADC_ExternalTrigInjectedConvCmd	ADC_TypeDef* ADCx, FunctionalState NewState	7.2(149)
23	void	ADC_SoftwareStartInjectedConvCmd	ADC_TypeDef* ADCx, FunctionalStateNewState	7.2(150)
24	FlagStatus	ADC_GetSoftwareStartInjectedConv CmdStatus	ADC_TypeDef* ADCx	7.2(150)

序号	返回值	函数名	参数	章节及页码
25	void	ADC_InjectedChannelConfig	ADC_TypeDef* ADCx, u8 ADC_Channel, u8 Rank, u8 ADC_SampleTime	7.2(150) 7.3(155)
26	void	ADC_InjectedSequencerLength Config	ADC_TypeDef* ADCx, u8 Length	7.2(150)
27	void	ADC_SetInjectedOffset	ADC_TypeDef* ADCx, u8 ADC_InjectedChannel, u16 Offset	
28	u16	ADC_GetInjectedConversionValue	ADC_TypeDef* ADCx, u8 ADC_InjectedChannel	7.2(150) 7.3(155)
29	void	ADC_AnalogWatchdogCmd	ADC_TypeDef* ADCx, u32 ADC_AnalogWatchdog	
30	void	ADC_AnalogWatchdogThresholds Config	ADC_TypeDef*ADCx, u16 HighThreshold, u16 LowThreshold	
31	void	ADC_AnalogWatchdogSingle ChannelConfig	ADC_TypeDef* ADCx, u8 ADC_Channel	
32	void	ADC_TempSensorVrefintCmd	FunctionalState NewState	7.2(151) 7.3(155)
33	FlagStatus	ADC_GetFlagStatus	ADC_TypeDef* ADCx, u8 ADC_FLAG	7.2(151) 7.3(153)
34	void	ADC_ClearFlag	ADC_TypeDef* ADCx, u8 ADC_FLAG	7.2(151) 7.3(155)
35	ITStatus	ADC_GetITStatus	ADC_TypeDef* ADCx, u16 ADC_IT	
36	void	ADC_ClearITPendingBit	ADC_TypeDef* ADCx, u16 ADC_IT	

表 A.10　NVIC 库函数

序号	返回值	函数名	参数	章节及页码
1	void	NVIC_DeInit	void	
2	void	NVIC_SCBDeInit	void	
3	void	NVIC_PriorityGroupConfig	u32 NVIC_PriorityGroup	8.1(160)
4	void	NVIC_Init	NVIC_InitTypeDef* NVIC_InitStruct	8.1(160) 8.2(166)
5	void	NVIC_StructInit	NVIC_InitTypeDef* NVIC_InitStruct	
6	void	NVIC_SETPRIMASK	void	
7	void	NVIC_RESETPRIMASK	void	
8	void	NVIC_SETFAULTMASK	void	
9	void	NVIC_RESETFAULTMASK	void	
10	void	NVIC_BASEPRICONFIG	u32 NewPriority	
11	u32	NVIC_GetBASEPRI	void	
12	u16	NVIC_GetCurrentPendingIRQChannel	void	

序号	返 回 值	函 数 名	参 数	章节及页码
13	ITStatus	NVIC_GetIRQChannelPendingBitStatus	u8 NVIC_IRQChannel	
14	void	NVIC_SetIRQChannelPendingBit	u8 NVIC_IRQChannel	
15	void	NVIC_ClearIRQChannelPendingBit	u8 NVIC_IRQChannel	
16	u16	NVIC_GetCurrentActiveHandler	void	
17	ITStatus	NVIC_GetIRQChannelActiveBitStatus	u8 NVIC_IRQChannel	
18	u32	NVIC_GetCPUID	void	
19	void	NVIC_SetVectorTable	u32 NVIC_VectTab, u32 Offset	8.1(160)
20	void	NVIC_GenerateSystemReset	void	
21	void	NVIC_GenerateCoreReset	void	
22	void	NVIC_SystemLPConfig	u8 LowPowerMode, FunctionalState NewState	
23	void	NVIC_SystemHandlerConfig	u32 SystemHandler, FunctionalState NewState	
24	void	NVIC_SystemHandlerPriorityConfig	u32 SystemHandler, u8 SystemHandlerPreemptionPriority, u8 SystemHandlerSubPriority	
25	ITStatus	NVIC_GetSystemHandlerPendingBit Status	u32 SystemHandler	
26	void	NVIC_SetSystemHandlerPendingBit	u32 SystemHandler	
27	void	NVIC_ClearSystemHandlerPendingBit	u32 SystemHandler	
28	ITStatus	NVIC_GetSystemHandlerActiveBitStatus	u32 SystemHandler	
29	u32	NVIC_GetFaultHandlerSources	u32 SystemHandler	
30	u32	NVIC_GetFaultAddress	u32 SystemHandler	

表 A.11 EXTI 库函数

序号	返 回 值	函 数 名	参 数	章节及页码
1	void	EXTI_DeInit	void	
2	void	EXTI_Init	EXTI_InitTypeDef* EXTI_InitStructt	8.2(164) 8.2(166)
3	void	EXTI_StructInit	EXTI_InitTypeDef* EXTI_InitStruct	
4	void	EXTI_GenerateSWInterrupt	u32 EXTI_Line	
5	FlagStatus	EXTI_GetFlagStatus	u32 EXTI_Line	8.2(165) 8.2(167)
6	void	EXTI_ClearFlag	u32 EXTI_Line	8.2(166) 8.2(167)
7	ITStatus	EXTI_GetITStatus	u32 EXTI_Line	
8	void	EXTI_ClearITPendingBit	u32 EXTI_Line	

表 A.12　DMA 库函数

序号	返 回 值	函 数 名	参　　数	章节及页码
1	void	DMA_DeInit	DMA_Channel_TypeDef* DMAy_Channelx	
2	void	DMA_Init	DMA_Channel_TypeDef* DMAy_Channelx, DMA_InitTypeDef* DMA_InitStruct	9.1(175) 9.2(178)
3	void	DMA_StructInit	DMA_InitTypeDef* DMA_InitStruct	
4	void	DMA_Cmd	DMA_Channel_TypeDef* DMAy_Channelx, FunctionalState NewState	9.1(176) 9.2(178)
5	void	DMA_ITConfig	DMA_Channel_TypeDef* DMAy_Channelx, u32 DMA_IT, FunctionalState NewState	9.1(176) 9.2(178)
6	u16	DMA_GetCurrDataCounter	DMA_Channel_TypeDef* DMAy_Channelx	
7	FlagStatus	DMA_GetFlagStatus	u32 DMA_FLAG	9.1(176)
8	void	DMA_ClearFlag	u32 DMA_FLAG	9.1(177) 9.2(179)
9	ITStatus	DMA_GetITStatus	u32 DMA_IT	
10	void	DMA_ClearITPendingBit	u32 DMA_IT	

其中状态常量在 stm32f10x_type.h 中定义如下：

```
typedef enum {ERROR = 0, SUCCESS = !ERROR} ErrorStatus;
typedef enum {RESET = 0, SET = !RESET} FlagStatus, ITStatus;
typedef enum {DISABLE = 0, ENABLE = !DISABLE} FunctionalState;
```

附录 B STM32 引脚功能

STM32 引脚功能如表 B.1～表 B.7 所示。

表 B.1 全部引脚功能

引脚 48	引脚 64	引脚名称	类型	电平	复位功能	复用功能 默认	复用功能 重映射
1	1	VBAT	电源		VBAT		
2	2	PC13-TAMPER-RTC	I/O		PC13	TAMPER-RTC	
3	3	PC14-OSC32_IN	I/O		PC14	OSC32_IN	
4	4	PC15-OSC32_OUT	I/O		PC15	OSC32_OUT	
5	5	PD0-OSC_IN	I/O		OSC_IN		PD0
6	6	PD1-OSC_OUT	I/O		OSC_OUT		PD1
7	7	NRST	I/O		NRST		
—	8	PC0	I/O		PC0	ADC12_IN10	
—	9	PC1	I/O		PC1	ADC12_IN11	
—	10	PC2	I/O		PC2	ADC12_IN12	
—	11	PC3	I/O		PC3	ADC12_IN13	
8	12	VSSA	电源		VSSA		
9	13	VDDA	电源		VDDA		
10	14	PA0-WKUP	I/O		PA0	USART2_CTS/ ADC12_IN0/ TIM2_CH1_ETR	
11	15	PA1	I/O		PA1	USART2_RTS/ ADC12_IN1/ TIM2_CH2	
12	16	PA2	I/O		PA2	USART2_TX/ ADC12_IN2/ TIM2_CH3	
13	17	PA3	I/O		PA3	USART2_RX/ ADC12_IN3/ TIM2_CH4	
—	18	VSS_4	电源		VSS_4		
—	19	VDD_4	电源		VDD_4		
14	20	PA4	I/O		PA4	SPI1_NSS/ USART2_CK/ ADC12_IN4	

引 脚		引 脚 名 称	类型	电平	复 位 功 能	复 用 功 能	
48	64					默　认	重　映　射
15	21	PA5	I/O		PA5	SPI1_SCK/ ADC12_IN5	
16	22	PA6	I/O		PA6	SPI1_MISO/ ADC12_IN6/ TIM3_CH1	TIM1_BKIN
17	23	PA7	I/O		PA7	SPI1_MOSI/ ADC12_IN7/ TIM3_CH2	TIM1_CH1N
—	24	PC4	I/O		PC4	ADC12_IN14	
—	25	PC5	I/O		PC5	ADC12_IN15	
18	26	PB0	I/O		PB0	ADC12_IN8/ TIM3_CH3	TIM1_CH2N
19	27	PB1	I/O		PB1	ADC12_IN9/ TIM3_CH4	TIM1_CH3N
20	28	PB2-BOOT1	I/O	5V	PB2-BOOT1		
21	29	PB10	I/O	5V	PB10	I2C2_SCL/ USART3_TX	TIM2_CH3
22	30	PB11	I/O	5V	PB11	I2C2_SDA/ USART3_RX	TIM2_CH4
23	31	VSS_1	电源		VSS_1		
24	32	VDD_1	电源		VDD_1		
25	33	PB12	I/O	5V	PB12	SPI2_NSS/ I2C2_SMBA/ USART3_CK/ TIM1_BKIN	
26	34	PB13	I/O	5V	PB13	SPI2_SCK/ USART3_CTS/ TIM1_CH1N	
27	35	PB14	I/O	5V	PB14	SPI2_MISO/ USART3_RTS/ TIM1_CH2N	
28	36	PB15	I/O	5V	PB15	SPI2_MOSI/ TIM1_CH3N	
—	37	PC6	I/O	5V	PC6		TIM3_CH1
—	38	PC7	I/O	5V	PC7		TIM3_CH2
—	39	PC8	I/O	5V	PC8		TIM3_CH3
—	40	PC9	I/O	5V	PC9		TIM3_CH4
29	41	PA8	I/O	5V	PA8	USART1_CK/ TIM1_CH1/MCO	
30	42	PA9	I/O	5V	PA9	USART1_TX/ TIM1_CH2	

引脚		引脚名称	类型	电平	复位功能	复用功能	
48	64					默　认	重　映　射
31	43	PA10	I/O	5V	PA10	USART1_RX/ TIM1_CH3	
32	44	PA11	I/O	5V	PA11	USART1_CTS/ CANRX/USBDM/ TIM1_CH4	
33	45	PA12	I/O	5V	PA12	USART1_RTS/ CANTX/USBDP/ TIM1_ETR	
34	46	PA13- JTMS-SWDIO	I/O	5V	JTMS-SWDIO		PA13
35	47	VSS_2	电源		VSS_2		
36	48	VDD_2	电源		VDD_2		
37	49	PA14- JTCK-SWCLK	I/O	5V	JTCK-SWCLK		PA14
38	50	PA15-JTDI	I/O	5V	JTDI		TIM2_CH1_ETR/ PA15/SPI1_NSS
—	51	PC10	I/O	5V	PC10		USART3_TX
—	52	PC11	I/O	5V	PC11		USART3_RX
—	53	PC12	I/O	5V	PC12		USART3_CK
—	54	PD2	I/O	5V	PD2	TIM3_ETR	
39	55	PB3-JTDO	I/O	5V	JTDO		TIM2_CH2/ PB3/TRACESWO/ SPI1_SCK
40	56	PB4-NJTRST	I/O	5V	NJTRST		TIM3_CH1/ PB4/SPI1_MISO
41	57	PB5	I/O		PB5	I2C1_SMBA	TIM3_CH2/ SPI1_MOSI
42	58	PB6	I/O	5V	PB6	I2C1_SCL/ TIM4_CH1	USART1_TX
43	59	PB7	I/O	5V	PB7	I2C1_SDA/ TIM4_CH2	USART1_RX
44	60	BOOT0	I		BOOT0		
45	61	PB8	I/O	5V	PB8	TIM4_CH3	I2C1_SCL/CANRX
46	62	PB9	I/O	5V	PB9	TIM4_CH4	I2C1_SDA/CANTX
47	63	VSS_3	电源		VSS_3		
48	64	VDD_3	电源		VDD_3		

引脚 48	脚 64	引脚名称	类型	电平	复位功能	复用功能 默认	复用功能 重映射
10	14	PA0-WKUP	I/O		PA0	USART2_CTS/ ADC12_IN0/ TIM2_CH1_ETR	
11	15	PA1	I/O		PA1	USART2_RTS/ ADC12_IN1/ TIM2_CH2	
12	16	PA2	I/O		PA2	USART2_TX/ ADC12_IN2/ TIM2_CH3	
13	17	PA3	I/O		PA3	USART2_RX/ ADC12_IN3/ TIM2_CH4	
14	20	PA4	I/O		PA4	SPI1_NSS/ USART2_CK/ ADC12_IN4	
15	21	PA5	I/O		PA5	SPI1_SCK/ ADC12_IN5	
16	22	PA6	I/O		PA6	SPI1_MISO/ ADC12_IN6/ TIM3_CH1	TIM1_BKIN
17	23	PA7	I/O		PA7	SPI1_MOSI/ ADC12_IN7/ TIM3_CH2	TIM1_CH1N
29	41	PA8	I/O	5V	PA8	USART1_CK/ TIM1_CH1/MCO	
30	42	PA9	I/O	5V	PA9	USART1_TX/ TIM1_CH2	
31	43	PA10	I/O	5V	PA10	USART1_RX/ TIM1_CH3	
32	44	PA11	I/O	5V	PA11	USART1_CTS/ CANRX/USBDM/ TIM1_CH4	
33	45	PA12	I/O	5V	PA12	USART1_RTS/ CANTX/USBDP/ TIM1_ETR	
34	46	PA13- JTMS-SWDIO	I/O	5V	JTMS-SWDIO		PA13
37	49	PA14- JTCK-SWCLK	I/O	5V	JTCK-SWCLK		PA14
38	50	PA15-JTDI	I/O	5V	JTDI		TIM2_CH1_ETR/ PA15/SPI1_NSS

引 脚		引 脚 名 称	类型	电平	复 位 功 能	复 用 功 能	
48	64					默 认	重 映 射
18	26	PB0	I/O		PB0	ADC12_IN8/ TIM3_CH3	TIM1_CH2N
19	27	PB1	I/O		PB1	ADC12_IN9/ TIM3_CH4	TIM1_CH3N
20	28	PB2-BOOT1	I/O	5V	PB2-BOOT1		
39	55	PB3-JTDO	I/O	5V	JTDO		TIM2_CH2/ PB3/TRACESWO/ SPI1_SCK
40	56	PB4-NJTRST	I/O	5V	NJTRST		TIM3_CH1/ PB4/SPI1_MISO
41	57	PB5	I/O		PB5	I2C1_SMBA	TIM3_CH2/ SPI1_MOSI
42	58	PB6	I/O	5V	PB6	I2C1_SCL/ TIM4_CH1	USART1_TX
43	59	PB7	I/O	5V	PB7	I2C1_SDA/ TIM4_CH2	USART1_RX
45	61	PB8	I/O	5V	PB8	TIM4_CH3	I2C1_SCL/CANRX
46	62	PB9	I/O	5V	PB9	TIM4_CH4	I2C1_SDA/CANTX
21	29	PB10	I/O	5V	PB10	I2C2_SCL/ USART3_TX	TIM2_CH3
22	30	PB11	I/O	5V	PB11	I2C2_SDA/ USART3_RX	TIM2_CH4
25	33	PB12	I/O	5V	PB12	SPI2_NSS/ I2C2_SMBA/ USART3_CK/ TIM1_BKIN	
26	34	PB13	I/O	5V	PB13	SPI2_SCK/ USART3_CTS/ TIM1_CH1N	
27	35	PB14	I/O	5V	PB14	SPI2_MISO/ USART3_RTS/ TIM1_CH2N	
28	36	PB15	I/O	5V	PB15	SPI2_MOSI/ TIM1_CH3N	
—	8	PC0	I/O		PC0	ADC12_IN10	
—	9	PC1	I/O		PC1	ADC12_IN11	
—	10	PC2	I/O		PC2	ADC12_IN12	
—	11	PC3	I/O		PC3	ADC12_IN13	
—	24	PC4	I/O		PC4	ADC12_IN14	

引脚		引脚名称	类型	电平	复位功能	复用功能	
48	64					默　认	重　映　射
—	25	PC5	I/O		PC5	ADC12_IN15	
—	37	PC6	I/O	5V	PC6		TIM3_CH1
—	38	PC7	I/O	5V	PC7		TIM3_CH2
—	39	PC8	I/O	5V	PC8		TIM3_CH3
—	40	PC9	I/O	5V	PC9		TIM3_CH4
—	51	PC10	I/O	5V	PC10		USART3_TX
—	52	PC11	I/O	5V	PC11		USART3_RX
—	53	PC12	I/O	5V	PC12		USART3_CK
2	2	PC13-TAMPER-RTC	I/O		PC13	TAMPER-RTC	
3	3	PC14-OSC32_IN	I/O		PC14	OSC32_IN	
4	4	PC15-OSC32_OUT	I/O		PC15	OSC32_OUT	
5	5	PD0-OSC_IN	I/O		OSC_IN		PD0
6	6	PD1-OSC_OUT	I/O		OSC_OUT		PD1
—	54	PD2	I/O	5V	PD2	TIM3_ETR	

表 B.3　USART 引脚功能

引脚		引脚名称	类型	电平	复位功能	复用功能	
48	64					默　认	重　映　射
29	41	PA8	I/O	5V	PA8	**USART1_CK/**TIM1_CH1/MCO	
30	42	PA9	I/O	5V	PA9	**USART1_TX/**TIM1_CH2	
31	43	PA10	I/O	5V	PA10	**USART1_RX/**TIM1_CH3	
32	44	PA11	I/O	5V	PA11	**USART1_CTS/**CANRX/USBDM/TIM1_CH4	
33	45	PA12	I/O	5V	PA12	**USART1_RTS/**CANTX/USBDP/TIM1_ETR	
42	58	PB6	I/O	5V	PB6	I2C1_SCL/TIM4_CH1	**USART1_TX**
43	59	PB7	I/O	5V	PB7	I2C1_SDA/TIM4_CH2	**USART1_RX**

引脚		引脚名称	类型	电平	复位功能	复用功能	
48	64					默认	重映射
10	14	PA0-WKUP	I/O		PA0	**USART2_CTS/** ADC12_IN0/ TIM2_CH1_ETR	
11	15	PA1	I/O		PA1	**USART2_RTS/** ADC12_IN1/ TIM2_CH2	
12	16	PA2	I/O		PA2	**USART2_TX/** ADC12_IN2/ TIM2_CH3	
13	17	PA3	I/O		PA3	**USART2_RX/** ADC12_IN3/ TIM2_CH4	
14	20	PA4	I/O		PA4	SPI1_NSS/ **USART2_CK/** ADC12_IN4	
21	29	PB10	I/O	5V	PB10	I2C2_SCL/ **USART3_TX**	TIM2_CH3
22	30	PB11	I/O	5V	PB11	I2C2_SDA/ **USART3_RX**	TIM2_CH4
25	33	PB12	I/O	5V	PB12	SPI2_NSS/ I2C2_SMBA/ **USART3_CK/** TIM1_BKIN	
26	34	PB13	I/O	5V	PB13	SPI2_SCK/ **USART3_CTS/** TIM1_CH1N	
27	35	PB14	I/O	5V	PB14	SPI2_MISO/ **USART3_RTS/** TIM1_CH2N	
—	51	PC10	I/O	5V	PC10		**USART3_TX**
—	52	PC11	I/O	5V	PC11		**USART3_RX**
—	53	PC12	I/O	5V	PC12		**USART3_CK**

表 B.4 SPI 引脚功能

引脚		引脚名称	类型	电平	复位功能	复用功能	
48	64					默认	重映射
14	20	PA4	I/O		PA4	**SPI1_NSS/** USART2_CK/ ADC12_IN4	

引脚		引脚名称	类型	电平	复位功能	复用功能	
48	64					默认	重映射
15	21	PA5	I/O		PA5	**SPI1_SCK/** ADC12_IN5	
16	22	PA6	I/O		PA6	**SPI1_MISO/** ADC12_IN6/ TIM3_CH1	TIM1_BKIN
17	23	PA7	I/O		PA7	**SPI1_MOSI/** ADC12_IN7/ TIM3_CH2	TIM1_CH1N
38	50	PA15-JTDI	I/O	5V	JTDI		TIM2_CH1_ETR/ PA15/**SPI1_NSS**
39	55	PB3-JTDO	I/O	5V	JTDO		TIM2_CH2/ PB3/TRACESWO/ **SPI1_SCK**
40	56	PB4-NJTRST	I/O	5V	NJTRST		TIM3_CH1/ PB4/**SPI1_MISO**
41	57	PB5	I/O		PB5	I2C1_SMBA	TIM3_CH2/ **SPI1_MOSI**
25	33	PB12	I/O	5V	PB12	**SPI2_NSS/** I2C2_SMBA/ USART3_CK/ TIM1_BKIN	
26	34	PB13	I/O	5V	PB13	**SPI2_SCK/** USART3_CTS/ TIM1_CH1N	
27	35	PB14	I/O	5V	PB14	**SPI2_MISO/** USART3_RTS/ TIM1_CH2N	
28	36	PB15	I/O	5V	PB15	**SPI2_MOSI/** TIM1_CH3N	

表 B.5 I^2C 引脚功能

引脚		引脚名称	类型	电平	复位功能	复用功能	
48	64					默认	重映射
41	57	PB5	I/O		PB5	**I2C1_SMBA**	TIM3_CH2/ SPI1_MOSI
42	58	PB6	I/O	5V	PB6	**I2C1_SCL/** TIM4_CH1	USART1_TX
43	59	PB7	I/O	5V	PB7	**I2C1_SDA/** TIM4_CH2	USART1_RX
45	61	PB8	I/O	5V	PB8	TIM4_CH3	**I2C1_SCL/CANRX**

引	脚	引脚名称	类型	电平	复位功能	复用功能	
48	64					默　认	重映射
46	62	PB9	I/O	5V	PB9	TIM4_CH4	**I2C1_SDA**/CANTX
21	29	PB10	I/O	5V	PB10	**I2C2_SCL**/ USART3_TX	TIM2_CH3
22	30	PB11	I/O	5V	PB11	**I2C2_SDA**/ USART3_RX	TIM2_CH4
25	33	PB12	I/O	5V	PB12	SPI2_NSS/ **I2C2_SMBA**/ USART3_CK/ TIM1_BKIN	

表 B.6　TIM 引脚功能

引	脚	引脚名称	类型	电平	复位功能	复用功能	
48	64					默　认	重　映　射
29	41	PA8	I/O	5V	PA8	USART1_CK/ **TIM1_CH1**/MCO	
30	42	PA9	I/O	5V	PA9	USART1_TX/ **TIM1_CH2**	
31	43	PA10	I/O	5V	PA10	USART1_RX/ **TIM1_CH3**	
32	44	PA11	I/O	5V	PA11	USART1_CTS/ CANRX/USBDM/ **TIM1_CH4**	
33	45	PA12	I/O	5V	PA12	USART1_RTS/ CANTX/USBDP/ **TIM1_ETR**	
25	33	PB12	I/O	5V	PB12	SPI2_NSS/ I2C2_SMBA/ USART3_CK/ **TIM1_BKIN**	
26	34	PB13	I/O	5V	PB13	SPI2_SCK/ USART3_CTS/ **TIM1_CH1N**	
27	35	PB14	I/O	5V	PB14	SPI2_MISO/ USART3_RTS/ **TIM1_CH2N**	
28	36	PB15	I/O	5V	PB15	SPI2_MOSI/ **TIM1_CH3N**	
16	22	PA6	I/O		PA6	SPI1_MISO/ ADC12_IN6/ TIM3_CH1	**TIM1_BKIN**

引脚		引脚名称	类型	电平	复位功能	复用功能	
48	64					默 认	重 映 射
17	23	PA7	I/O		PA7	SPI1_MOSI/ ADC12_IN7/ TIM3_CH2	**TIM1_CH1N**
18	26	PB0	I/O		PB0	ADC12_IN8/ TIM3_CH3	**TIM1_CH2N**
19	27	PB1	I/O		PB1	ADC12_IN9/ TIM3_CH4	**TIM1_CH3N**
10	14	PA0-WKUP	I/O		PA0	USART2_CTS/ ADC12_IN0/ **TIM2_CH1_ETR**	
11	15	PA1	I/O		PA1	USART2_RTS/ ADC12_IN1/ **TIM2_CH2**	
12	16	PA2	I/O		PA2	USART2_TX/ ADC12_IN2/ **TIM2_CH3**	
13	17	PA3	I/O		PA3	USART2_RX/ ADC12_IN3/ **TIM2_CH4**	
38	50	PA15-JTDI	I/O	5V	JTDI		**TIM2_CH1_ETR/** PA15/SPI1_NSS
39	55	PB3-JTDO	I/O	5V	JTDO		**TIM2_CH2/** PB3/TRACESWO/ SPI1_SCK
21	29	PB10	I/O	5V	PB10	I2C2_SCL/ USART3_TX	**TIM2_CH3**
22	30	PB11	I/O	5V	PB11	I2C2_SDA/ USART3_RX	**TIM2_CH4**
16	22	PA6	I/O		PA6	SPI1_MISO/ ADC12_IN6/ **TIM3_CH1**	TIM1_BKIN
17	23	PA7	I/O		PA7	SPI1_MOSI/ ADC12_IN7/ **TIM3_CH2**	TIM1_CH1N
18	26	PB0	I/O		PB0	ADC12_IN8/ **TIM3_CH3**	TIM1_CH2N
19	27	PB1	I/O		PB1	ADC12_IN9/ **TIM3_CH4**	TIM1_CH3N
—	54	PD2	I/O	5V	PD2	**TIM3_ETR**	
40	56	PB4-NJTRST	I/O	5V	NJTRST		**TIM3_CH1/** PB4/SPI1_MISO

引 脚		引脚名称	类型	电平	复位功能	复用功能	
48	64					默　　认	重映射
41	57	PB5	I/O		PB5	I2C1_SMBA	**TIM3_CH2/** SPI1_MOSI
—	37	PC6	I/O	5V	PC6		**TIM3_CH1**
—	38	PC7	I/O	5V	PC7		**TIM3_CH2**
—	39	PC8	I/O	5V	PC8		**TIM3_CH3**
—	40	PC9	I/O	5V	PC9		**TIM3_CH4**
42	58	PB6	I/O	5V	PB6	I2C1_SCL/ **TIM4_CH1**	USART1_TX
43	59	PB7	I/O	5V	PB7	I2C1_SDA/ **TIM4_CH2**	USART1_RX
45	61	PB8	I/O	5V	PB8	**TIM4_CH3**	I2C1_SCL/CANRX
46	62	PB9	I/O	5V	PB9	**TIM4_CH4**	I2C1_SDA/CANTX

表 B.7　ADC 引脚功能

引 脚		引脚名称	类型	电平	复位功能	复用功能	
48	64					默　　认	重　映　射
10	14	PA0-WKUP	I/O		PA0	USART2_CTS/ **ADC12_IN0/** TIM2_CH1_ETR	
11	15	PA1	I/O		PA1	USART2_RTS/ **ADC12_IN1/** TIM2_CH2	
12	16	PA2	I/O		PA2	USART2_TX/ **ADC12_IN2/** TIM2_CH3	
13	17	PA3	I/O		PA3	USART2_RX/ **ADC12_IN3/** TIM2_CH4	
14	20	PA4	I/O		PA4	SPI1_NSS/ USART2_CK/ **ADC12_IN4**	
15	21	PA5	I/O		PA5	SPI1_SCK/ **ADC12_IN5**	
16	22	PA6	I/O		PA6	SPI1_MISO/ **ADC12_IN6/** TIM3_CH1	TIM1_BKIN
17	23	PA7	I/O		PA7	SPI1_MOSI/ **ADC12_IN7/** TIM3_CH2	TIM1_CH1N

引脚		引 脚 名 称	类型	电平	复 位 功 能	复 用 功 能	
48	64					默　　认	重　映　射
18	26	PB0	I/O		PB0	**ADC12_IN8/** TIM3_CH3	TIM1_CH2N
19	27	PB1	I/O		PB1	**ADC12_IN9/** TIM3_CH4	TIM1_CH3N
—	8	PC0	I/O		PC0	**ADC12_IN10**	
—	9	PC1	I/O		PC1	**ADC12_IN11**	
—	10	PC2	I/O		PC2	**ADC12_IN12**	
—	11	PC3	I/O		PC3	**ADC12_IN13**	
—	24	PC4	I/O		PC4	**ADC12_IN14**	
—	25	PC5	I/O		PC5	**ADC12_IN15**	

附录 C CT117E 嵌入式竞赛训练板简介

CT117E 嵌入式竞赛训练板如图 C.1～图 C.4 所示。

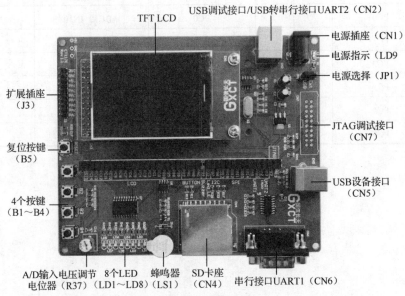

图 C.1 训练板实物图 1

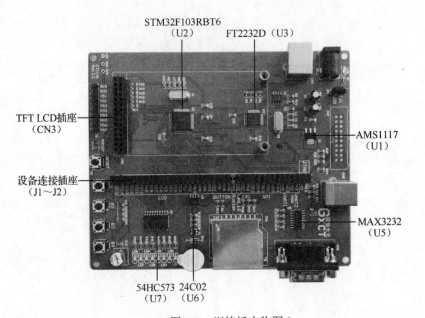

图 C.2 训练板实物图 2

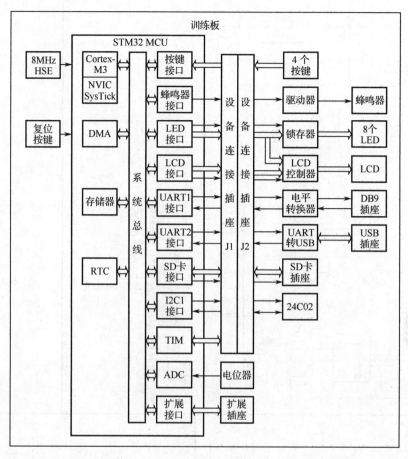

图 C.3　训练板方框图

CT117E 嵌入式竞赛训练板由以下功能模块组成：

- 处理器：STM32F103RBT6
- 4 个用户按键
- 1 个有源蜂鸣器
- 8 个用户 LED
- 2.4 寸 TFT-LCD
- 2 个 RS-232 串口（UART1 使用电平转换，UART2 使用 UART-USB 转换）
- 1 个 SD 卡接口
- 1 个 EEPROM 芯片 24C02
- 1 个可调模拟电压输入
- 1 个扩展接口
- 1 个 USB 设备接口
- 板载 JTAG 调试功能（USB 接口，无须外接调试器）

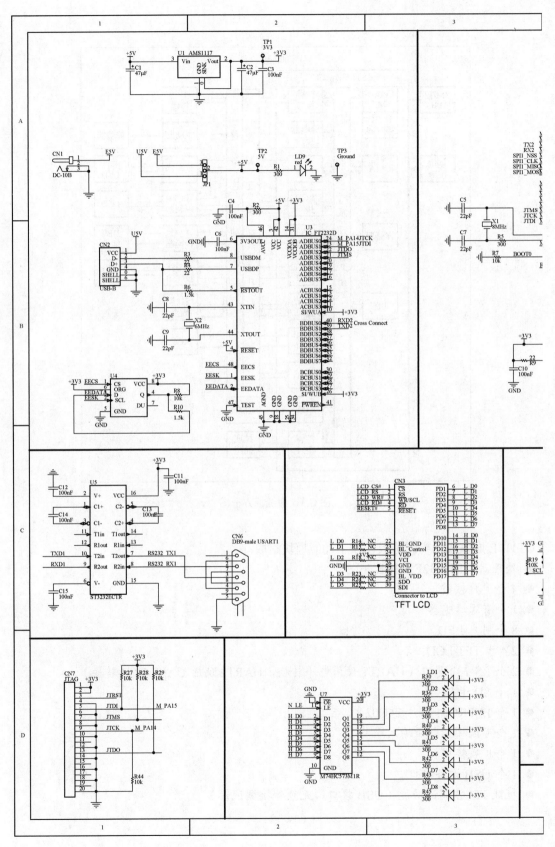

图 C.4 训练

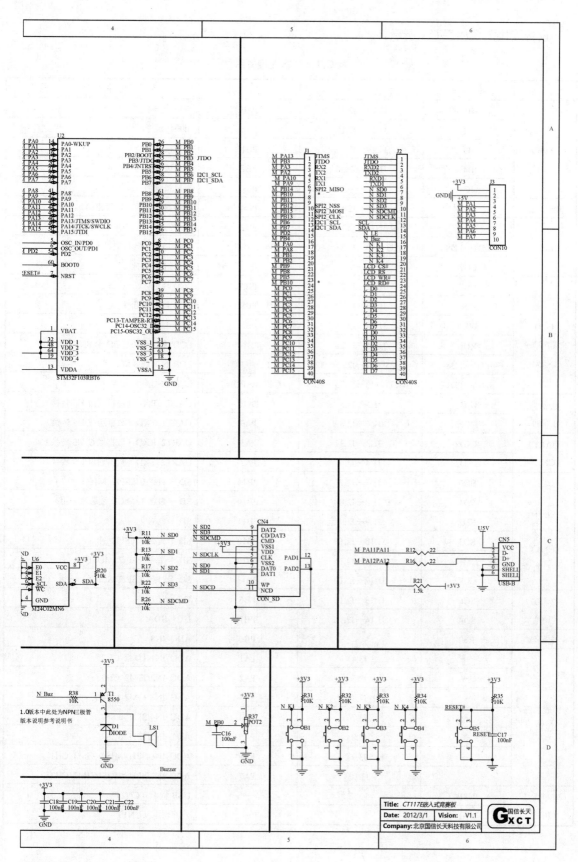

板电路图

设备连接关系如表 C.1 所示。

表 C.1　设备连接关系

设　备	名　称	连　接	MCU 引脚	功　能　说　明
按键	B1	J1.17—J2.17	PA0	用户按键 1
	B2	J1.18—J2.18	PA8	用户按键 2
	B3	J1.19—J2.19	PB1	用户按键 3
	B4	J1.20—J2.20	PB2	用户按键 4
	B5	—	NRST	复位按键
蜂鸣器	LS1	J1.16—J2.16	PB4	蜂鸣器（通过三极管驱动）
LED	LE	J1.15—J2.15	PD2	用户 LED 数据锁存器使能
	LD1～LD8	J1.33～40—J2.33～40	PC8～PC15	用户 LED（数据通过 U7 锁存）
	LD9	—	—	电源指示
LCD （CN3）	CS#	J1.21—J2.21	PB9	LCD 片选
	RS	J1.22—J2.22	PB8	LCD 寄存器选择
	WR#	J1.23—J2.23	PB5	LCD 写选通
	RD#	J1.24—J2.24	PB10	LCD 读选通（与 SD 卡 SD1 公用）
	PD1～PD8	J1.25～32—J2.25～32	PC0～PC7	LCD 数据低 8 位
	PD10～PD17	J1.33～40—J2.33～40	PC8～PC15	LCD 数据高 8 位
UART1 （CN6）	RXD1	J1.5—J2.5	PA10	UART1_RXD（数据通过 U5 转换）
	TXD1	J1.6—J2.6	PA9	UART1_TXD（数据通过 U5 转换）
UART2 （CN2）	RXD2	J1.3—J2.3	PA3	UART2_RXD（数据通过 U3 转换）
	TXD2	J1.4—J2.4	PA2	UART2_TXD（数据通过 U3 转换）
SD 卡 SPI2 （CN4）	SD0	J1.7—J2.7	PB14	SD 卡数据 0（SPI2_MISO）
	SD1	J1.8—J2.8	PB10	SD 卡数据 1（LCD 读选通公用）
	SD2	J1.9—J2.9	PB11	SD 卡数据 2
	SD3	J1.10—J2.10	PB12	SD 卡数据 3（SPI2_NSS）
	CMD	J1.11—J2.11	PB15	SD 卡命令（SPI2_MOSI）
	CLK	J1.12—J2.12	PB13	SD 卡时钟（SPI2_SCK）
24C02 （U6）	SCL	J1.13—J2.13	PB6	I2C1_SCL
	SDA	J1.14—J2.14	PB7	I2C1_SDA
电位器	R37	—	PB0	ADC_IN8
扩展插座 （J3）	—	J3.4	PA1	ADC_IN1/TIM2_CH2
	—	J3.5	PA2	ADC_IN2/TIM2_CH3
	—	J3.6	PA3	ADC_IN3/TIM2_CH4
	—	J3.7	PA4	ADC_IN4/SPI1_NSS
	—	J3.8	PA5	ADC_IN5/SPI1_SCK
	—	J3.9	PA6	ADC_IN6/SPI1_MISO/TIM3_CH1
	—	J3.10	PA7	ADC_IN7/SPI1_MOSI/TIM3_CH2
电源选择 （JP1）	USB	1—2	—	USB 供电（CN2）
	Ext	2—3	—	外部供电（CN1）

附录 D　CT117E 嵌入式竞赛扩展板简介

CT117E 嵌入式竞赛扩展板如图 D.1~D.3 所示。

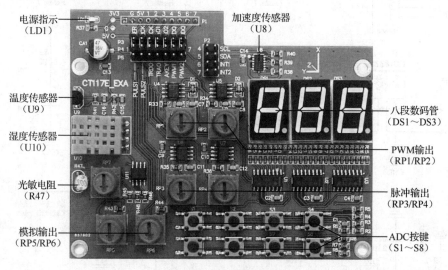

图 D.1　扩展板实物图

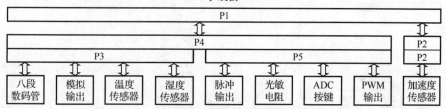

图 D.2　扩展板方框图

CT117E 嵌入式竞赛扩展板由以下功能模块组成:

● 3 位八段数码管(共阴极静态显示)
● 8 个 ADC 按键
● 湿度传感器: DHT11
● 温度传感器: DS18B20
● 三轴加速度传感器: LIS302DL
● 光敏电阻: 10kΩ, 模拟和数字输出
● 2 路模拟电压输出: 输出电压范围为 0~3.3V
● 2 路脉冲信号输出: 频率可调范围为 100Hz~20kHz
● 2 路 PWM 信号输出: 固定频率, 占空比可调范围为 1%~99%

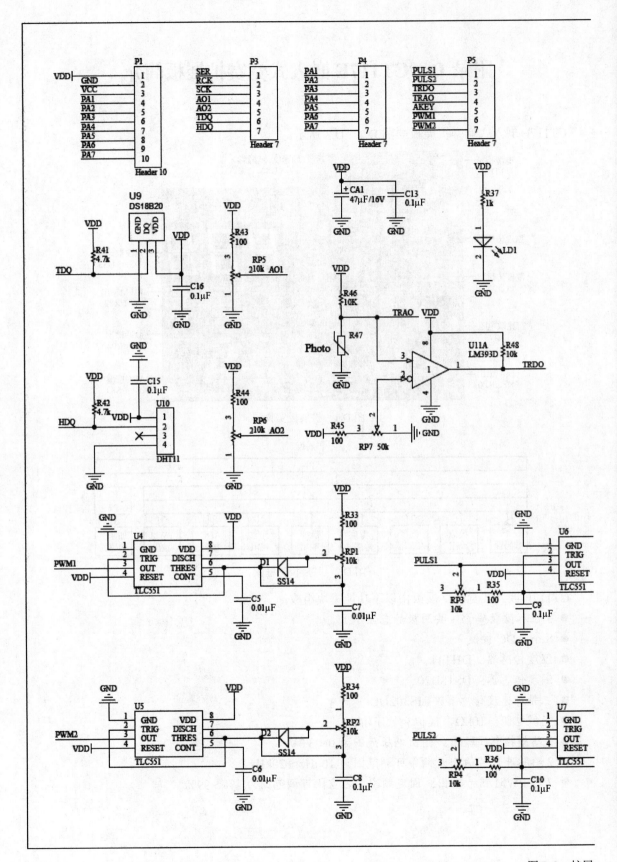

图 D.3 扩展

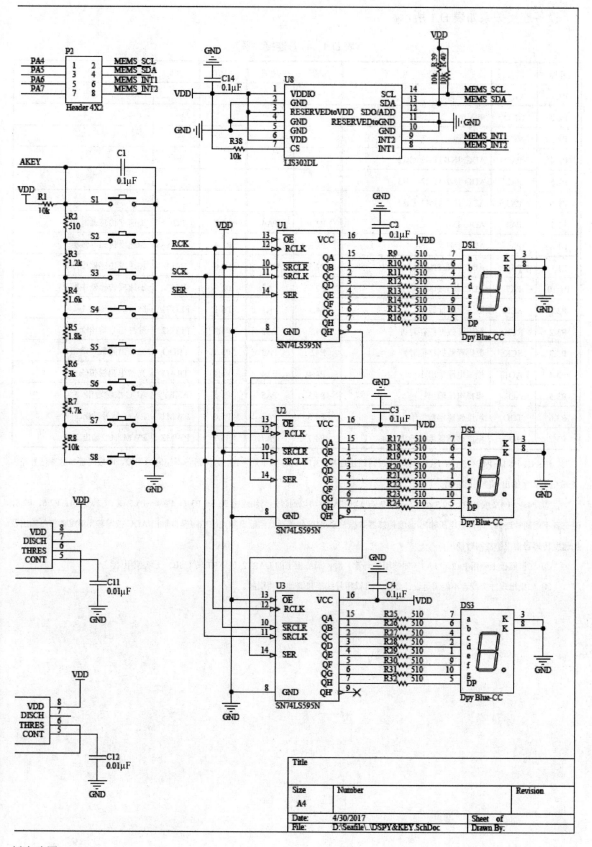

板电路图

设备连接关系如表 D.1 所示。

表 D.1　设备连接关系

引脚	功能	说　明	引脚	功能	引脚	功能	说　明
P1.1	VDD	3.3V 电源	—	—	—	—	—
P1.2	GND	电源地	—	—	—	—	—
P1.3	VCC	5V 电源	—	—	—	—	—
P1.4	PA1	ADC_IN1/TIM2_CH2	—	—	—	—	—
P1.5	PA2	ADC_IN2/TIM2_CH3	—	—	—	—	—
P1.6	PA3	ADC_IN3/TIM2_CH4	—	—	—	—	—
P1.7	PA4	ADC_IN4	P2.1	PA4	P2.2	SCL	加速度传感器时钟
P1.8	PA5	ADC_IN5	P2.3	PA5	P2.4	SDA	加速度传感器数据
P1.9	PA6	ADC_IN6/TIM3_CH1	P2.5	PA6	P2.6	INT1	加速度传感器中断 1
P1.10	PA7	ADC_IN7/TIM3_CH2	P2.7	PA7	P2.8	INT2	加速度传感器中断 2
P3.1	SER	数码管串行数据	P4.1	PA1	P5.1	PLUS1	脉冲信号输出 1
P3.2	RCK	数码管数据锁存时钟	P4.2	PA2	P5.2	PLUS2	脉冲信号输出 2
P3.3	SCK	数码管数据移位时钟	P4.3	PA3	P5.3	TRDO	光敏电阻数字输出
P3.4	AO1	模拟电压输出 1	P4.4	PA4	P5.4	TRAO	光敏电阻模拟输出
P3.5	AO2	模拟电压输出 2	P4.5	PA5	P5.5	AKEY	ADC 按键输出
P3.6	TDO	温度传感器数据输出	P4.6	PA6	P5.6	PWM1	PWM 信号输出 1
P3.7	HDO	湿度传感器数据输出	P4.7	PA7	P5.7	PWM2	PWM 信号输出 2

注：① P4.1～P4.3（PA1～PA3）可以通过短路块连接 P3.1～P3.3 或 P5.1～P5.3，但两者不能同时连接，即数码管和脉冲信号输出/光敏电阻数字输出不能同时使用。

② P4.4～P4.7 或 P2.1、P2.3、P2.5、P2.7（PA4～PA7）可以通过短路块连接 P3.4～P3.7、P5.4～P5.7 或 P2.2、P2.4、P2.6、P2.8，但三者不能同时连接，即模拟电压输出/温度传感器数据输出/湿度传感器数据输出和光敏电阻模拟输出/ADC 按键输出/PWM 信号输出及加速度传感器输出不能同时使用。

③ 在扩展板上使用 PA2 和 PA3（如使用数码管）时，训练板上的 UART2（UART 转 USB）无法使用。

④ 如果出现冲突或者不能满足设计要求，可以用导线连接其他不用引脚。

附录 E ASCII 码表

十进制值	十六进制值	控制符号	键盘输入	十进制值	十六进制值	显示字符	十进制值	十六进制值	显示字符	十进制值	十六进制值	显示字符
000	00	NUL		032	20	SP	064	40	@	096	60	`
001	01	SOH	Ctrl-A	033	21	!	065	41	A	097	61	a
002	02	STX	Ctrl-B	034	22	"	066	42	B	098	62	b
003	03	ETX	Ctrl-C	035	23	#	067	43	C	099	63	c
004	04	EOT	Ctrl-D	036	24	$	068	44	D	100	64	d
005	05	ENQ	Ctrl-E	037	25	%	069	45	E	101	65	e
006	06	ACK	Ctrl-F	038	26	&	070	46	F	102	66	f
007	07	BEL	Ctrl-G	039	27	'	071	47	G	103	67	g
008	08	BS	←	040	28	(	072	48	H	104	68	h
009	09	HT	Tab	041	29	)	073	49	I	105	69	i
010	0A	LF	Ctrl-J	042	2A	*	074	4A	J	106	6A	j
011	0B	VT	Ctrl-K	043	2B	+	075	4B	K	107	6B	k
012	0C	FF	Ctrl-L	044	2C	,	076	4C	L	108	6C	l
013	0D	CR	Enter	045	2D	-	077	4D	M	109	6D	m
014	0E	SO	Ctrl-N	046	2E	.	078	4E	N	110	6E	n
015	0F	SI	Ctrl-O	047	2F	/	079	4F	O	111	6F	o
016	10	DLE	Ctrl-P	048	30	0	080	50	P	112	70	p
017	11	DC1	Ctrl-Q	049	31	1	081	51	Q	113	71	q
018	12	DC2	Ctrl-R	050	32	2	082	52	R	114	72	r
019	13	DC3	Ctrl-S	051	33	3	083	53	S	115	73	s
020	14	DC4	Ctrl-T	052	34	4	084	54	T	116	74	t
021	15	NAK	Ctrl-U	053	35	5	085	55	U	117	75	u
022	16	SYN	Ctrl-V	054	36	6	086	56	V	118	76	v
023	17	ETB	Ctrl-W	055	37	7	087	57	W	119	77	w
024	18	CAN	Ctrl-X	056	38	8	088	58	X	120	78	x
025	19	EM	Ctrl-Y	057	39	9	089	59	Y	121	79	y
026	1A	SUB	Ctrl-Z	058	3A	:	090	5A	Z	122	7A	z
027	1B	ESC	Esc	059	3B	;	091	5B	[	123	7B	{
028	1C	FS	Ctrl-\	060	3C	<	092	5C	\	124	7C		
029	1D	GS	Ctrl-]	061	3D	=	093	5D	]	125	7D	}
030	1E	RS	Ctrl-6	062	3E	>	094	5E	^	126	7E	~
031	1F	US	Ctrl-_	063	3F	?	095	5F	_	127	7F	DEL

附录 F C 语言运算符

类　型	运算符	功　能	优先级	顺　序	类　型	运算符	功　能	优先级	顺　序
基本运算符	()	括号	1（最高）	从左到右	关系运算符	>	大于	6	从左到右
	[]	数组元素				>=	大于等于		
	.	结构成员				==	等于	7	
	->	结构指针				!=	不等于		
单目运算符	++	后加	2	从左到右	位运算符	&	与	8	从左到右
	--	后减				^	异或	9	
	++	前加		从右到左		|	或	10	
	--	前减			逻辑运算符	&&	与	11	从左到右
	-	取负				||	或	12	
	~	位反			条件运算符	?:	条件	13	从右到左
	!	逻辑非			赋值运算符	=	赋值	14	从右到左
	&	地址				+=	加赋值		
	*	内容				-=	减赋值		
	(类型名)	类型转换				*=	乘赋值		
	sizeof	长度计算				/=	除赋值		
算术运算符	*	乘	3	从左到右		%=	模赋值		
	/	除				<<=	左移赋值		
	%	取余				>>=	右移赋值		
	+	加	4			&=	与赋值		
	-	减				^=	异或赋值		
移位运算符	<<	左移	5	从左到右		|=	或赋值		
	>>	右移			逗号运算符	,	逗号	15（最低）	从左到右
关系运算符	<	小于	6	从左到右					
	<=	小于等于							

附录 G　实验指导

实验 1　GPIO 应用

一、实验目的

1. 理解嵌入式系统的组成和设计方法。
2. 掌握 GPIO 的使用方法，熟悉 LCD 的使用。
3. 熟悉工具软件的使用方法，特别是程序的调试方法。

二、实验内容

系统包括 CPU、存储器、定时器、1 个按键接口、1 个蜂鸣器接口、8 个 LED 接口、1 个 LCD 接口和 1 个 LCD。

编程实现下列功能：

1. 定时器实现 1s 定时。
2. 1 个按键控制蜂鸣器的通断和 LED 的流水显示方向。
3. 8 个 LED 流水显示，1s 移位 1 次。
4. 将秒值显示在 LCD 上。

三、实验程序

实验程序参见 2.3 节和 2.5 节。

四、思考问题

1. GPIO 的基本操作有哪些？
2. 调试的目的是什么？方法有哪些？

五、实验报告

1. 实验目的。
2. 实验内容。
3. 硬件方框图和电路图。
4. 软件流程图和核心语句。
5. 设计过程中遇到的问题和解决方法。
6. 思考问题解答、收获和建议等。

实验 2　USART 应用

一、实验目的

1. 掌握 USART 的使用方法，熟悉 printf() 的使用。
2. 掌握工具软件的使用方法，特别是程序的调试方法。

二、实验内容

系统包括 CPU、存储器、定时器、1 个 UART 接口、1 个 LCD 接口和 1 个 LCD。
编程实现下列功能：

1. 定时器实现分秒计时。
2. 通过 UART2（或 UART1）用 printf() 将分秒值显示在 PC 屏幕（1s 显示 1 次）。
3. 通过 PC 键盘实现分秒值设置。

三、实验程序

实验程序参见 3.4 节。

四、思考问题

1. USART 的基本操作有哪些？
2. 使用 USART 时需要设置的参数有哪些？

五、实验报告

1. 实验目的。
2. 实验内容。
3. 硬件方框图和电路图。
4. 软件流程图和核心语句。
5. 设计过程中遇到的问题和解决方法。
6. 思考问题解答、收获和建议等。

实验 3　SPI 应用

一、实验目的

1. 掌握 SPI 的使用方法。
2. 比较 SPI 和 UART 使用的相同和不同。

二、实验内容

系统包括 CPU、存储器、定时器、1 个 SPI 接口、1 个 UART 接口、1 个 LCD 接口和 1 个 LCD。
编程实现下列功能：

1. 定时器实现分秒计时。
2. 通过 SPI 发送和环回接收分秒值。
3. 将分秒值显示在 PC 屏幕（1s 显示 1 次）或 LCD。

三、实验程序

实验程序参见 4.3 节。

四、思考问题

1. SPI 的基本操作有哪些？
2. SPI 和 UART 的使用有哪些相同和不同？

五、实验报告

1. 实验目的。
2. 实验内容。
3. 硬件方框图和电路图。
4. 软件流程图和核心语句。
5. 设计过程中遇到的问题和解决方法。
6. 思考问题解答、收获和建议等。

实验 4 I^2C 应用

一、实验目的

1. 掌握 I^2C 的使用方法。
2. 掌握通过 I^2C 实现对 I^2C 器件的读/写方法。
3. 比较 I^2C 与 SPI 和 UART 使用的相同及不同之处。

二、实验内容

系统包括 CPU、存储器、定时器、1 个 I^2C 接口、1 个 I^2C 接口存储器件、1 个 UART 接口、1 个 LCD 接口和 1 个 LCD。

编程实现下列功能：

1. 定时器实现分秒计时，分秒初始值通过 I^2C 从存储器件中读出。
2. 将分秒值显示在 PC 屏幕（1s 显示 1 次）或 LCD。
3. 通过 PC 键盘实现分秒值设置，分秒设置值通过 I^2C 写入到存储器件中。

三、实验程序

实验程序参见 5.3 节。

四、思考问题

1. 通过 I^2C 对 I^2C 接口存储器件进行读/写操作有哪些相同和不同之处？
2. I^2C 与 SPI 和 UART 的使用有哪些相同和不同之处？

五、实验报告

1. 实验目的。
2. 实验内容。

3. 硬件方框图和电路图。

4. 软件流程图和核心语句。

5. 设计过程中遇到的问题和解决方法。

6. 思考问题解答、收获和建议等。

实验 5　TIM 应用

一、实验目的

1. 掌握 TIM 输出比较功能的使用方法。

2. 掌握 TIM 输入捕捉功能的使用方法。

二、实验内容

系统包括 CPU、存储器、2 个 TIM、1 个 UART 接口、1 个 LCD 接口和 1 个 LCD。编程实现下列功能：

1. TIM1 输出矩形波（周期 1s，占空比 0.1～0.9，按步长 0.1/s 增加）。

2. TIM2 测量矩形波的周期和脉冲宽度（测量精度 0.25ms）。

3. 将测量结果显示在 PC 屏幕或 LCD。

三、实验程序

实验参考主程序如下：

```
int main(void)
{
  Tim1_Init();                          // TIM1 初始化
  Tim2_Init();                          // TIM2 初始化
  USART2_Init();                        // USART2 初始化
  STM3210B_LCD_Init();                  // LCD 初始化

  while(1)
  {
    Tim1_Proc();                        // TIM1 处理
    Tim2_Proc();                        // TIM2 处理
  }
}
```

其中子程序的内容参见相关章节。

注意： 为了保证程序正常工作，必须用导线连接 PA8 与 PA1。

四、思考问题

1. TIM 输出矩形波的周期和脉冲宽度如何确定？

2. PWM 输入捕捉的特点有哪些？

实验 6 ADC 应用

一、实验目的

1. 掌握 ADC 规则通道的使用方法。
2. 掌握 ADC 注入通道的使用方法。

二、实验内容

系统包括 CPU、存储器、1 个 ADC、1 个 UART 接口、1 个 LCD 接口和 1 个 LCD。
编程实现下列功能：

1. 用 ADC1 规则通道实现外部输入模拟信号的模数转换。
2. 用 ADC1 注入通道实现内部温度传感器的温度测量。
3. 将转换结果显示在 PC 屏幕或 LCD（1s 显示 1 次）。

三、实验程序

实验参考主程序如下：

```
int main(void)
{
  Tim1_Init();                              // TIM1 初始化
  Adc1_Init();                              // ADC1 初始化
  USART2_Init();                            // USART2 初始化
  STM3210B_LCD_Init();                      // LCD 初始化

  while(1)
  {
    Tim1_Proc();                            // TIM1 处理
    if(sec1 != sec)                         // 1s 到
    {
      sec1 = sec;
      Adc1_Proc();                          // ADC1 处理
    }
  }
}
```

其中子程序的内容参见相关章节。

四、思考问题

1. ADC 规则通道的基本操作有哪些？
2. ADC 注入通道的操作与规则通道相比有哪些相同和不同之处？

实验 7　NVIC 应用

一、实验目的

1．掌握 NVIC 的基本原理和基本操作。
2．掌握 EXTI、USART、TIM 和 ADC 中断的使用方法。

二、实验内容

1．用中断方式实现按键操作。
2．用中断方式实现 USART 操作。
3．用中断方式实现 TIM 操作。
4．用中断方式实现 ADC 操作。

三、实验程序

实验参考程序参见 8.2～8.5 节。

四、思考问题

1．中断方式和查询方式有哪些相同和不同之处？
2．中断方式和查询方式软件流程图的画法有什么区别？

实验 8　DMA 应用

一、实验目的

1．掌握 DMA 的基本原理和基本操作。
2．掌握 USART 和 ADC DMA 操作的使用方法。

二、实验内容

1．用 DMA 方式实现 USART 操作。
2．用 DMA 方式实现 ADC 操作。

三、实验程序

实验参考程序参见 9.2～9.3 节。

四、思考问题

1．DMA 的特点是什么？
2．DMA 操作的参数有哪些？

参 考 文 献

[1] STMicroelectronics．STM32F10xxx 参考手册．2010.

[2] STMicroelectronics．STM32F10xxx Reference Manual（RM0008）．2011.

[3] Joseph Yiu．ARM Cortex-M3 权威指南．宋岩，译．北京：北京航空航天大学出版社，2009.

[4] 李宁．ARM MCU 开发工具 MDK 使用入门．北京：北京航空航天大学出版社，2012.

[5] 郭书军，王玉花．ARM Cortex-M3 系统设计与实现——STM32 基础篇．北京：电子工业出版社，2014.

[6] 郭书军．ARM Cortex-M4 + WiFi MCU 应用指南——CC3200 IAR 基础篇．北京：电子工业出版社，2016.

反侵权盗版声明

电子工业出版社依法对本作品享有专有出版权。任何未经权利人书面许可，复制、销售或通过信息网络传播本作品的行为，歪曲、篡改、剽窃本作品的行为，均违反《中华人民共和国著作权法》，其行为人应承担相应的民事责任和行政责任，构成犯罪的，将被依法追究刑事责任。

为了维护市场秩序，保护权利人的合法权益，我社将依法查处和打击侵权盗版的单位和个人。欢迎社会各界人士积极举报侵权盗版行为，本社将奖励举报有功人员，并保证举报人的信息不被泄露。

举报电话：（010）88254396；（010）88258888

传　　真：（010）88254397

E-mail：　dbqq@phei.com.cn

通信地址：北京市海淀区万寿路 173 信箱

　　　　　电子工业出版社总编办公室

邮　　编：100036